中央宣传部　新闻出版总署　农业部
推荐"三农"优秀图书

养猪场生产技术与管理

（第 2 版）

王振来　路广计　钟艳玲　主编

中国农业大学出版社
·北京·

图书在版编目(CIP)数据

养猪场生产技术与管理/王振来,等主编.—2版.—北京:中国农业大学出版社,2010.5

ISBN 978-7-81117-966-8

Ⅰ.①养…　Ⅱ.①王…　Ⅲ.①养猪学　Ⅳ.①S828

中国版本图书馆CIP数据核字(2010)第031909号

书　　名　养猪场生产技术与管理(第2版)
作　　者　王振来　路广计　钟艳玲　主编

策划编辑　赵　中　　**责任编辑**　解　晨　张苏明
封面设计　郑　川　　**责任校对**　王晓凤　陈　莹
出版发行　中国农业大学出版社
社　　址　北京市海淀区圆明园西路2号　**邮政编码**　100193
电　　话　发行部 010-62731190,2620　读者服务部 010-62732336
　　　　　编辑部 010-62732617,2618　出　版　部 010-62733440
网　　址　http://www.cau.edu.cn/caup　**e-mail** cbsszs@cau.edu.cn
经　　销　新华书店
印　　刷　北京时代华都印刷有限公司
版　　次　2010年5月第2版　2012年2月第6次印刷
规　　格　850×1 168　32开本　10印张　249千字
印　　数　60 001～68 000
定　　价　17.00元

主　编　王振来　路广计　钟艳玲

编　者　（按姓氏笔画排序）

王玉清	韦景平	付长春	刘　力	刘　红
刘天驹	吕建国	孙泰然	朱振荣	许玉静
肖爱民	何凤琴	张子佳	张永辉	张红艳
张志金	张彦昌	李晓云	沈桂英	郑　丽
贺中海	耿绍辉	袁建国	陶茂晖	梁小东
焦有群	谢建国	韩庆安	甄玉柱	

第2版前言

随着科学技术的发展和生产实际的需要，结合读者提出的一些意见、建议，我们对第1版进行了修订，适当增加、删减、合并了有关章节的内容。在修订中，我们在保留第1版特色的前提下，尝试着增加或替换进一些较新的并与生产实际密切结合的内容。

第2版重点围绕养猪生产的关键环节，如场舍建造、环境控制、生产工艺流程、引种繁殖技术、投入品的使用、卫生防疫、饲养管理、活猪运输以及经营管理等进行了较为详细的分析讨论。在编写过程中，我们以国家的有关法律、法规为准绳，结合近期我国发布的有关标准、规划及有关文件精神，根据目前我国生猪标准化生产的现状和发展趋势，不但吸取了国内外传统养猪技术的精华，也充分利用了近年来养猪科学研究的新成果、新技术和一些标准知识。在生猪标准化生产技术上，力求做到理论联系实际，具有先进性、实用性和可操作性，供广大养猪场(户)参考。

在当今的养猪生产中，要以市场需求为导向，以标准化生产为出发点，以提高产品的质量安全为核心，以生产安全、卫生、无公害的猪肉为目标，对猪肉实施“从产地到餐桌”的全程监控，增强市场竞争力。所以，第2版增加了无公害生猪生产、控制猪场环境卫生的措施、生态养猪、饲料安全、猪的保定、免疫接种、养猪场的无公害产地认定等章节，尽量满足养猪生产者标准化生产的需要。

由于时间仓促，加之编者水平有限，书中疏漏之处敬请读者批评指正！

编　者

2009年6月

第1版前言

随着我国加入WTO和人民生活水平的提高，市场对猪肉的质量的要求更加严格。畜产品质量安全和标准化生产是密不可分的，质量安全是目的，标准化生产是方法和手段，实现质量安全必须通过标准化生产来实现。

在当今的养猪生产中，要以市场需求为导向，以专业化、规模化、集约化、标准化生产为出发点，以提高畜产品质量、卫生安全为核心，以生产安全、卫生、无公害的猪肉为目标，对畜产品实施“从产地到餐桌”的全程监控，全面提高畜产品的质量、卫生、安全水平，增强畜产品在国内外市场的竞争力，为实现畜牧业可持续发展打下坚实基础。因此，为了向广大养猪生产者推广、普及科学的养猪技术，我们编写了《养猪场生产技术与管理》这本书。

本书围绕养猪生产的各个环节，介绍了猪的品种、营养与饲料、繁殖技术、饲养管理、猪舍建筑及设备、环境控制、生产工艺与流程、屠宰加工以及疫病防治与监控等有关知识和技术。在编写过程中，我们根据我国养猪生产的现状和养猪生产发展趋势，既介绍了我国传统养猪的精华，也吸取了近年来养猪科学研究的新成果、新技术和一些标准知识；在猪肉标准化生产技术上，力求做到理论联系实际，具有先进性、实用性和可操作性。本书可供科研教育工作者和大型养猪场（户）参考。

由于时间仓促，加之编者水平有限，书中疏漏之处敬请读者批评指正。

编　者

2003年7月

目　录

第一章　概　　述

导读　本章主要介绍了国内外养猪业生产现状与发展方向，并对有关内容进行了阐述。分别对国外养猪业现状及发展趋势、我国养猪业现状及发展方向、无公害畜产品的定义、猪肉产品中的主要污染源和危害、无公害猪肉生产的关键环节以及 HACCP 管理体系在养殖业中的应用等内容进行了深入的分析与探讨。

第一节　国外养猪业现状及发展趋势

一、生产现状

猪肉生产在人类的生活中占有极其重要的地位，人类肉食消费中，猪肉占 40%左右，占据领先地位。养猪在不同国家地位不同，结构也不同。养猪产业比重大且发达的国家猪肉比重超过 60%，典型的是丹麦，猪肉占全部肉类生产的 82.3%；奥地利占 73.1%；荷兰占 53.3%。它们都是猪肉出口国，比重大，数量多，活猪和猪肉质量都很高，养猪产业化、科学化、商品化程度很高，具备完整的育种体系。在世界各国中以欧洲和美洲国家(美国和加拿大)的生产水平为最高，出栏率高达 165%～190%，远高于世界平均水平(世界平均水平约为 122%)。欧洲猪存栏数和猪肉产量分别占世界的 25%和 30%左右，以占世界 1/4 的存栏猪生产了 1/3 的猪肉，显示了生产的高水平。丹麦、荷兰、英国、美国、加拿大等国家在繁育体系、性能测定、品种改良、配合饲料等方面居世界领先水平。

二、发展趋势

发达国家1971—1981年养猪存栏数增长24.44%,猪肉产量增长34.52%,而1981—1992年间存栏数减少2.77%,猪肉产量却增加了7.75%。发达国家的现代养猪生产依靠的是先进的养猪科学、现代化的设备及经营管理的不断改善,降低了成本,以优质的猪肉占据了市场。发展中国家1971—1981年是养猪业大发展阶段,增加了49.11%,猪肉产量增加34.31%,而1981—1992年为养猪生产效益提高期,存栏猪数增加了21.3%,猪肉产量却增加了99.84%,几乎翻了一番。猪肉主要产地仍是西欧、北美和中美洲(占50%)。大多数发达国家的猪的生产力已相当高,猪肉生产趋于稳定。发展中国家猪肉生产和消费增长速度将会加快。猪肉需求将继续保持高势头,这是由猪的生物学特性和猪肉的营养价值所决定的。世界猪肉生产的发展与养猪业持续的专门化和集约化过程相关联。为提高劳动生产率和取得规模效益,总的趋势是猪场数减少、养猪规模扩大。世界各国提高养猪业生产力的主要措施是:依靠营养科学的进步和饲料工业的发展,对猪群实行全价饲养;依靠遗传学和测试手段的进展,持续进行猪的选育工作;不断完善杂交繁育体系,充分利用杂种优势;改进猪舍和饲养管理工艺;增加母猪年产仔窝数等。

国外的养猪业不仅对生产水平有很高的要求,而且对产品质量也有更加严格的规定。如美国、欧盟国家、日本、新西兰、澳大利亚等对畜产品的质量安全都有一套完善的管理制度,主要表现在注重完善法律制度、加强畜产品质量安全管理监控网的建设、强化检验检疫、制定严格的标准、注重畜牧产业的可持续发展等几个方面,促进了畜产品的安全。世界各国对畜产品的质量安全都进行了严格的管理,而且随着发展这种趋势将更加显著。

第二节　我国养猪业现状及发展方向

一、生产现状

(一)基本概况

改革开放以来，我国养猪业发展很快，特别是最近几年，我国养猪业发展更是突飞猛进。我国养猪生产水平最近几年得到了很大提高，养猪生产实现了历史性的转折，从家庭副业逐步过渡到规模化、集约化的养猪生产，各方面的技术水平也得到了很大提高，为我国养猪业向现代化方向迈进奠定了基础。2007 年，全国生猪存栏 4.40 亿头，出栏 5.65 亿头，猪肉产量 4 287.8 万 t，猪肉产量占全国肉类总产量的 62.5%。生猪产值 6 443.5 亿元，占畜牧总产值的 48.4%。通过良种和实用技术的推广应用，提高了良种覆盖率、胴体瘦肉率和饲料转化率，大大缩短了饲养周期。2007 年全国生猪出栏率达到了 135%，出栏生猪平均胴体重 75.9 kg。

我国是猪肉消费大国。2007 年，全国人均占有肉类 52 kg，其中猪肉占 64.5%。城镇居民每年人均购买猪肉(不含户外消费量和肉制品)20.15 kg，占肉类购买量的 62.4%；农村居民人均消费猪肉约 13.6 kg，占肉类消费的 80%左右。农村居民人均猪肉消费量仅为城镇居民人均猪肉购入量的 67.5%。随着城乡居民收入水平的提高，猪肉消费正逐渐由追求数量的温饱型向追求质量安全的小康型转变。

生猪、猪肉及其副产品一直是我国传统的出口产品。2007 年，生猪产品出口金额达到 9.08 亿美元，占畜产品出口总额的 22.4%，是畜产品中出口额最大的产品。在出口产品结构方面，活猪出口呈下降趋势，鲜冷冻猪肉和加工猪肉出口不断增加。生猪产品主要出口到香港地区、日本和朝鲜，出口金额占总额的

84.1%。2007年生猪产品进口金额为4.70亿美元，占畜产品进口总额的7.3%。其中猪杂碎和鲜冷冻猪肉是主要进口产品，主要来自法国、美国、丹麦等。

(二)主要制约因素

近年来，生猪生产和产品价格波动比较明显，对居民生活乃至宏观经济运行产生了一定影响，引起社会广泛关注。生猪业发展进入了产业升级的关键时期，生猪生产面临着新的形势，同时也暴露出我国养猪业发展面临的一些新问题。

(1)资源环境约束日益明显：一是饲料价格持续上涨。受国际粮食价格上涨等因素影响，玉米等主要饲料原料价格持续高价位运行，加之国内深加工消耗玉米量的增加，加剧了饲料用玉米的供应紧张状况，且这种趋势短期内难以缓解。二是劳动力成本增加。随着工业化、城镇化进程的加快，农村劳动力转移进一步增加，发展生猪养殖劳动力成本明显加大。三是用地难。多数地方没有把生猪规模养殖用地纳入乡镇土地利用总体规划，用地问题已成为加快规模养殖发展的制约因素。四是粪污处理难。养猪业污染问题已广为关注，环保压力日益增大，排污投入不断增加，行之有效的养殖场大中型沼气技术发展缓慢。

(2)基础设施和服务体系不健全：一是良种繁育体系不完善，层次结构不分明，种猪场基础设施薄弱，选育水平低，供种能力小，难以适应生产发展需要。同时，地方猪种资源开发利用也不够。二是技术服务机构不完善，技术服务设施和手段不完备，制约了新品种、新产品、新技术的推广应用。三是产销信息服务网络不完善，不适应市场经济形势下养猪业发展的需要。四是养猪业发展信贷机制不健全。由于圈舍和牲畜不能作为资产抵押，农民无法从银行借贷到扩大养猪生产规模所需的资金。

(3)产业化程度低：龙头企业带动力不强，公司与生产基地、农户结合不紧密，没有形成真正的利益共同体，各环节的利益分配矛盾突出，产、供、销一体化经营尚未形成。养猪业中千家万户小规模分散养殖仍占很大比重，规模化、专业化、组织化程度不高，小生产与大市场脱节，抗风险能力较弱。

(4)生猪疫病防控形势依然严峻：近几年来，我国生猪常见病呈多发态势，由4～5种增加至12种左右，增加了养猪户疫病防治的难度。重大动物疫病时有发生，2005年部分地区发生的猪链球菌病和2006年以来南方部分省区发生的高致病性猪蓝耳病疫情，对生猪生产构成严重威胁。部分地区村级防疫员队伍不健全，工作经费没有保障，防控措施难以全面落实到位，存在很大隐患。

二、市场前景分析

(一)国内市场

从我国居民肉类消费习惯和经济发展形势来分析，国内猪肉市场出现新的趋势。一是生猪产销区对接更加紧密。长江三角洲、珠江三角洲和环渤海等经济发达地区产业结构调整步伐加快，第二、第三产业比重提高，养猪业向内地主产区转移，全国产区、销区更趋明显，销区生猪调入量逐年增加。二是国内消费量呈刚性增长。虽然肉类消费结构发生了变化，猪肉消费比重有所下降，但在相当长的时期内，猪肉仍将是我国肉类消费中的第一大品种，绝对消费量持续增长。特别是广大农村市场增长潜力巨大。随着全面小康社会目标的逐步实现，农民收入将有较快增长。三是市场对猪肉及产品品质要求更高。随着人民生活的不断改善，人们对猪肉及其产品品质要求越来越高，安全卫生的无公害猪肉已显示出很好的市场前景。四是市场流通方式发生变化。当前，冷鲜肉、分割肉及猪肉肉制品的花色品种越来越多，其占猪肉消费量的比重越来越大，专卖店、连锁店、超市等销售方式正在兴起。

(二)国际市场

目前，世界活猪年贸易量每年约1 800万头，猪肉贸易量约

600万t。猪肉净出口大国主要为欧盟和北美国家，净进口大国（地区）主要集中在亚洲如日本、韩国、新加坡、菲律宾、中国香港等国家和地区以及俄罗斯，进口量约300万t。据预测，未来世界肉类消费增量的80%在亚洲，我国具有明显的地缘优势，出口潜力较大。随着生猪优势产业带建设的不断推进，动物疫病防控水平不断提高，生猪屠宰加工业不断发展，与发达国家的差距将逐渐缩短，逐渐与国际标准接轨，猪肉及生猪产品出口前景看好。

总的来看，我国养猪业饲养基数大、消费需求多，发展潜力巨大。只有立足我国养猪业发展的现状，不断巩固产业基础，进一步挖掘优势产区生产潜力和示范带动作用，稳步提升养猪业的市场竞争力，才能满足我国城乡居民日益增长的猪肉消费需求，同时努力增加生猪产品出口，提高养殖效益。

三、存在问题与差距

我国养猪生产虽然发展很快，生产水平逐步提高，但与世界先进水平相比，还存在一定差距。我国养猪生产中存在的主要问题有：猪种混杂；杂种优势未充分利用；种猪质量差；仔猪成活率低；饲料配制不合理；饲料报酬低；饲养管理粗放；配种、防疫措施不力；经营管理不善；胴体品质差；猪粮比价不合理等。

（一）生产水平相对较低

①存栏数多而出栏率低。我国猪存栏数占世界总数的40%左右，1998年我国猪出栏率为97.23%，比世界平均水平113.93%低16.7个百分点，而世界最高水平为232.65%。平均出栏率发达国家为139.23%，发展中国家为91.71%，我国养猪出栏率略高于发展中国家水平，远远低于英国、丹麦、荷兰和美国等。世界先进水平生长育肥猪体重达90 kg，日龄为135～150天，我国为170天；每千克增重耗料我国为3.5 kg左右，世界先进水平达2.5～2.8 kg。②胴体脂肪率高而瘦肉率低。我国现有的猪种多数为地

方品种，其特点是产脂肪能力强而产瘦肉低，从全国来看瘦肉型猪所占份额仍然较低，远不能满足国内外市场对猪瘦肉的要求。胴体瘦肉率世界先进水平达65%以上，我国为55%左右。③母猪繁殖率低，平均年产仔2窝，失配率10%左右；世界先进水平年产仔2.8窝，每头母猪年产仔26～28头。④猪的成活率低，哺乳仔猪死亡率达15%～20%。我国每年约有3 000万头猪死亡，死亡率在10%左右，高于世界平均数5个百分点。这反映出我国的肉猪生长缓慢，饲养期长，维持需要饲料消耗多，设备利用率和经济效益均低。由此看来，我国养猪生产具有很大的增产潜力。

(二)生产方式相对滞后

我国规模化养猪经历了曲折的发展历程，受多种因素的影响，总体进展不快，与发达国家相比差距较大。1990年年出产商品猪50头以上的养猪场或户尚不足10万个，现已发展到80多万个；年出栏1万头以上(含万头)的大型养猪场也由不足100个而发展到600多个；各种规模化养猪场年出栏商品猪的数量也由原来的不足100万头而增加到1.1亿头左右，占全国出栏量的25%。

(三)药残严重

由于人们不懂科学用药方法，加之缺乏有效的监控，药物滥用现象时有发生，随之带来的是兽药在猪肉中的残留越来越多，已经严重危害了人类健康。近年来兽药残留引起食物中毒和影响产品出口的事件越来越多，兽药残留已成为人们普遍关注的一个热点问题。药物残留不仅可以直接对人体产生急慢性毒性作用，引起细菌耐药性的增加，还可以通过环境和食物链的作用，间接对人体健康造成潜在危害。因此，必须采取有效措施，减少和控制兽药残留的发生。

(四)管理水平有待提高

在我国无论是养猪的饲养管理技术水平，还是经营管理水平，都与发达国家存在着很大差距。畜牧业应实行集约化生产，按国际化经营，组建出口产品基地，运用先进技术，选择优良品种，为国际市场提供高质量、有竞争力的产品。走良种化之路，建立健全良种繁育体系。走产业化、规模化之路，促进国内外市场接轨，一方面提高国际市场的竞争力，另一方面有利于提高规模效益。

（五）环境污染应引起重视

规模化养猪猪只数量很多，每天产生大量的废弃物，主要是猪的粪、尿以及各种污水污物，如果不妥善合理地处理这些废弃物，必然会造成对环境的极大污染。在冬季猪舍通风不好的情况下，猪舍内氨气、硫化物等多种有毒有害气体，很容易引发猪群的各种疾病，尤其是呼吸道疾病。猪舍内的粪尿等还会造成猪舍内的湿度增加，在寒冷的冬季加剧了猪只对低温的应激反应。舍外的粪尿等堆积物散发出的各种不良气体，会对猪场周围的空气环境造成很大的污染。养猪场的废弃物若不能有效地处理，则有可能渗入地下，污染地下水。因此，规模化养猪场必须具有有效而合理的废弃物处理系统。

（六）经济效益不高

长期以来，由于猪粮比价不合理，导致我国养猪业是一种微利甚至无利的生产行业。国内出栏活猪的单位质量收购价格与粮食价格的比例大致为 5∶1，而且时有波动，明显影响了养猪生产的正常发展。养猪业发达的国家，如美国、加拿大等，猪粮比价一般为 10∶1，只有在这个比价时才能保持养猪生产者有利可图和养猪生产持续稳定地发展。

四、发展方向及应采取的对策与措施

（一）发展方向

养猪生产在世界、在我国仍将占据养殖业的首位，我国养猪生产将继续发展。传统养猪方式劳动生产率低，没有规模效益，不利于采用先进技术和社会化服务，从发展的观点看，终将被现代化养猪所取代。

(1)规模化养猪：具有一定规模，借助于一定设施，利用先进的科学技术进行生产，以提高养猪生产水平、劳动生产率和经济效益。要生产优质猪肉，必须先发展规模化养猪，这样才能在种猪、饲料上进行严格控制。只有走规模化养猪的道路，农民才能真正摆脱贫困。

(2)集约化养猪：概括为“集中、密集、制约、节约”八个字，饲养密度大，每头猪占地面积小。仔猪从出生至出栏共饲养25～26周，体重可达90～100 kg，实行全进全出制，可做到有计划、有节奏地全年均衡生产。

(3)走产业化之路：养猪业产业化具有强大的生命力，把产业化经营与规模化经营有机地结合起来，一方面提高国际市场的竞争力，另一方面有利于提高规模效益。扶持龙头企业，推进产业化进程，大力推行“公司＋基地＋农户”的经营模式。

(4)工厂化养猪：现代化养猪业是用工业生产方式进行养猪生产，亦称为工厂化养猪。机械化是工厂化养猪提高劳动生产率所采取的主要手段。

(5)标准化养猪：畜产品质量安全和标准化生产是密不可分的。质量安全是目的，标准化生产是方法和手段，实现质量安全必须通过标准化生产来实现。大力推行标准化生产，严格控制生猪及其产品的药物残留，既是客观需求也是现实选择，势在必行。

(6)节粮型养猪：节粮型养猪应包括广开饲料来源，广泛应用添加剂，创造适宜环境，严格实施卫生防疫，认真进行选种，提高猪种质量，充分利用杂种优势，减少饲养量，缩短肥育期，提高出栏率，采取综合配套技术，才能达到养猪节粮的目的。

(二)应采取的对策与措施

针对以上养猪生产中存在的问题，结合养猪发展方向，提高养猪经济效益，应积极采取以下对策和措施。

（1）建立良种繁育体系：从原种猪选育到优良的杂交组合，从原种场到种猪繁殖场，从父母代猪场到商品瘦肉猪场，形成一个宝塔形的现代化养猪生产的良种繁育体系，并利用选育的猪种合成自己的商品瘦肉猪，为生产优质商品瘦肉型猪提供可靠保证。

（2）充分利用杂种优势进行杂交：我国地方品种具有乳头多、产仔多、哺乳力高、母性好、肉质好、适应性强的特点，但瘦肉率低；而国外品种与国内品种正好相反，若两者杂交可获得较多的瘦肉，同时又保持了地方品种猪的优良特点。近几年全国各地筛选出如杜×湖、杜×浙、杜×（长×大）、杜×（长×北）等高效而稳定的杂交组合，这些组合的商品猪瘦肉率高、肉质好、生长快、饲料利用率高，适合于我国不同地区的生态条件。

（3）使用全价配合饲料：目前，养猪业对配合饲料的需求量和质量越来越高，如何设计、配制营养成分完善、平衡且价廉的全价饲料是养猪生产者的迫切需求。

（4）疫病防治标准化：以抗体监测为依据，确定猪群免疫程序，合理选择疫苗，严格执行免疫程序。定期对猪舍、床面、用具等进行消毒。一年四季对猪群的寄生虫进行监测，确定有效的驱虫药物和驱虫程序。

（5）设计更加合理的猪场和猪舍：现代化猪场的设计主要是布局，只有布局合理才有利于疫病控制。

（6）重视环境保护：养猪生产形成的环境污染主要有空气污染、污水和粪便污染，其中以粪便污染最为严重，对猪场的粪便污水必须进行无害化处理。

（7）改善饲养管理：饲养管理的好坏对猪群的生长有着很大影响，要不断提高猪群的福利。

（8）大力推行标准化生产：随着人们生活水平的提高以及人们对安全、卫生、健康、生态、环保等问题的日益关注，大力推行标准化生产，严格控制生猪及其产品的药物残留，既是客观需求也是现实选择，势在必行。

(9)发展生态养猪业：为了减少养猪带来的污染，应把养殖业和种植业结合起来，走生态养殖的道路，达到可持续发展的目的。

(10)全程质量控制：对畜产品实施“从产地到餐桌”的全程质量控制，从饲料作物的生长、收获、加工，畜禽育种、饲养、屠宰、加工、包装、销售直到消费等各个环节必须进行严格控制。美、英等国已将良好生产实践(GMP)和危害分析与关键控制点(HACCP)管理体系列入强制性规定，要求企业实施。我国也将推行 GMP 和 HACCP 管理系统，养猪企业可以借鉴这些良好的质量管理体系，提高产品质量。

五、近期我国生猪生产优势区域建设重点

(1)良种繁育体系：完善现有种猪场，提高种猪质量，通过原种场、扩繁场、生产场的配套建设，形成以省级为主体的宝塔式生猪良种繁育体系。鼓励和支持种猪场(企业)间的联合、兼并和扩大，开展种猪测定、拍卖，建设种公猪站，应用人工授精技术，促进联合育种，提高种猪质量和供种能力。良种繁育体系主要建设内容包括“两场三站”，即种猪场的完善和提高、资源场的建设和完善、种猪性能测定中心站、省级人工授精中心站、县市改良配种站的建设。

(2)生猪标准化养殖基地：按照“统一标准、规模饲养、提高质量”思路，建设一批生猪规模化标准化养殖基地，重点发展养殖大户，推行规范化、标准化生产，促进新品种、新产品、新技术在养猪业中的应用，提高基地县(市)生猪生产水平，实现生猪粪便排放的减量化、资源化和无害化。

(3)质量监控体系：质量监控体系建设的重点是建立完善的质量标准体系，加快质量标准的制定、修订和推广应用，完善种猪、饲料、兽药等投入品使用的监控手段，实行产品标志，建立产品质量

追溯制度。一是标准化体系:建立生猪及其产品质量标准体系,主要制定生产技术规程、兽医卫生操作规程、猪肉质量标准、猪肉制品质量标准和加工标准等。二是质量监测体系:建设和完善畜产品质量监测中心,重点对生猪及其产品的瘦肉精、药物残留及重金属超标等进行监测。同时,基地县配备瘦肉精、药物残留等快速检测仪器和相关试剂,提高基层检测手段。

(4)龙头企业:对生猪加工龙头企业进行技术改造和升级,引进先进的加工设备和生产工艺,扩大猪肉加工能力,提高产品质量,配套建设储运系统和环保设施。

(5)数据库平台建设:对重点生猪养殖基地实行动态管理,确定固定监测点,建立全国生猪生产定点监测制度,切实做好生猪生产动态监测数据统计工作,收集、整理和分析生猪生产基础数据,做到数据准、情况明、底数清,对生猪生产形势进行分析和预警,合理指导养殖户发展生猪生产。

六、养猪新技术

近年来养猪科技进步很快,能够适应并采用新科技的养猪生产者将会有更大的成功机会,养猪生产者应消化吸收并有效应用新科技,才能降低生产成本、提高竞争力。

(1)全进全出:将同一栋猪舍内全部的猪同时移出然后移入一整批猪的技术,完全腾空的猪舍可以彻底地清洗、消毒、空舍以杀灭猪舍内的病原,并减少病原传播的机会。这一技术最先是用在分娩阶段来控制仔猪下痢,现在不但应用于保育、生长与肥育阶段,甚至由猪舍扩展到整个猪场的全进全出。

(2)隔离断奶:隔离断奶对美国的养猪产业已产生极为巨大的影响,大型企业化养猪公司与私人养猪场已纷纷采用此项技术来养猪。其基本原理即在仔猪整批断奶后,立刻送至与母猪完全隔离的猪场去饲养,可以大幅度减少垂直传染病原的几率,也大幅度减少发生猪场常见疾病的风险。

(3)早期断奶：早期断奶即利用仔猪仍有大量有效抗体时与母猪隔离，大幅度减少母猪将病原传给仔猪的几率。利用此法可以清除许多细菌性与病毒性疾病。此项技术与隔离断奶结合形成了“早期隔离断奶”(SEW)。SEW之所以能够成功的另一关键在于营养科技的突破，现在已有商业化的早期断奶仔猪饲料。

(4)多点式生产：SEW成功之后的下一步就是所谓多点式生产的应用。所谓多点式生产指的是有许多独立且隔离的保育舍与肥育舍分设在不同的地点，此方法大幅度减少了一旦猪场内发生传染病全场猪只都被波及的风险，万一某一点的猪群发生疾病也比较容易进行清场、消毒、复养，不至于影响整个猪场。

(5)公母猪分群饲养：过去的猪饲料是不论公母猪都吃同一种饲料，但研究表明阉公猪吃得较多，生长较快，屠体的瘦肉量比母猪少，因此阉公猪与母猪在不同的生长阶段应给予不同营养成分的饲料。另外，利用营养完全平衡的饲料将会降低猪粪尿污染环境的影响，特别是“磷”的污染可以减少。

(6)分阶段饲养：过去生长期的饲料一般只有一种或顶多分为2种，现在则按猪只体重分为5种(如采用公母分群饲养则有10种)，所有各期的饲料完全按照各期猪只的营养需求调整配方，分阶段饲养可以确保饲料中蛋白质的含量不至于浪费，使养猪户减少饲料费用支出。

(7)生长曲线：利用计算机辅助制作的生长曲线可以用来准确地预测猪群的生长，协助猪场做出正确的财务与管理方面的决策。特定的遗传品系有特定的生长曲线，也需要特殊的营养需求来配合，这种预测不但可以立即降低生产成本，对于日后的屠体品质也有正面的影响。应用生长曲线也有环保方面的正面影响。

(8)预算饲养：养猪产业已经广泛应用计算机来协助计算不同阶段猪只的饲料种类与需求量，这一科技必须利用计算机进行分析,判断何时变更饲料最具经济效益,降低饲料成本。

第三节 无公害生猪生产

猪肉产品的安全与卫生,不仅关系到畜牧业生产和畜牧业经济,还关系到人类的身体健康和生存环境,这已成为世界各国政府和人民广泛关注的问题。我国猪肉市场整体状况良好,但由于饲料和养殖过程等环节控制不严,导致药物残留问题比较严重,近几年最突出的是盐酸克伦特罗等药物残留问题。只有建立养猪安全生产体系,实行全程控制,不断提高猪肉产品质量,养猪业才能得以持续健康地发展。

一、无公害畜产品的含义

无公害是指对人的生命、身体健康和环境无损害,即要求生产无污染、无药残的畜产品以及生产畜产品的任何环节均不对环境造成任何污染。所谓无公害畜产品,是指产地环境、生产过程和产品质量符合国家标准和有关规范的要求,经认证合格获得认证证书并允许使用无公害农产品标志的未经加工或者初加工的食用畜产品。它具有三个特点:一是强调产品出自无污染的农业生态环境,即通过对产地及其周围生态环境因素进行严格的监测,判定是否具备生产无公害畜产品的基础条件;二是对产品实行全程质量控制,即依据标准和生产技术规范对生产实行从“产地到餐桌”的全过程质量控制,以保证产品的质量安全水平;三是对产地和产品实行认定和认证管理,即采用专门机构质量认证和系统管理的方式约束和规范生产者的行为,并保护消费者和依法生产者的权益。无公害畜产品的管理工作,由政府推动,并实行产地认定和产品认证的工作模式。国家鼓励生产单位和个人申请无公害畜产品产地认定和产品认证。

二、猪肉产品中的主要污染源及其危害

(1)农药和工业"三废"大多数是有害的化学物质:重金属盐类,如汞、铅、镉、砷、铜等,直接污染水源、饲料、饲草,有害物质在猪体内大量积蓄,严重者可引起中毒死亡,严重危害人类健康和生命安全。

(2)兽药是动物产品安全中最常见的污染源:主要包括3个方面:一是违禁药物和未被批准使用的药物,如甾体激素、β-兴奋剂、甲状腺抑制剂、玉米赤霉醇、镇静药物等。二是怀疑有"三致"作用的药物和人畜共用的抗菌药物,如磺胺类、四环素类、氨基糖甙类、β-内酰胺类等(尤其是将此类药物作添加剂使用时)。三是其他情况,主要指允许使用但未遵守休药期规定使用兽药。

(3)人畜共患病是影响动物产品安全的最重要因素之一:许多传染病和寄生虫病可以互相感染人和脊椎动物,包括口蹄疫、日本乙型脑炎、弓形体病、猪囊尾蚴病等,不仅给发病国家造成了严重的灾难性影响,而且这种影响已涉及全世界,目前受到FAO、OIE等有关国际组织和各国政府的高度关注。

三、无公害猪肉生产的关键环节

猪肉无公害生产标准较高,涉及环节较多,应强调并尽可能做到全过程的质量保障和监控管理。应重点围绕以下几个方面开展工作:

(1)实行生猪科学饲养模式控制,确保生猪种质优良健康,基地采取种养结合、自繁自养、全进全出的饲养模式,并按无公害饲养标准对生猪饲养基地的环境、空气、水质定期进行检验检测。

(2)开展动物疫病监测,对生猪养殖基地开展猪瘟、口蹄疫等重大人畜共患病监测,净化基地环境。

(3)实行饲料及饲料添加剂质量监控,开展对饲料原料、饲料、

预混料及饲料用水质量检测，实行饲料原料、饲料预混料的质量控制和定点生产供应，严禁超量不合理添加兽药及饲料添加剂，严格执行休药期制度。

(4)实行违禁高残留兽药的控制，筛选养猪基地兽药品种，严格禁用盐酸克伦特罗等国家规定的违禁药物，对生猪养殖基地开展不定期抽样监测，出栏前治疗过的生猪实行隔圈饲养。

(5)严格屠宰环节兽医卫生检疫，对生猪实施机械化单独规范屠宰，对生猪旋毛虫、猪囊虫等实施逐头检验，剔除病害生猪，对屠宰加工环节的生产环境卫生进行检验检测。

(6)开展屠宰环节安全指标检验，重点抽取猪肉、猪肝、猪尿样对盐酸克伦特罗、兽药、农药等及铅、砷、铜等重金属的残留进行检验，对有害微生物的污染情况进行检验。

(7)屠宰加工运输环节采用冷链配送，屠宰后胴体猪肉实行零摄氏度预冷，预冷后的胴体猪肉通过封闭悬挂式空调专用车配送到超市，以确保猪肉在运输过程中不混杂、不挤压、不污染、不变质。

(8)实行销售点环境质量控制，包括猪肉销售点的储藏冷柜的配备，分割操作间及操作刀具的卫生，包装材料的质量控制，销售点的灭蝇灭鼠措施落实完善，操作人员健康登记检查等。

(9)完善市场肉品质量监督机制，重点对违禁药物、致病微生物及重金属等有害物质开展检测。

(10)落实生产环节间质量监控措施，在养殖、屠宰、加工、运输、销售过程建立严格的生产、用药、出栏、检验、检疫等台账目录，并严格归档保存。另外，还应加强无公害猪肉标志的使用和管理。

四、HACCP管理体系在养殖业中的应用

HACCP(Hazard Analysis and Critical Control Point)即危害分析与关键控制点，是鉴别、评估和控制食品安全危害的系统方

法。它是一个以预防食品安全为基础的食品安全生产、质量控制的保证体系,用来保护食品在整个生产过程中免受可能发生的生物、化学、物理因素的危害。其宗旨是将这些可能发生的食品危害消除在生产过程中,而不是靠最终检验来保证产品的可靠性。它是目前世界上最有权威的食品安全质量保护体系,被世界上越来越多的国家认为是确保食品安全的有效措施。HACCP 体系就是通过对整个生产工序及影响产品安全的各种因素进行分析,确定加工过程中的关键环节,建立完善监控程序和监控方法,采取有效的纠正措施,以预防和减少食品中的安全危害,因此企业实行 HACCP 是必要的。目前,国内外一些食品加工企业实施了 HACCP,因此要求供应商也实施 HACCP,这意味着畜禽屠宰厂和畜禽养殖场乃至饲料企业也需要实施 HACCP。

思考题:

1. 国外养猪业现状及发展趋势如何?

2. 我国养猪业生产现状、市场前景如何?存在什么样的问题与差距?

3. 我国养猪业发展方向如何?应采取什么对策与措施?

4. 近期我国生猪生产优势区域的建设重点是什么?

5. 目前养猪生产中有哪些新技术?

6. 无公害猪肉生产的关键环节有哪些?

第二章　养猪场建造

导读　本章主要针对猪场的场址选择、规划布局、设施设备进行了全面的论述。主要包括以下内容：场址选择，分区规划，合理布局，猪舍的形式、基本结构、建筑要求，规模化猪场各类猪栏的数量；猪场生产所需的设施设备如地板、猪栏、消毒设施、粪便处理设施、生物防护设施和其他设施设备及基本要求。

第一节　场址与建筑规划

一、场址选择

猪场周围环境的好坏，可以对养猪经济效益产生直接影响。因此，在新建猪场前应认真选择猪场的地理位置，规划不周可导致整个设施在使用过程中，无论是猪舍的利用还是周边的利益都不尽如人意。猪舍引起的气味，蚊蝇或水的污染都会引起周边群众的不满，甚至诉诸法律。所以，选择养猪场地应遵循以下原则。

(1)地势高燥，通风良好：猪场应选择地势高燥、向阳、通风、排水良好的地方。在城镇周围建场时，场址用地应符合当地城镇发展规划和土地利用规划的要求。

(2)交通便利，利于防疫：选择交通便利，水、电供应可靠，便于排污的地方建场。猪场既要有利于严格的防疫，又要防止对周围环境的污染。因此，新建猪场应选在交通便利又比较僻静的地方，最好离干线公路、铁路、城镇、居民区、学校和公共场所 1 000 m 以上；离医院、畜产品加工厂、垃圾及污水处理场 2 000 m 以上。猪场周围应有围墙或防疫沟,并建立绿化隔离带。禁止在旅游区、畜禽疫病区和污染严重地区建场。

(3)水源充足:一个饲养规模在100头的养猪场,猪只饮水和洗刷用水每年约需5亿L。为保证供给猪场优质的水,选择猪场时应首先对水质进行化验,分析水中的盐类及其他无机物的含量,并要考察是否被微生物污染。与水源有关的地方病高发区不能作为无公害猪肉生产地。

(4)禁止在旅游区、自然保护区、水源保护区和环境公害污染严重的地区建场:生猪养殖场必须选择在无或不直接受工业“三废”及农业、城镇生活、医疗废弃物污染的、生态环境良好的生产区域。选地应避开水源保护区、风景名胜区、人口密集区等环境敏感地区,符合环境保护、兽医防疫要求及国家相关标准的规定。养殖区周围500 m范围内、水源上游没有对产地环境构成威胁的污染源,包括工业“三废”、农业废弃物、医院污水及废弃物、城市垃圾和生活污水等污物。猪场周围3 000 m内无大型化工厂、矿厂、皮革或肉品加工、屠宰场或其他畜牧场污染源。

(5)要考虑猪场的坡度及服务供应措施:按照猪舍坡度规划排水设备和计算下水道的容量。新建猪场还要考虑扩建问题。电力供应要有保障。为预防停电,应配备相应的发电机。猪舍应规划安全防火设施,预防火灾发生。

(6)要考虑风向因素:场址应选择在位于居民区常年主导风向的下风向或侧风向处,以防止因猪场气味的扩散、废水排放和粪肥堆置而污染周围环境。生活区和居民区应设在上风向,各类猪群的猪舍排列也应考虑风向因素,防止各种疫病的相互交叉感染。

(7)场地面积规划:猪场占地面积依据猪场生产的任务、性质、规模和场地的总体情况而定。生产区面积一般可按每头繁殖母猪40～50 m^2或每头上市商品猪3～4 m^2计划。

二、场地规划与建筑物布局

(一)猪场的分区规划

猪场各建筑物的安排应结合地形、地势、水源、当地主风向等自然条件以及猪场的近期和远期规划综合考虑。一般整个猪场的场地规划可分为生产区、管理区、生活区和隔离区四部分,并严格执行生产区与生活区、行政区相隔离的原则,按顺序安排各区(图2-1)。根据防疫需求应建有消毒室、隔离舍、病死猪无害化处理间等,应位于猪舍的下风,并距猪舍 50 m 以上。

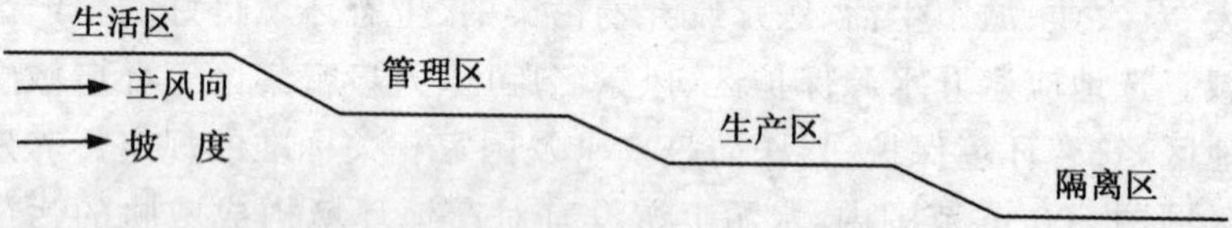

图 2-1 猪场场区规划示意图

(1)生产区:主要包括各种类型的猪舍、消毒室(更衣室、洗澡间、紫外线消毒通道)、消毒池、饲料加工调配车间、饲料储存仓库、人工授精室等。安排猪舍时,首先应根据猪场的地形、地势和风向等自然条件考虑猪舍的朝向。猪舍应尽量朝南,冬季可以增大太阳辐照,提高猪舍温度,夏季则可以防止太阳过度照射。猪舍朝向一般为南北向方位,南北向偏东或偏西不超过 30°,保持猪舍纵向轴线与当地常年主导风向呈 30°～60°。

(2)管理区:包括办公室、后勤保障用房、车库、会议室、接待室等。从防疫的角度出发,管理区应与生产区隔离,自成一院,其位置应设在生产区的上风向。

(3)生活区:主要包括职工宿舍、食堂、文化娱乐室、运动场等,位于生产区的上风向。

(4)隔离区:包括兽医室、病猪(或购入猪)隔离室、病死猪只无害化处理室等，应设在生产区的下风位置，并距离猪舍 50 m 以上。

(5)道路：养猪场生产区四周设围墙，大门出入口设值班室、人员更衣消毒室、车辆消毒通道和装卸猪斜台。猪场的道路应设置南北主干道，东西两侧设置边道，场区道路应设净道和污道。人员、动物和物资运转应采取单一流向，进料道和出粪道严格分开，场区净道和污道分开，互不交叉，防止交叉污染和疫病传播。

(6)绿化：为了防疫和隔离噪声的需要，在猪场四周应设置隔离林，猪舍之间的道路两旁应植树种草，绿化环境。

(7)辅助设施：养猪场的辅助生产及生活管理建筑面积应符合表 2-1 的规定。

表 2-1　养猪场辅助生产及生活管理建筑面积　m^2

项　目	面　积	项　目	面　积
更衣、淋浴消毒室	30.0～50.0	锅炉房	100.0～150.0
兽医、化验室	50.0～80.0	仓库	60.0～90.0
饲料加工间	300.0～500.0	维修间	15.0～30.0
变配电室	30.0～45.0	办公室	30.0～60.0
水泵房	15.0～30.0	门卫值班室	15.0～30.0

生活用房面积按劳动定员人数确定，每人 4 m^2。养猪场的劳动定员人数按每人每年平均生产商品猪头数确定，小型猪场为 225～250 头/(人·年)，中型猪场为 275～300 头/(人·年)。其中饲养员应不少于全场定员总数的 70%。

(8)公用工程：养猪场可选用水塔、蓄水池、压力罐或自来水管网供水，保证供水压力$(1.5\sim2.0)\times10^5$ Pa。养猪场平均日供水量可按表 2-2 给出的参数估算。

表 2-2 每头猪平均日耗水量 L/(头·日)

猪群种类	总耗水量	其中饮用水量
空怀及妊娠母猪	15.0	10.0
哺乳母猪(带仔猪)	30.0	15.0
培育仔猪	5.0	2.0
育成猪	8.0	4.0
育肥猪	10.0	6.0
后备猪	15.0	6.0
种公猪	25.0	10.0

注:总耗水量包括猪饮用水量、猪舍清洗用水量和饲料调制用水量,炎热地区和干燥地区耗水量参数可增加 25%。

场区内的生产和生活污水采用暗沟排放,雨、雪等自然降水采用明沟排放。养猪场粪尿平均日排泄量按饲养的繁殖母猪总头数乘以 46 kg 估算,每栋猪舍平均日排泄量按该舍养猪总活重乘以 0.065 估算。养猪场电力负荷等级为民用建筑供电等级三级。电力负荷计算采用需用系数法,需用系数为 0.4～0.75,功率因数为 0.75～0.9。

(二)猪舍的合理布局

猪舍的布局是根据猪的不同生长时期的生理特点与其对环境的不同要求确定的,猪场各类猪舍的安排顺序应为公猪与空怀母猪配种舍、妊娠母猪舍、哺乳母猪舍、仔猪培育舍、生长育肥舍。种猪舍应放置在上风向,并与其他猪舍分开。公猪舍放置在较为僻静的地方,与母猪舍保持一定的距离。人工授精室应设在公猪舍附近。分娩舍应靠近仔猪培育舍,育成舍靠近肥育舍,肥育舍则应设在离场门较近的地方,便于运输。另外,为避免猪群疾病的传染、防火安全以及通风透光,每两列猪舍之间的距离应保持 15～20 m,或至少不小于前排猪舍高度的 2 倍。为避免运输车辆进入生产区，装猪台应设在肥猪舍的下侧（下风向）。生产区的入口处应设消毒间和消毒池。猪场生产区按夏季主导风向布置在生活管理区的下风向或侧风向处，污水粪便处理设施和病死猪焚烧炉按夏季主导风向设在生产区的下风向或侧风向处，各区之间用绿化带或围墙隔离。

第二节　猪舍建筑设计

一、猪舍的形式

猪舍按照屋顶形式、墙壁结构和窗户有无、猪栏排列等分为多种。

（一）按屋顶形式分

猪舍按屋顶形式可分为单坡式、双坡式、联合式、平顶式、拱顶式、钟楼式等。单坡式跨度较小，结构简单、省料，便于施工，光照、通风较好，但保温性差，适合于小型猪场。双坡式可用于各种跨度，一般跨度大的双列式、多列式猪舍常采用，保温性好，但投资较多。联合式介于单坡式和双坡式之间。平顶式也用于各种跨度的猪舍，其造价较高。拱顶式猪舍节省木料，保温隔热性能好。钟楼式利于采光和通风，防暑效果好，但不利于保温。

（二）按墙壁结构和窗户有无分

猪舍按墙壁结构可分为开放式、半开放式和密闭式，密闭式猪舍按窗户有无又可分为有窗式和无窗式。开放式猪舍三面设墙，一面无墙，通风采光好，结构简单，造价低，但难以解决冬季防寒问题。开放式自然通风猪舍的跨度不应大于 15 m。半开放式猪舍三面设墙，一面设半截墙，冬季若在半截墙上挂草帘或钉塑料布，能明显提高保温性能。有窗式猪舍四面设墙，窗设在纵墙上，窗的大小、数量和结构可依据当地气候条件而定。无窗式猪舍与外界自然环境隔绝程度高，墙上只设应急窗，仅供停电应急时用，不作采光和通风用，舍内的通风、光照、舍温全靠人工设备调控，能创造出适合猪群各方面需求的理想环境，这种猪舍适用于我国各地，特别适用于 SPF（无特定疫病）猪场。

（三）按猪栏排列分

猪舍按猪栏的排列可分为单列式、双列式和多列式。单列式猪舍猪栏排成一列，靠北墙一般设饲喂走道，舍外可设或不设运动场，造价低，适合于养种猪。双列式猪舍中间设一走道，有的还在两边设清粪通道，这种猪舍建设面积利用率较高，管理方便，保温性能好，便于使用机械，但北侧猪栏采光性较差，舍内易潮湿。多列式猪舍中猪栏排成三列或四列，建筑面积利用率高，管理方便，保温性能好；缺点是采光差，舍内阴暗潮湿，通风不良。这种猪舍必须辅以机械，人工控制通风、光照及温湿度。

二、猪舍基本结构

构建厂房的材料，特别是猪舍及其设备必须对猪无害，且易于清洗和消毒。安装电器时，必须符合防潮防爆等安全规定。猪场防火等级按我国民用建筑防火规范等级三级设计。

（1）基础和地面：猪舍应能保温隔热，地面和墙壁应便于清洗，并能耐酸碱等消毒药液清洗消毒。地面必须坚固、平整防滑。猪只躺卧区必须清洁舒适，易于排水，且不能对猪造成伤害。如猪舍内使用垫草，则必须洁净、干燥、无毒且经常更换。使用漏缝地板的猪舍应充分考虑猪只的体形、体重。

（2）墙壁：猪舍的墙壁要求坚固耐用，能防止雨雪侵入，表面要便于清洗和消毒，具有良好的保温隔热性能。墙壁的厚度应根据气候条件和所选墙体材料来确定。猪舍内表面能避免内表面凝结水气，并耐酸碱等消毒药液清洗消毒。

（3）门、窗：猪舍门的设置首先要保证猪群的自由出入以及运料和出粪等日常生产的顺利进行，所以应建成斜坡状。窗户用于采光和通风换气，窗户的大小、数量、形状、位置应根据当地气候条件合理设计。

(4)屋顶：屋顶要求坚固，有一定的承重能力，不漏水，不透风，具有良好的保温隔热性能。猪舍屋面必须设隔热保温层，猪舍屋面的传热系数应不大于 0.23 W/(m^2·K)。

三、不同猪舍的要求

不同类型的猪所使用的猪舍有不同的建筑要求。分娩舍和仔猪培育舍可采用有窗封闭式猪舍，高床网上饲养，做到夏季可防暑降温，冬季有保温设备，其他猪舍可以适当简易些。

(1)公猪舍：种公猪舍通常使用单列式猪舍，每栏饲养 1 头种公猪或 2～3 头后备公猪。每栏的使用面积为 8～10 m^2，隔栏的高度一般为 1.2～1.4 m，每栏的舍外部分还应设有一个小的运动场，整个公猪舍还应有一个共用的泥土运动场，供公猪经常活动。配种栏的设计有多种方式，可以专门设配种栏，也可以利用公猪栏和母猪栏。

(2)空怀、妊娠母猪舍：空怀、妊娠母猪舍可为单列式（带运动场）、双列式、多列式等几种。空怀、妊娠母猪可群养也可单养。群养时，空怀母猪每圈 4～5 头，妊娠母猪每圈 2～4 头；单养时舍内设母猪单体限位栏。

(3)哺乳母猪舍：哺乳母猪舍常见为三走道双列式。分娩舍的大小应按每周的产仔母猪头数设计。分娩舍采用全进全出，以周为单位，小间隔离饲养，采用高床网上限位栏饲养。产仔栏的规格为长 2.2～2.4 m，宽 1.7～1.8 m，限位栏宽 0.6 m，高 1 m。分娩栏内另设仔猪保温箱，保温箱内设保温灯或加热板。

(4)仔猪培育舍：仔猪断乳后转入仔猪培育舍饲养。这时，仔猪面临断乳和从分娩舍转到培育舍环境变迁的双重应激。仔猪免疫力差，怕冷，易感染疾病，要求仔猪培育舍的保温性能要好，屋顶要有天花板，舍内有采暖设备。培育舍可采用双列式或单列式排列，最好以周为单位，分隔成小间饲养，便于全进全出。仔猪培育可采用地面或网上群养，每圈 8～12 头。

(5)生长育肥舍：生长育肥猪一般在地面饲养，每栏饲养 8～10 头，占地面积 0.8～1.0 m²/头，采用双列式、中央设通道、半漏缝地板的圈舍。

表 2-3 各类猪的每圈适宜头数、占栏面积和采食宽度

猪群类别	大栏群养头数	每圈适宜头数	占栏面积（m²/头）	采食宽度（cm/头）
断乳仔猪	20～30	8～12	0.3～0.4	18～22
后备猪	20～30	4～5	1	30～35
空怀母猪	12～15	4～5	2～2.5	35～40
孕前期母猪	12～15	2～4	2.5～3	35～40
孕后期母猪	12～15	1～2	3～3.5	40～50
设限位栏的母猪	—	1	4	40～50
带仔母猪	1～2	1～2	6～9	40～50
育肥猪	10～15	8～12	0.8～1	35～40
公猪	1～2	1	6～8	35～45

猪舍的栏面积利用系数用猪栏总面积与猪舍总面积之比表示，各类猪舍的栏面积利用系数应不低于下列参数：配种、妊娠猪舍，65%；分娩哺乳猪舍，50%；培育猪舍，70%；育成、育肥猪舍，75%。

四、规模化猪场各类猪栏的数量

以饲养 100 头基础母猪的猪场为例，进行猪舍猪栏数计算的方法如下。

(1)分娩舍猪栏数:分娩舍猪栏数＝年间分娩窝数×分娩舍饲养时间÷365。母猪100头,平均年产2.3窝,分娩舍饲养为42天,年间分娩窝数＝100(头)×2.3窝＝230窝。年间分娩舍的饲养时间为:分娩前导入时间7天,哺乳时间25天,断乳仔猪停留时间7天,清洗消毒时间3天,共42天。则分娩舍猪栏数为230×42÷365≈26.5,所以分娩舍应建27个分娩栏。

(2)交配舍猪栏数:交配舍猪栏数＝年间分娩窝数×交配舍饲养时间÷365÷每栏饲养头数。一年230窝,每周平均分娩4.4窝,一周需要断乳的母猪为4～5头。断乳后进行交配确认需要6周的时间,交配舍饲养时间为:断乳后发情时间10天,妊娠确认时间42天,清洗消毒时间3天,共55天。每栏如5头群饲,交配舍猪栏数＝230×55÷365÷5≈6.9,需要7个大猪栏,如单栏饲养需要35个栏。

(3)妊娠舍猪栏数:妊娠舍猪栏数＝年间分娩窝数×妊娠舍饲养时间÷365。猪妊娠期为114天,除去交配舍饲养42天,再除去提前转到分娩舍的7天就是妊娠舍的饲养时间,妊娠舍的饲养时间为:妊娠时间114天,减去交配猪舍时间42天,减去分娩猪舍时间7天,加上清洗消毒时间3天,共68天。年间分娩窝数为230窝,妊娠舍猪栏数＝230×68÷365≈42.8,妊娠舍需要建43个单体栏。

(4)更新猪栏数:更新猪栏数＝年更新头数×更新猪栏饲养时间÷365÷每栏饲养头数。种猪的更新率按40%计算,年更新头数100×40%＝40头。更新猪栏饲养时间为90天,每栏饲养5头,更新猪栏数＝40×90÷365÷5≈2,需建2个更新猪栏。

(5)种公猪栏数(本交的猪场):种公猪栏数＝基础母猪数÷15。15头母猪需要配备1头种公猪,种公猪要单栏饲养。100÷15≈6.7,需建7个种公猪栏。

(6)断乳仔猪舍的猪栏数:断乳仔猪舍的猪栏数＝年间分娩窝

数×窝平均断乳仔猪数×断乳仔猪舍饲养时间÷365÷每栏饲养头数。年间分娩230窝，窝平均断乳仔猪10头，每栏饲养2窝20头仔猪；断乳仔猪舍的仔猪饲养到75日龄，断乳仔猪舍的饲养时间为：断乳仔猪舍仔猪离栏日龄75天，仔猪在分娩舍的饲养时间32天，清洗消毒时间3天，共75－32＋3＝46天。断乳仔猪舍的猪栏数＝230×10×46÷365÷20≈14.5，断乳仔猪舍需要建15个仔猪培育栏。

(7)生长猪舍猪栏数：生长猪舍猪栏数＝年间分娩窝数×窝平均断乳仔猪头数×生长舍的饲养时间÷365÷每栏饲养头数。年间分娩230窝，窝平均断乳仔猪10头（未考虑死亡率），每栏饲养20头。生长猪舍的饲养时间为：生长猪舍的猪离栏日龄120天，生长猪舍的猪入栏日龄75天，清洗消毒时间3天，共120－75＋3＝48天。生长猪舍的猪栏数＝230×10×48÷365÷ 20 ≈15.1，生长猪舍需要建16个生长猪栏。

(8)肥育猪舍猪栏数：肥育猪舍猪栏数＝年间分娩窝数×窝平均断乳仔猪头数×肥育猪舍饲养时间÷365÷每栏饲养头数。年间分娩230窝，窝平均断乳仔猪10头（未考虑死亡率），每栏饲养10头。肥育猪舍的饲养时间为：育肥猪舍的猪离栏日龄180天，育肥猪舍的猪入栏日龄120天，清洗消毒时间3天，共180－120＋3＝63天。肥育猪舍猪栏数＝ 230×10×63÷365÷10 ≈39.7，肥育猪舍需要建40个肥育猪栏。

第三节 猪场的设施设备

一、猪场设备的技术要求

(1)猪场设备应符合GB/T 17824.3的要求，并按经规定程序批准的图样和技术文件制造。

(2)猪场设备材料应符合 GB/T 704、GB/T 701、GB/T 9787、GB/T 3092、GB/T 912 和 GB/T 708 的要求。

(3)猪场设备所有加工零件的尺寸公差应符合 GB/T 1800.1～1800.3、GB/T l801、GB/T 1802 和 GB/T 1803 的要求;未注尺寸公差应符合 GB/T 1804 的要求,表面涂漆应符合 JB/T 5673 的性能和质量指标要求。

(4)猪场设备的所有铸件表面应光滑,不允许有气孔、夹砂、疏松等缺陷;所有焊合件要焊接牢固可靠,不得有虚焊、烧伤,焊缝应平整光滑;各种钣金件表面应光滑、平整,不得有起皱、裂纹、毛边;管道弯曲加工表面不得出现龟裂、折皱、起泡等,设备表面不能有任何伤害猪和操作人员的显见粗糙点、凸起部位、锋利刃角和毛刺,表面应进行防腐处理,处理后不应产生残留毒性。

(5)猪场设备应工作可靠,操作方便,使用安全;不伤害各类猪群,不撒漏饲料,不漏水;满足饲喂、饮水、粪尿清除及各类猪群生理和环境卫生的要求。

(6)猪场设备的安装与地面、墙壁的连接要牢固、可靠、整齐、平直;各转动部件应运转灵活,不得有卡死和异常声响;饮水器的安装高度必须符合各类猪群的要求;电器设备的安装要符合用电安全规定;漏缝地板安装在粪沟上要平整,不得有明显的凸起和高低不平,与地面间的间隙要用水泥砂浆填缝抹平。

(7)猪场设备中的所有塑料件应采用 PVC 无毒塑料,其材质应符合 HG/T 2903 的要求,表面应光洁,不得有飞边、毛刺。所有橡胶件无毒,其材质应符合 GB/T 5574 的要求。

(8)猪场设备的使用必须按设备使用说明书要求操作。

二、猪舍地板

(1)实体地板:一般由混凝土制成,可以铺草或不铺草,从建筑费用上,具有相对便宜的优点,但是它们难以保持清洁和干燥,清除粪尿时需要高强度的劳力投入。它们对幼龄猪不适用,尤其对分娩舍和保育舍的仔猪,实体地板能散热导致寒冷、潮湿和不卫生的环境,使仔猪体质和生产性能下降。

(2)漏缝地板:漏缝地板可以用多种材料制成,常用的有混凝土、木材、金属、玻璃纤维和塑料。漏缝地板类型的选择应考虑以下诸原则:一是经济性,即地板的价格与安装费要经济适用;二是安全性,过于光滑或过于粗糙以及具有锋锐边角的地板,会损伤猪蹄与乳头,不能使用;三是保洁性,劣质地板容易藏污垢,需要经常清洁,同时脏污的地板容易打滑,还隐藏着肠道病菌和各种寄生虫;四是耐久性,不宜选用需要经常维修以及很快会损坏的地板;五是舒适性,地板的表面不要太硬,要有一定的保暖性。

表 2-4 各种猪栏漏缝地板间隙宽度 mm

主要参数	公猪栏	母猪栏	分娩栏	培育栏	育成栏	育肥栏
间隙宽度	20～25	20～25	10	10	15～20	20～25

三、猪栏

猪栏的结构形式分栏栅式和实体两种。按饲养猪的类别猪栏分公猪栏、配种栏、母猪单体栏、母猪小群栏、分娩栏、培育栏、育成栏、育肥栏。

1.公猪栏和配种栏

目前,我国现代化猪舍的公猪栏和配种栏的构造有实体式、栏栅式和综合式 3 种。其配置方式多采用以下 3 种方式:第 1 种是待配母猪栏与公猪栏紧挨配置,不设专门的配种栏,公猪栏同时也是配种栏。第 2 种是待配母猪栏与公猪栏隔通道相对配置,公猪栏同时也是配种栏。第 3 种是公猪、母猪分别设栏饲养,配置专门的配种栏。生产中较常用的是第 1、第 2 种配置,省去了专用配种栏，配种时只需移动母猪，简化操作，在规模较大、集约化程度较高的猪场多采用第1种配置方式。公猪栏栏长、栏宽可根据猪舍内布置来确定，栏高一般为1.2～1.4 m。栏栅结构可以是金属的，也可以是混凝土的，但栏门应采用金属结构，便于通风和观察。

2. 母猪栏

现代化猪场繁殖母猪的饲养方式，有大栏分组群饲、小栏个体饲养和大小栏相结合群养3种方式，其中小栏个体饲养占地面积小，易于观察母猪发情，母猪相互隔离、不打架、不争食，可防止机械原因引起的流产，但投资大、母猪运动量小。其结构有实体式、栏栅式、综合式3种。栏栅结构可以是金属的，也可以是混凝土的，但栏门应采用金属结构。

3. 分娩栏

分娩栏分高床和地面两种形式。高床分娩栏是采用金属或塑料等漏缝地板将分娩栏架设在粪沟或地面上。分娩栏的尺寸与母猪品种、体型有关，长度一般为2.2～2.3 m，宽度1.7～2.0 m。母猪限位栏的宽度为0.6～0.65 m，多采用0.6 m，高度为1 m，母猪限位栏栅离地高度为30 cm。

4. 仔猪培育栏

培育栏一般都是采用金属、塑料漏缝地板，实行高床离地饲养。目前猪场多采用高床网上培育栏，其长、宽、高尺寸应视猪舍结构而定，常用的有栏长2 m，宽1.7 m，高0.6 m，侧栏间隙6 cm，离地面高度25～30 cm，可养10～25 kg的仔猪10～12头，实用效果好。在生产中，可采用金属与水泥混合结构，也可全部采用水泥结构。

5. 生长育肥猪栏

现代化猪场的生长育肥猪栏均采用大栏饲养，其结构类似，只是面积大小稍有差异，其结构有实体式、栏栅式、综合式3种。

6. 栏栅式猪栏

用于各种类型猪的栏栅式猪栏的基本参数应符合表 2-5 的规定。

表 2-5 栏栅式猪栏基本参数

猪栏种类	每头猪占用面积(m^2)	栏高(mm)	栅格间隙(mm)
公猪栏	5.5～7.5	1 200	100
配种栏	5.5～7.5	1 200	100
母猪单体栏	1.2～1.4	1 000	栏长 2 000～2 100 栏宽 550～600
母猪小猪栏	1.8～2.5	1 000	90
分娩栏	3.5～4.2	母猪 1 000	栏长 2 000～2 100 栏宽 550～650
		仔猪 550～600	35
培育栏	0.3～0.4	700	55
育成栏	0.5～0.7	800	80
育肥栏	0.7～1.0	900	90

四、喂料设备

猪只喂料设备必须设计建造合理、材料坚固、无毒无害，且易于清洗消毒。喂料设备主要由喂料机和食槽组成。喂料机分固定式和移动式 2 种形式，固定式喂料机主要由饲料塔、饲料输送机等组成；移动式即为手推饲料车。养猪业中使用的饲槽种类繁多，存在着很大差异，有普通食槽和自动食槽。自动采食饲槽常用于仔猪培育舍和生长育肥猪舍，普通食槽则多用来饲喂母猪和公猪。饲喂设备食槽的参数应符合表 2-6 的规定。

表 2-6　食槽基本参数　　mm

食槽形式	猪群种类	高度	采食间隙	前缘高度
长方形金属自动落料食槽	培育仔猪	700	140～150	100～120
	育成猪	800	190～210	150～170
	育肥猪	900	240～260	170～180
圆形金属自动落料食槽	培育仔猪	620	140	150
	育成猪	950	160	160
	育肥猪	1 100	200～240	200
水泥自动落料食槽	培育仔猪	655	135	210
	育肥猪	850	210	210
铸铁半圆弧食槽	分娩母猪	500	310	

食槽形式	前缘高度	宽度	外缘高度	前栏距外缘内距离	前栏距前缘内距离
限量地面食槽	150	460	250	110	230

五、饮水设备

猪只饮水设备必须设计建造合理、材料坚固、无毒无害，且易于清洗消毒。猪舍内的供水系统包括猪的饮用水和冲洗用水 2 部分。水源丰富的猪场可用一套供水系统。猪场的饮水设备有水槽和自动饮水器 2 种形式。国内外规模化养猪场常用鸭嘴式饮水器，猪场根据猪的不同阶段来选择饮水器的大小和安装高度。一般规模化猪场多采用自动饮水设备。

六、通风降温和供热保温设备

(1)通风换气设备：猪舍的通风换气，常见的有负压通风、常压通风及管道压力通风等形式。负压通风是最简单，最廉价的一种通风方式，在国内外应用广泛。负压通风有纵向通风与横向通风之分。常压通风是利用窗口自然通风。管道通风即利用风机通过管道向猪舍内输送新鲜空气，根据进气口的设备可输送热空气也可输送冷空气。

(2)降温设备：降温有冷风机降温和喷雾降温 2 种，当舍内温度不太高时，采用小蒸发式冷风机，降温效果良好。在封闭式猪舍，可采用在进气口处加湿帘的办法降温。

(3)供热设备：猪舍内的供热有整体供热和局部供热 2 种，整体供热需要的供热设备有锅炉、热风炉或电热器等，通过煤、天然气或电能加热水或空气，再通过输送管道将热量送到猪舍。局部供热主要用于分娩舍仔猪箱内保温和仔猪培育舍的补充温度，常用的设备有红外线灯泡、加热板和仔猪电热板，也有用天然气或沼气灯来进行局部供暖。

七、消毒设施

猪场大门入口处要设置宽与大门相同、长等于进场大型机动车车轮一周半长的水泥结构消毒池，池内应经常放有消毒液。生产区门口设有更衣换鞋室、消毒室或淋浴室。猪舍入口处要设置长 1 m 的消毒池，或设置消毒盆以供进入人员消毒。养猪场应备有健全的清洗消毒设施，防止疫病传播，并对养猪场及其相应设施如车辆等进行定期清洗消毒。

八、粪便处理设施

养猪场必须设置防止渗漏、径流、飞扬且具有一定容量的专用储粪设施和场所或有效的粪便和污水处理系统，猪场粪便须及时进行无害化处理并加以合理利用。猪场粪尿的无害化处理和合理利用是一项复杂的系统工程，它涉及养猪业发展的战略布局，有关的政策法规，以及猪场的规模、场地选择、生产工艺、饲养管理方式和猪舍建筑设备等，各地应根据猪场自身的实际条件，综合考虑确定最佳处理方案。

猪场粪尿处理系统主要包括粪尿分离式、粪尿混合式、水冲式3种形式。在我国，一般采用粪尿分离的清粪方式，多用人工清除干粪，也可用机器设备分离，主要设备包括粪尿固液分离机和刮板式清粪机。粪尿固液分离机有很多种，其中应用最多的有倾斜筛式粪水分离机、压榨式粪水分离机、螺旋回转滚筒式粪水分离机和平面振动筛式粪水分离机。刮板式清粪机有2种形式，即单面闭合回转的刮板机和步进式往复循环刮板机。

新建猪场的粪便和污水处理设施须与猪场同步设计、同期施工、同时投产，其处理能力、有机负荷和处理效率最好按本场或当地其他场实测数据计算和设计，以下参数可供参考：存栏猪全群平均每头每天产粪和尿各3 kg；水冲清粪、水泡粪和干清粪的污水排放量平均每头每天约分别为50、20和12 L。

九、其他有关设施

根据防疫需求，还需建造消毒室、兽医室、隔离舍、病死猪无害化处理间等，应位于猪舍下风向50 m以上处。养猪场应配备对害虫和啮齿动物等的生物防护设施。

十、其他设备

养猪场还应备有地面冲洗喷雾消毒机和火焰消毒器。生产设备主要包括妊娠测定仪、背膘测定仪、称重用的各种秤、切齿钳、耳号钳、耳标和各种车辆等。办公设备主要有电脑、传真机等。饲养场应设有与生产相适应的兽医室及所需的仪器设备。

思考题：

1. 选择养猪场地应遵循哪些原则？
2. 养猪生产对场地规划与建筑物布局有何要求？
3. 猪舍建筑设计有哪些要求？
4. 养猪场如何计算各类猪栏的数量？
5. 生猪生产所需的设施设备有哪些？

第三章　养猪场生产工艺流程与环境控制

导读　本章介绍的重点是生猪生产工艺流程和规模化猪场废弃物的处理，主要对养猪场的生产工艺流程、环境的基本要求、饮用水卫生要求、空气环境质量要求、污染物排放标准、控制猪场环境卫生的措施、猪场废弃物的处理、生态养猪等有关内容进行了详细的叙述。

第一节　养猪场生产工艺流程

一、商品猪场的工艺参数

以万头商品猪场的实际工艺参数为例：妊娠期 114 天，哺乳期 28 天，保育期 42 天，断奶至受胎 7～14 天，繁殖周期 157～163 天；母猪年生产胎次 2.24 胎，母猪窝产仔数 10 头，窝产活仔数 9 头；哺乳仔猪成活率 90%，断奶仔猪成活率 95%，生长育肥猪成活率 98%；初生体重 1.5 kg，28 日全断奶体重 7.5 kg，70 日体重 25 kg，160 日体重 90～100 kg；每头母猪年产活仔数 19.8 头，年提供断奶仔猪数 17.8 头，年提供育肥猪数 16.6 头；初生到 28 日龄断奶平均日增重 214 g，29～70 日龄平均日增重 417 g，71～160 日龄平均日增重 778 g；公、母猪年更新率 33%；公、母猪比例 1∶25；圈舍冲洗消毒间隔时间 7 天；母猪情期受胎率 85%；母猪临产前进产房时间 7 天，母猪配种后原舍观察 21 天，妊娠测定日 35 天。

二、猪场生产规模和猪群结构

根据猪场规模,合理安排猪群结构,是实现均衡生产、充分利用圈舍和设备、提高生产效益的关键。规模化养猪不但要保证猪群的适宜比例,还要安排好各个生产环节不同圈舍猪的正常存栏,并做到全进全出。

(一)猪场规模经营

养猪场应根据本身的经济条件、技术条件、销售和经营能力等来确定适度规模,以获得最佳的经济效益。按饲养成年生产母猪数量和年产商品猪出栏头数确定规模,小型场:饲养生产母猪 300 头以下,年产商品肉猪 5 000 头以下。中型场:饲养生产母猪 300～600 头,年产商品肉猪 5 000～10 000 头的养猪场。

(二)不同规模猪场的猪群结构

(1)成年公猪群:直接参与生产的公猪组成成年公猪群。实行人工辅助(本交)配种的场,种公猪应占生产母猪群的 2%～5%;实行人工授精配种的养猪场可降低到 1%以下。

(2)后备公猪群:由为更新成年种公猪而饲养的幼猪组成,占成年公猪群的 30%～50%,一般选留比例为 10∶2。

(3)生产母猪群:由已产仔的母猪组成,占猪群总存栏量的 10%～12%。

(4)后备母猪群:由用于更新生产母猪的幼猪组成,占生产母猪群的 25%～30%,选留比例为 2∶1。

(5)仔猪群:指出生到断奶的哺乳仔猪,占出栏猪数的 15%～17%。

(6)保育猪群:指断奶后仔猪,在网床笼内(一般指 35～70 日龄仔猪)或地面饲养,而后转入生长发育猪群。

(7)生长发育(育成、肥育)猪群:经保育阶段以后,转入地面饲养,依体重可分为育成期(体重 20～35 kg)、育肥前期(体重 35～

60 kg)和育肥后期(体重 60～100 kg)。

(三)猪群存栏头数与结构

不同规模养猪场的猪群构成如表 3-1 所示。

表 3-1　猪群结构表　头

群　别	规　模			
	1 000	3 000	5 000	10 000
成年种公猪	2～3	7～8	11～12	22～25
后备公猪	1～2	2～4	4～6	8～10
生产母猪	56～60	170～200	280～300	560～600
后备母猪	17～20	50～60	83～90	167～200
哺乳仔猪	100 以上	320 以上	530 以上	1 000 以上
保育猪	100 以上	310 以上	510 以上	1 000 以上
生长发育猪	300 以上	930 以上	1 540 以上	3 000 以上
合计存栏	590 以上	1 800 以上	2 960 以上	5 900 以上
年产商品肉猪	1 000 以上	3 000 以上	5 000 以上	10 000 以上

(四)主要经济技术指标

养猪场主要经济技术指标见表 3-2 至表 3-5。

表 3-2　生产母猪繁殖指标

项　目	指　标
生产母猪平均年产仔窝数(窝)	2.0 以上
平均每窝产仔猪数(头)	11.0 以上
平均窝产活仔猪数(头)	10.0 以上
仔猪断奶日龄(天)	35.0 以上
哺育率(%)	95.0 以上
每头母猪年产幼猪数(头)	19.0 以上

表 3-3 生长发育指标

项目	指标
断奶时(35 日龄)体重(kg)	7.00 以上
保育期(70 日龄)体重(kg)	22.0 以上
育成率(%)	96.0 以上
生长肥育期(22～90 kg)平均日增重(g)	600 以上
达体重 90 kg 的日龄(天)	180 以下
肥育率(%)	98.0 以上
平均每头生产母猪年产商品肉猪(头)	18.0 以上

表 3-4 饲料消耗指标

项目	每千克增重耗料
商品肉猪每千克增重消耗饲料(kg)	3.3 以下
商品肉猪每千克增重带全群消耗料(kg)	4.0 以下

表 3-5 综合评定

商品肉猪出栏率(%)	160 以上

三、生产工艺流程

规模化养猪的生产工艺一般采用全进全出，均衡生产，不同生产阶段的猪群，以周为单位计算饲养期。目前，我国工厂化养猪有 3 种工艺流程：

(1)两段饲养、一次转群：哺乳母猪在仔猪断奶后转移到空怀猪舍，仔猪留在原圈饲养一段时间，转至育肥猪舍，饲养至出栏。这种饲养流程只有一次转群，有利于仔猪的生长和增重，但母猪舍利用率不高，要有较多的母猪舍面积。

(2)三段饲养、二次转群：仔猪断奶后转至培育猪舍，饲养一段时间后再转至育肥猪舍，饲养至出栏。这种流程可减少母猪、仔猪在分娩猪舍的时间，提高了母猪舍的利用率。

(3)四段饲养、三次转群：仔猪断奶后转至培育猪舍，再转入育成猪舍，最后转至育肥猪舍，饲养至出栏。这种流程可减少母猪、仔猪在分娩猪舍的时间，提高母猪舍的利用率，减少猪舍的建筑面积，从而降低投资，但因多次转群易引起应激反应，不利于仔猪的生长和增重。例如，一个年产万头商品猪的规模化养猪场，每周要有 24 头母猪配种妊娠，在配种舍饲养 5 周即转入妊娠舍，在妊娠舍饲养 12 周转入分娩舍。每周有 24 头母猪产仔，产仔母猪在产仔舍饲养 4 周断奶，断奶母猪又回到配种舍。断奶仔猪转入仔猪培育舍饲养 5 周，再转入生长舍饲养 7 周，最后转入育肥舍饲养 7～8 周，直至出栏出售，从而完成全部生产过程。各种猪舍转群后均有一个单元的时间(1 周)空闲，进行清洗消毒，然后转入新的猪群。其生产工艺流程见图 3-1 和图 3-2。

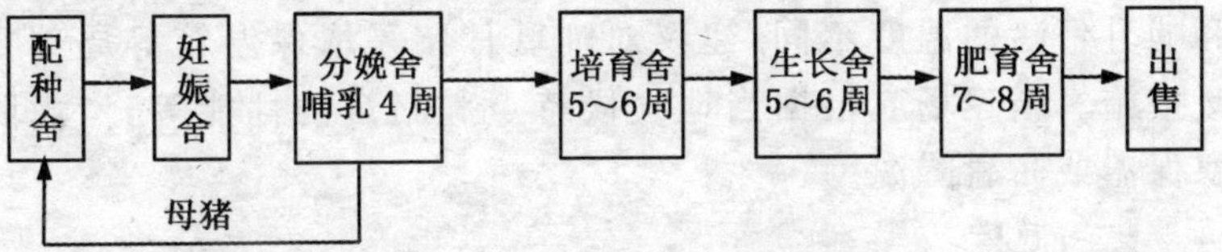

图 3-1　规模化猪场生产工艺流程图

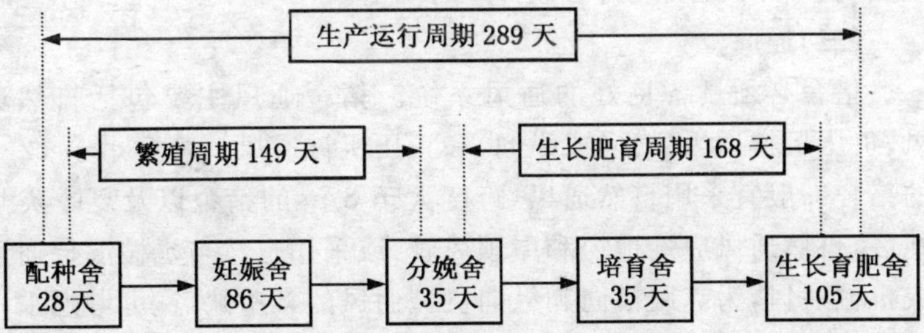

图 3-2　生产运行周期

第二节 养猪场环境的基本要求

环境控制的目的是使猪在最适宜的小气候条件下生长，以获得最佳经济效益。环境因素可分为下述2个方面：一是小气候，包括温度、湿度、通风、光照、有害气体等；二是群体行为因素，包括空气污染、噪声以及过分拥挤等。

一、猪场的小气候

（一）温度

仔猪出生几小时内的适宜温度为34～35℃，1～3日龄为30～32℃，4～7日龄为28～30℃，2～4周龄为24～28℃，4～8周龄为24～26℃，8～16周龄为20～24℃，17周龄以后为17～22℃，成年公猪为18～20℃，成年母猪为15～20℃。哺乳母猪和哺乳仔猪的温度不同，建议对哺乳仔猪采取保温箱等局部供暖措施。新建场应根据当地气候特点和猪舍的性能等，考虑防寒保温或防暑降温。

（二）湿度

一般猪所需要的相对湿度应掌握在60%～70%。猪舍内空气温度和相对湿度应符合表3-6的规定。

（三）通风

猪舍必须具备良好的通风系统。猪舍通风主要包括自然通风、负压机械通风（横向或纵向）和正压机械通风。跨度小于12 m的猪舍一般宜采用自然通风，跨度大于8 m的猪舍以及夏季炎热地区，自然通风应设地窗和屋顶风管，或采用自然与机械混合通风或机械通风，为克服横向和纵向机械通风的某些缺点，可考虑采用正压机械通风。采用横向通风的有窗猪舍，设置风机一侧的门窗应在风机运转时关闭。猪舍通风须保证气流分布无效，无通风死角;在气流组织上,冬季应使气流由猪舍上部流入,而夏季则应使气流流经猪体。猪舍通风量和风速应符合表 3-7 的规定。

表 3-6 猪舍内空气温度和相对湿度

猪群类别	空气温度(℃)	相对湿度(%)
种公猪	10～25	40～80
成年母猪	10～27	40～80
哺乳母猪	16～27	40～80
哺乳仔猪	28～34	40～80
培育仔猪	16～30	40～80
育肥猪	10～27	40～85

注:1)表中的温度和湿度范围为生产临界范围,高于该范围的上限值或低于其下限值时,猪的生产力可能会受到明显的影响;成年猪(包括育肥猪)舍的温度,在最热月份平均气温高于 28℃的地区,允许上限提高 1～3℃;最冷月份平均气温低于－5℃的地区允许下限值降低 1～5℃。

2)表中哺乳仔猪的温度标准是指 1 周龄以内的生产临界范围,2 周龄、3 周龄和 4 周龄时下限温度可分别降至 26、24 和 22℃。

3)表中数值均指猪床床面以上 1 m 高处的温度或湿度。

表 3-7 猪舍通风要求

猪群类别	通风量[m^3/(h·kg)]			风速(m/s)	
	冬季	春秋季	夏季	冬季	夏季
种公猪	0.45	0.60	0.70	0.20	1.00
成年母猪	0.35	0.45	0.60	0.30	1.00
哺乳母猪	0.35	0.45	0.60	0.15	0.40
哺乳仔猪	0.35	0.45	0.60	0.15	0.40
培育仔猪	0.35	0.45	0.60	0.20	0.60
育肥猪	0.35	0.45	0.65	0.30	1.00

注:表中风速指猪所在位置猪体高度的夏季适宜值和冬季最大值。在最热月份平均温度高于 28℃的地区,猪舍夏季风速可酌情加大,但不宜超过 2 m/s。

(四)光照

猪舍光照须保证均匀,自然光照须保证入射角①≥25°,采光角(开角)②≥5°;人工照明灯具宜按灯距 3 m 左右布置。猪舍的灯具和六窗等透光构件须经常保持清洁。猪舍自然光照或人工照明设计应符合表 3-8 的要求。

表 3-8 猪舍采光要求

猪群类别	自然光照		人工照明	
	窗地比	辅助照明(lx)	光照强度(lx)	光照时间(h)
种公猪	1∶(10～12)	50～75	50～100	14～18
成年母猪	1∶(12～15)	50～75	50～100	14～18
哺乳母猪	1∶(10～12)	50～75	0～100	14～18
哺乳仔猪	1∶(10～12)	50～75	50～100	14～18
培育仔猪	1∶10	50～75	50～100	14～18
育肥猪	1∶(12～15)	50～75	30～50	8～12

注:窗地比是以猪舍门窗等透光构件的有效透光面积为 1,与舍内地面面积之比;辅助照明是指自然光照猪舍设置人工照明以备夜晚工作照明用;人工照明一般用于无窗猪舍。

二、群居环境

(1)群居位次:采用原窝为一群进行育肥效果较好。不同窝或不同圈舍的猪混群初期会有争斗现象,成年猪争咬更激烈。这就要求加强管理,避免咬伤。妊娠母猪在妊娠后期不能混群。规模化养猪采用全进全出方式,可以减少不同来源猪的混群次数。

(2)饲养密度:高密度饲养对母猪的繁殖不利,密度太小又不利于猪舍的利用,也不利于充分发挥猪的群居效应。一般育肥猪在后期保证每头猪有 0.9 ～1.0 m^2 的面积就够了。

(3)猪群大小:群养猪每群以公猪 1 头、后备公猪 2～4 头、空

①入射角指窗上沿至猪舍跨度中央一点的连线与地面水平线形成的夹角。

②采光角(开角)指窗上、下沿分别至猪舍跨度中央一点的连线之间的夹角。

怀及妊娠前期母猪4～6头、妊娠后期母猪2～4头、哺乳母猪(带哺乳仔猪1窝)1头为宜,培育仔猪、育肥猪以原窝(8～12头)饲养为宜,合群饲养时每群也不宜超过2窝(20～25头)。

(4)猪舍噪声:各类猪舍的生产噪声或外界传入的噪声不得超过80 dB,并避免突然的强烈噪声。

三、其他环境因素

养猪场应具备对害虫如昆虫和啮齿动物等的防护设施。猪场应把灭蝇、灭蚊和灭鼠列入经常性工作。

第三节　生猪饮用水卫生要求

一、饮用水的卫生要求

为了保证畜群健康,维护人类生命安全,不但要供给畜群足够的营养和饮水,而且饮用水一定要符合卫生要求,见表3-9、表3-10和表3-11。

表3-9　畜禽饮用水质量指标

项　目	自备井	地面水	自来水
大肠杆菌(个/L)	3	3	
细菌总数(个/L)	100	200	
pH	5.5～8.5		
总硬度(mg/L)	600		
溶解性总固体(mg/L)	2 000[1]		
铅(mg/L)	Ⅳ类地下水标准	Ⅳ类地下水标准	饮用水标准
铬(六价,mg/L)	Ⅳ类地下水标准	Ⅳ类地下水标准	饮用水标准

注:1)甘肃、青海、新疆和沿海、岛屿地区可放宽到3 000 mg/L。

表 3-10 畜禽饮用水水质标准

项目		标准值	
		畜	禽
感官性状及一般化学指标	色度	≤30°	
	浑浊度	≤20°	
	臭和味	不得有异臭、异味	
	肉眼可见物	不得含有	
	总硬度(以 $CaCO_3$ 计,mg/L)	≤1 500	
	pH	5.5～9	6.4～8.0
	溶解性固体(mg/L)	≤4 000	≤2 000
	氯化物(以 Cl^- 计,mg/L)	≤1 000	≤250
	硫酸盐(以 SO_4^{2-} 计,mg/L)	≤500	≤250
细菌学指标	总大肠杆菌群(个/100 mL)	成年畜≤10,幼畜和禽≤1	
毒理学指标	氟化物(以 F^- 计,mg/L)	≤2.0	≤2.0
	氰化物(mg/L)	≤0.2	≤0.05
	总砷(mg/L)	≤0.2	≤0.2
	总汞(mg/L)	≤0.01	≤0.001
	铅(mg/L)	≤0.1	≤0.1
	铬(六价,mg/L)	≤0.1	≤0.05
	镉(mg/L)	≤0.05	≤0.01
	硝酸盐(以 N 计,mg/L)	≤30	≤30

当畜禽饮用水中含有农药时,农药含量不能超过表 3-11 中的规定。

表 3-11 畜禽饮用水中农药限量指标 mg/mL

项目	限值	项目	限值
马拉硫磷	0.25	林丹	0.004
内吸磷	0.03	百菌清	0.01
甲基对硫磷	0.02	甲萘威	0.05
对硫磷	0.003	2,4-D	0.1
乐果	0.08		

二、防止饮用水污染的措施

(1)从畜舍建筑方面防止饮水污染：畜舍要建筑在地势高燥、排水方便、水质良好，距离居民区、工厂和其他畜牧场 500 m 以外的地方，特别要远离屠宰场、肉类和畜产品加工厂。畜牧场可自建深水井和水塔，深层地下水经过地层的渗滤作用，又属于封闭性水源，水质、水量稳定，受污染的机会很少。

(2)注意保护水源：经常了解、掌握水源近区或上游有无污染情况，并及时处理。水源附近不得建厕所、粪池，不得有垃圾堆、污水坑等。井水水源周围 30 m、江河水取水点周围 20 m、湖泊等水源周围 30～50 m 范围内应划为卫生防护地带，四周不得有任何污染源。畜舍与井水水源间应保持 30 m 以上的距离，最易造成水源污染的区域和病畜舍、化粪池或堆肥场更应远离水源，粪池应做到无害化处理，并注意排放时防止流进或渗透进饮水水源。

(3)做好饮水卫生工作：经常清洗饮水用具，保持饮水器、槽清洁卫生，用乳头式饮水器代替槽式或塔式饮水器。应尽量饮用新鲜水，陈旧饮水应及时弃去。饮水应加入适当的消毒剂，杀灭水中的病原微生物。

(4)定期检测水样：定期检查饮水的污染情况，饮水污染严重时要查找原因，及时解决。

(5)做好饮水的净化与消毒处理：当水源水质较差、不符合饮水卫生标准时，需要进行净化处理。消毒的方法很多，其中加氯消毒法投资少、效果好，较常采用。大型集中式给水可用液氯配成水溶液加入水中，小型集中式给水或分散式给水多采用漂白粉消毒。

(6)做好污水处理与排放工作：焚烧病、死畜禽，剖检室的污水必须经过严格的消毒后，方可排放。畜舍排出的污水要在场外通过水的自净作用和无害化处理后方可排放。

第四节　猪场空气环境质量要求

一、猪场空气环境质量指标

猪场空气环境质量指标应符合 GB/T 18407《农产品安全质量　无公害畜禽肉产地环境要求》的规定。具体指标见表 3-12。

表 3-12　猪场空气环境质量指标

项　目	场区	猪舍
氨气（mg/m^3）	5	25
硫化氢（mg/m^3）	2	10
二氧化碳（mg/m^3）	750	1 500
可吸入颗粒（标准状态，mg/m^3）	1	1
总悬浮颗粒物（标准状态，mg/m^3）	2	3
恶臭（稀释倍数）	50	70

二、猪舍空气卫生要求

为保持猪舍空气卫生状况良好，必须进行合理通风，改善饲养管理，采用合理的清粪工艺和设备，及时清除和处理粪便和污水，保持清洁卫生，严格执行消毒制度。猪舍空气中的氨、硫化氢、二氧化碳、细菌总数和粉尘含量不得超过表 3-13 的规定。

三、舍区生态环境质量

舍区生态环境质量指标见表 3-14。

表 3-13　猪舍空气卫生要求

猪群类别	氨 (mg/m³)	硫化氢 (mg/m³)	二氧化碳 (%)	细菌总数 (万个/m³)	粉尘 (mg/m³)
公猪	25	10	0.2	≤6	≤1.5
成年母猪	25	10	0.2	≤10	≤1.5
哺乳母猪	25	10	0.2	≤5	≤1.5
哺乳仔猪	25	10	0.2	≤5	≤1.5
培育仔猪	25	10	0.2	≤5	≤1.5
育肥猪	25	10	0.2	≤5	≤1.5

表 3-14　舍区生态环境质量指标

序号	项　目	仔猪	成猪
1	温度(℃)	27～32	11～17
2	湿度(相对)(%)	80	
3	风速(m/s)	0.4	1.0
4	照度(lx)	50	30
5	细菌(个/m³)	17 000	
6	噪声(dB)	80	
7	粪便含水率(%)	70～80	
8	粪便清理	日清粪	

第五节　养猪业污染物排放标准

养殖场各种污染物的排放控制指标见表 3-15 至表 3-17。

表 3-15　集约化畜禽养殖业水污染物最高允许日均排放浓度

控制项目	五日生化需氧量(mg/L)	化学需氧量(mg/L)	悬浮物(mg/L)	氨氮(mg/L)	总磷(mg/L)	粪大肠菌群数(个/L)	蛔虫卵(个/L)
标准值	150	400	200	80	8.0	10 000	2.0

表 3-16 畜禽养殖业废渣无害化环境标准

控制项目	指标
蛔虫卵	死亡率≥95%
粪大肠菌群数	≤10^5 个/kg

表 3-17 集约化畜禽养殖业恶臭污染物排放标准

控制项目	标准值
臭气浓度（无量纲）	70

第六节 控制猪场环境卫生的措施

一、控制和消除猪舍的有害气体

消除猪舍中的有害气体是改善猪舍空气环境的一项重要措施。由于造成猪舍内高浓度的有害气体的原因是多方面的，因此，消除舍内有害气体必须采取多方面的综合措施。

（1）从猪舍卫生管理着手，应及时消除粪尿污水，不使它在舍内分解腐烂，可有效地减轻舍内空气的恶化。

（2）从建筑设计着手，设计除粪装置和排水系统。

（3）注意防潮。因为氨气和硫化氢都易溶于水，当舍内湿度过大时，氨和硫化氢被吸附在墙壁和天棚上，并随着水分透入建筑材料中。当舍内温度上升时，又挥发逸散出来，污染空气。因此，防潮和保暖是减少有害气体的重要措施。

（4）舍内地面，主要是猪床上应铺以垫料，垫料可吸收一定量的有害气体，其吸收能力与垫料的种类和数量有关。一般麦秸、稻草或干草等对有害气体均有良好的吸收能力。

（5）合理通风换气，以消除舍内的有害气体。当自然通风不足以排除有害气体时，还必须施行机械通风。

（6）当采用上述各种措施后，还未能降低舍内氨臭时，可采用过磷酸钙消除之。应用过磷酸钙对减少猪舍内氨浓度有良好的作用，因为过磷酸钙能吸附氨，生成铵盐。

二、控制和消除空气中的微生物

(1)在选择场址时，应远离传染病源，如医院、兽医院以及各种加工厂，避免引起灰尘传播。一般要求有天然屏障，以防污染。在周围应设置防疫沟、防护墙或防护网，防止犬、猫等动物携带病原菌进入场内。猪场大门应设车辆和行人进出消毒池。

(2)猪场建成后，应对全场和猪舍进行彻底消毒。猪舍的出入门口应设置消毒池。饲养人员进入猪舍时，必须穿戴消过毒的工作服、帽、鞋、手套等，并通过有紫外线灯的通道。严禁场外人员和车辆进入舍区。

(3)平时要保证猪舍内的通风换气，使舍内空气经常保持清洁状态。定期进行猪舍消毒，例如用消毒药喷洒地面、尿沟、圈栏，必要时用福尔马林蒸气或紫外线灯进行猪舍空气消毒。

(4)应用电除尘器来净化猪舍空气中的尘埃和微生物，对微粒的净化效率可达90%以上，对微生物的净化效率可达80%以上。空气中的微生物可以被雨水或被水汽吸附而沉降。

(5)及时消除猪舍内的粪尿和污染垫草，并对病猪的粪便和垫草进行消毒处理。

三、控制和消除空气中的微粒

为了减少猪舍空气中微粒的含量，应从以下几个方面着手：在猪场周围种植防护林带，可以减少外界微粒的侵入；场内在道路两旁的空地上种植树木，可以减少场内尘土飞扬；在舍内分发干草时动作要轻；在喂给粉料时，应先发料，然后任其采食，最好改喂湿拌饲料或颗粒饲料；在更换或翻动垫料时，应趁猪不在舍内时进行；禁止干扫猪床地面；保证舍内有良好的通风换气，及时排除舍内的微粒；在大型封闭式猪舍内，应安装除尘器或阴离子发生器。

四、防止噪声污染

为了减少噪声，建场时选好场址，尽量避免外界干扰；场内的规划应当合理，使汽车、拖拉机等不能靠近猪舍；猪场内应选择性能优良、噪声小的机械设备；装备机械时，应注意消声和隔音。猪舍周围大量植树，可使外来的噪声降低 10 dB 以上。

五、猪场环境绿化

猪场的绿化，不仅可以改善和美化环境，还可减少污染，在一定程度上能够起到保护环境的作用。绿化树种除要适合当地的水土环境以外，尚应具有抗污染、吸收有害气体等功能，如槐树、梧桐、小叶白杨、垂柳、榆树、泡桐等。常绿绿篱可用榆树、鼠李、紫穗槐等；花篱可用连翘、丁香等；刺篱可用黄刺梅、红玫瑰、野蔷薇等；蔓篱可用地锦、金银花、葡萄等。

六、降低生猪排泄物对环境污染的措施

随着公众对环境污染关注的日益强烈，养猪生产者不得不考虑采取某些措施，尽可能减少猪粪便所造成的环境污染，氮和磷是猪粪尿中造成环境污染的主要物质。据初步测算，一个万头规模化养猪场，常年存栏量约为 6 000 头，每天排放粪尿量约 29 t，全年约为 10 585 t。畜禽排泄过程以及粪便分解时产生的气体也是环境污染源之一。猪饲料中氮和磷的含量很高，但只有一小部分磷和氮沉积在动物体内，大部分饲料中的氮和磷排到环境中。解决养猪生产中的粪尿污染的措施主要有 3 个方面：一是降低日粮

中营养物质的浓度;二是提高日粮中营养物质的消化利用率;三是减少或禁止使用有害添加物。

1. 降低日粮的蛋白质浓度,减少氮的排泄

将日粮蛋白质含量从 18%降到 16%,这将使育肥猪的氮排泄量减少 15%,而如果将日粮蛋白质含量增加至 24%,则使氮排出量提高 47%。蛋白质过量(或者日粮的能量不足),导致一部分蛋白质被降解作为能量使用,蛋白质降解所产生的氮以尿素的形式随尿排出。为了保证猪的生长性能,在降低蛋白质水平的同时,必须考虑日粮氨基酸的水平和氨基酸平衡,特别是注意补充重要的限制性氨基酸。综合考虑到猪的生长性能、氨基酸添加剂来源和价格等因素,一般认为,把目前生长肥育猪日粮蛋白质水平降低 2～4 个百分点是可行的,如果再降低可能会得不偿失。

2. 提高日粮蛋白质的消化利用率,减少氮的排泄

有多种途径可以提高猪对日粮蛋白质的消化和利用,减少氮排放到环境中。应用纤维素酶、木聚糖酶、β-葡聚糖酶、蛋白酶等可提高饲料中粗纤维和蛋白质的利用率,这样就可有较高比例的氨基酸被用于动物的生长,而不会被动物排泄出体外。应用理想蛋白质的原理配制猪的日粮,通过氨基酸平衡使蛋白质能够得到充分的利用,减少多余的氨基酸被用作能量来源,特别是在氨基酸不平衡的日粮中使用赖氨酸、苏氨酸、蛋氨酸和色氨酸,可以大大改善氮的利用。对饲料原料进行适当的加工可以减少营养的代谢性浪费,制粒和膨化等加工工艺可以消除许多抗营养因子,提高蛋白质的消化率和体内的利用。

3. 采用阶段饲喂法,减少营养排出所造成的污染

阶段饲养可以满足动物不同生长阶段的不同营养需要,避免出现营养过剩或不足。据报道,多阶段饲养法不仅可提高饲料转化率,而且还可降低氮排泄量。饲喂阶段分得越细,不同营养水平

日粮种类分得越多，越有利于减少氮的排泄。

4. 在猪饲料中使用丝兰属植物提取物，减少猪舍的臭气

在饲料中添加丝兰提取物，可减少动物排泄物中30%左右的氨气含量。在日粮中的添加量较低（每吨饲料添加100～120 g），使用前景很有吸引力。另外，不仅在饲料中可以直接添加丝兰属植物提取物，而且还可以在贮粪池内、冲粪沟中和猪舍内等直接使用。沸石是天然矿物除臭剂，对畜禽消化道产生的NH_3、H_2S等有害气体也有很强的吸附作用。在猪日粮中添加5%的沸石，可使排泄物中NH_3含量下降21%。日粮中添加硫酸钙、氯化钙和苯甲酸钙能降低粪便的pH，从而减少氨气的挥发。

5. 在猪日粮中使用植酸酶，减少磷的排泄

在饲料中添加植酸酶，可水解植酸盐，释放出无机磷盐为动物吸收利用，从而降低动物排泄物中磷的含量。使用200～1 000个单位的植酸酶可以减少粪中磷排出量的25%～50%。日粮中添加植酸酶还能提高其他矿物元素的利用率。

6. 使用其他添加剂，减少高铜、高锌造成的环境污染

当前，日粮中铜和锌的添加量多数超出其适宜需要量，造成过多的铜排放于土壤和水源中，使土壤中的微生物减少，造成土壤板结、土壤肥力下降。目前可以考虑的添加剂包括卵黄抗体、益生素、寡糖、酸化剂等，其中卵黄抗体是应用于乳猪和仔猪日粮中防止猪下痢和促生长的一种令人瞩目的新型添加剂。

第七节　猪场废弃物的处理

一、排泄物处理

1. 粪便的生物处理

对粪便进行生物处理是比较有效的方法之一，它主要依靠微

生物对粪便中有机物的降解作用，来降低粪便对环境的污染程度。生物处理主要包括厌氧生物处理和好氧生物处理。通过厌氧生物处理，可大量除去可溶性有机物(去除率可达85%～90%)，而且可杀死传染性病菌，有利于防疫，这是物理处理方法如固液分离或沉淀等不可取代的。好氧生物处理主要用于在粪便施于农田之前的气味控制及降低化学需氧量。好氧生物处理比厌氧生物处理在气味与化学需氧量控制方面更为有效，但好氧生物处理要比厌氧生物处理的费用昂贵。

2. 污水处理

污水的处理过程包括固液分离、沉淀池沉降、酸化调节池和厌氧池处理、预曝气池充氧，最后进入水生植物塘过滤吸附，从而达到排放指标。

3. 粪便利用

现在已有多项关于粪便利用的研究，包括单细胞蛋白质的提炼和新能源的开发。但目前在中国，粪便作为肥料还田利用应是最有效的途径。粪便还田利用既可有效地处理畜禽排泄物，又可使粪便中的营养物质在生态系统中循环利用。当然，由于目前饲料中营养元素的不充分利用以及饲料添加剂的不适当使用，使粪便不能直接返还农田，否则会造成硝酸盐、磷和重金属的富集，并会对地下水造成污染。一般粪便都需经过物理、化学或生物处理后，才能还田使用。在粪肥还田利用的时候，还需考虑土壤类型和不同植物不同时期的营养需求，应避免长期施用含磷、钾过多的粪肥，并尽量保证氮的施用不过量。

二、粪便无害化处理技术

1. 处理原则

养猪场应采用先进的工艺、技术与设备、改善管理、综合利用等措施，从源头削减污染量。养猪场粪便处理应坚持综合利用的原则，实现粪便的资源化。养猪场必须建立配套的粪便无害化处理设施或处理(置)机制。养猪场应严格执行国家有关的法律、法规和标准，粪便经过处理达到无害化指标或有关排放标准后才能施用和排放。发生重大疫情的养猪场粪便，必须按照国家兽医防疫有关规定处置。

2. 处理场地的要求

新建、扩建和改建养猪场必须配置粪便处理设施或粪便处理场。已建的养猪场没有处理设施或处理场的应及时补上。养猪场禁止在下列区域内建设粪便处理场：生活饮用水水源保护区、风景名胜区、自然保护区的核心区及缓冲区；城市和城镇居民区，包括文教科研区、医疗区、商业区、工业区、游览区等人口集中地区；县级人民政府依法划定的禁养区域；国家或地方法律、法规规定需特殊保护的其他区域。在禁建区域附近建设粪便处理设施和单独建设的粪便处理场，应设在规定的禁建区域常年主导风向的下风向或侧风向处，场界与禁建区域边界的最小距离不得小于 500 m。

3. 处理场地的布局

设置在养猪场内的粪便处理设施应按照 NY/T 682 的规定设计，应设在养猪场的生产区、生活管理区的常年主导风向的下风向或侧风向处，与主要生产设施之间保持 100 m 以上的距离。

4. 粪便的收集

新建、扩建和改建养猪场应采用先进的清粪工艺，避免养猪场粪便与冲洗等其他污水混合，减少污染物排放量，已建的养猪场要逐步改进清粪工艺。粪便收集、运输过程中必须采取防扬散、防流失、防渗漏等防止环境污染措施。

5. 粪便的储存

养猪场应设置专门的粪便储存设施及液体和固体废弃物储存设施。粪便储存设施位置必须距离地表水体 400 m 以上；应设置明显标志和围栏等防护措施，保证人畜安全。储存设施必须有足够的空间来储存粪便。在满足下列最小储存体积条件下设置预留空间，一般在能够满足最小容量的前提下将深度或高度增加 0.5 m 以上：对固体粪便储存设施其最小容积为储存期内粪便产生总量和垫料体积总和。对液体粪便储存设施最小容积为储存期内粪便产生量和储存期内污水排放量总和。对于露天液体粪便储存时，必须考虑储存期内降水量。采取农田利用时，储存设施最小容量不能小于当地农业生产使用间隔最长时期内养殖场粪便产生总量。储存设施必须进行防渗处理，防止污染地下水，还应采取防雨(水)措施。储存过程中不应产生二次污染，其恶臭及污染物排放应符合 GB 18596 的规定。

6. 粪便的处理

禁止未经无害化处理的养猪场粪便直接施入农田。养猪场粪便经过堆肥处理后必须达到表 3-18 的卫生学要求。

表 3-18　粪便堆肥无害化卫生学要求

项　目	卫　生　标　准
蛔虫卵	死亡率≥95%
粪大肠菌群数	10^5 个/kg
苍蝇	有效地控制苍蝇滋生，堆体周围没有活的蛆、蛹或新羽化的成蝇

养猪场固体粪便宜采用条垛式、机械强化槽式和密闭仓式堆肥等技术进行无害化处理，可根据资金、占地等实际情况选用。采用条垛式堆肥，发酵温度 45℃以上的时间不少于 14 天。采用机械强化槽式和密闭仓式堆肥时，保持发酵温度 50℃以上时间不少于 7 天，或发酵温度 45℃以上的时间不少于 14 天。液态粪便可以运用沼气发酵、高效厌氧、好氧、自然生物处理等技术进行无害化处理。处理后的上清液和沉淀物应实现农业综合利用，避免产生二次污染。处理后的上清液、沉淀物作为肥料进行农业利用时，

其卫生学指标应达到表 3-19 的要求。

表 3-19　液态粪便厌氧无害化卫生学要求

项　目	卫　生　标　准
寄生虫卵	死亡率≥95％
血吸虫卵	在使用粪液中不得检出活的血吸虫卵
粪大肠菌群数	常温沼气发酵≤10 000 个/L，高温沼气发酵≤100 个/L
蚊子、苍蝇	有效地控制苍蝇滋生，粪液中无孑孓，池的周围无活的蛆、蛹或新羽化的成蝇
沼气池粪渣	达到表 3-18 要求后可用作农肥

处理后的上清液作为农田灌溉用水时，应符合 GB 5084 的规定。处理后的污水直接排放时，应符合 GB 18596 的规定。无害化处理后的养猪场粪便进行农田利用时，应结合当地环境容量和作物需求进行综合利用规划。利用无害化处理后的养猪场粪便生产商品化有机肥和有机无机复混肥，须分别符合 NY 525 和 GB 18877 的规定。利用养猪场粪便制取其他生物质能源或进行其他类型的资源回收利用时，应避免二次污染。

7. 对粪便处理场场区要求

养猪场粪便处理场场区臭气浓度应符合 GB 18596 的规定。

8. 监督与管理

畜禽养殖场、养殖小区和畜禽粪便处理场按当地农业部门和环保保护行政主管部门要求，定期报告粪便产生量、粪便特性、储存、处理设施的运行情况，并接受当地和上级农业部门和环境保护机构的监督与检测。排污口标志应按国家环境保护总局有关规定设置。

三、猪粪处理工艺流程

随着养猪业的发展，猪粪尿及污物对环境的污染越来越大，为了保证人类有一个良好的生存空间，对猪排泄的粪尿及污物进行无害化处理是养猪生产中的一个重要环节。其工艺流程见图 3-3。

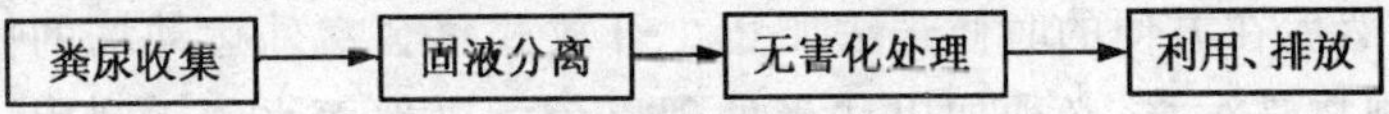

图 3-3　猪粪处理工艺流程图

（一）猪粪收集

猪场的清粪方式常见的有手工清粪、刮粪板清粪和水冲清粪等方式。快速清粪的最好办法是采用漏缝地板，用刮粪板清粪和水冲清粪。良好的漏缝地板能使猪粪很快地漏到地板下面的集粪区或粪池。漏缝地板看起来简单，实际上在合理选用和正确安装漏缝地板时有很多讲究。首先，板条的宽度必须适合于猪的类型，既能让粪从缝中漏下不至在板条上堆积，又能使猪站稳。其次，板条的料面既要适度光滑以便于清洗，不擦伤猪蹄，又要使猪走在板条上有一定的摩擦力而不打滑。再者，板条的缝隙要有适当的宽度以便猪粪易于漏下，但又不能太宽以免猪蹄踏空下陷。如果地面全部是实体水泥地面，地面倾向排水沟或粪沟的坡度为 4%～5%，冲洗液迅速从猪的栖息区流入沟内。地面要勤冲洗以保持清洁，舍内要维持一定的空气流动和供热，以使地面迅速干燥，尤其是在冬天。实体地面冲洗粪便比刮粪效果好，因为刮粪后地面还留有一薄层粪尿，仍然可以向舍内散发水汽和臭气。

（二）粪便向贮粪池的转运

如果贮粪坑直接坐落在漏缝地板下面，粪便的转运问题就比较简单。但直接在猪舍地面下贮粪有其严重缺点。猪粪在漏缝地板下储存 5～7 天后由于微生物大量繁殖会产生大量气体和臭味，这会影响猪群和饲养员的健康。如果每周 1～2 次将舍内粪便转运到舍外的贮粪场所，猪舍内的这些问题就解决了。转移猪粪的基本方法有两种，即刮粪法和冲洗法。

带室外运动场的开放式猪舍通常采用厩床和刮粪的方法。刮粪工作可以采用人工或机械，将相对固态的猪粪集中堆积在集粪区，然后在方便的时候送去肥田。开放式猪舍室外运动场的雨水冲刷物是污水，必须加以适当处理以免污染地面水源。利用一个沉淀池可将雨水冲刷物中的固体部分分离后除去，再用一个蓄水池将冲刷物中的液体部分蓄留起来，用于肥田。刮粪法成本低，但只能处理固态猪粪，但固态猪粪积存时间超过 7 天，就会滋生苍蝇，造成大麻烦。在水源充足、粪池容积大时，采用冲洗法。冲洗法常用 3 种形式，一种是水箱-粪沟冲刷式，二种是重力引流式，三种是粪沟再注式。

(1)水箱-粪沟冲刷式：是在猪舍的一端设有一个大水箱。每天向粪沟内放水 4～6 次，冲下的激流将粪沟内的粪便冲刷到猪舍的另一端。这个过程可以借助水枪和人工来完成。

(2)重力引流式：是一个浅粪沟（坡度 0.5%或无坡度）通向一端的出口，平时出口塞子堵住使粪沟中粪液积存，每周 1 次或 2 次将塞子拔掉，由于重力作用粪液从出口流经大塑料管而排放到舍外贮粪池中。一般重力引流几乎不需加水促进引流过程，但粪沟中的某些区域（如饲槽下方）容易滞留固体废渣，需要手持水枪冲洗。

(3)粪沟再注式：实际上是重力引流的改进模式，但具有许多优点，近年来非常普及。与重力引流类似，粪便在粪沟中可积存 5～7 天后再拔出塞子使粪液通过大塑料管排到猪舍的贮粪池或化粪池中。粪沟以 0.5%的坡度倾向引流方向，冲刷后立即向粪沟内注入平均 30 cm 深的水，注水后冲刷力增强，清粪效果更好，新鲜猪粪落入粪沟后立即被水淹没，从而减少了臭味和苍蝇问题。此外，由于粪沟一直有水，粪便不易黏附在水泥沟壁上。因此，粪沟再注式系统的臭味、有害气体、苍蝇问题较少。再注式比重力引流式的耗水量大，确实需要良好的泵水系统，以便及时注水淹沟。泵水系统应用足够的功率，确保排放后 4 h 之内将粪沟注满。在粪沟较浅的一端水深不少于 8～16 cm，平均水深应为 30 cm；粪沟中应设有水道隔，以保证各水道不宽于 60 cm；塑料引流管直径应为 20～25 cm，并应以 1％的坡度顺引流方向倾向外边的贮粪池。

(三)化粪池-生物处理

用化粪池处理粪便有赖于微生物活动，因此化粪池务必设计合理以便不断地为有益细菌提供良好的生存环境。化粪池可以设计成适合于厌氧菌的或需氧菌的良好环境，但大多数化粪池是厌氧池，因为其成本很低。需氧化粪池只用于严禁臭气的地方或还田面积有限的地区。这些化粪池必需很浅(不超过 1.5 m)，以保证整个池中氧气的扩散和阳光的透入，这样才能使整个池中产生氧气的藻类能够繁衍生息。需氧化粪池需要的容积应为厌氧化粪池的 2 倍多。如果池中有机械供氧条件，需氧化粪池可以设计得小些，但启动和运作成本较高。

厌氧化粪池要有一定的深度以确保无氧条件，可以减少池表面积和占地面积。典型的厌氧池达 6 m 深，但深度不得低于正常地下水位。池壁和池底应有防漏功能，以免污染地下水。粪便在池中长期储存后本身会形成一层自然封闭层，但对沙性土质池可能需要一层黏土层或人工衬里防漏。多数化粪池属于一级池，即只有一个粪池。但是如果需要冲刷用水需要有二级池，二级化粪池由二个粪池组成，第一个粪池较大，池满后溢到第二个较小的次级池中。次级池的水澄得较清，适合于用作循环水送回猪舍供冲洗用。

为了给池中大多数有益细菌提供一个良好的环境，厌氧化粪池应有充足的容量。如果容量过小，池中会滋生苍蝇并有强烈臭味。厌氧化粪池所需总容量等于细菌生存所需的最低容量加上排入一年猪粪的容量，再加上淤泥的积累和雨水及冲刷液的容量。表 3-20 给出了低臭化粪池最低容量的参考值。温暖气候下的最低容量可以通过夏、冬之间的线性推导算得。淤泥沉积量可按每头猪体重乘以全场饲养量再乘以 0.012 m^3，最后乘以每两次挖走淤泥之间的年数。雨水和冲刷液容量则要根据当地气象资料和与粪池相应的猪场引流面积来估算。表 3-21 给出了猪的日产粪量参考值。

表 3-20 每千克猪体重所需低臭化粪池最低容量建议值 m^3

化粪池类型		寒冷气候容量	炎热气候容量
一级池		0.177	0.089
二级池	初级池	0.133	0.066
	次级池	0.044	0.023

表 3-21 猪的平均产粪量

猪的类型	猪的体重 (kg)	每头猪每天产粪量 (kg)	每头猪每天产粪量 (m^3)
培育仔猪	16	1.3	0.001 4
生长猪	30	2.5	0.002 6
肥育前期猪	68	5.7	0.005 8
肥育后期猪	90	7.6	0.007 7
妊娠母猪	125	10.5	0.010 6
哺乳母猪	170	15.0	0.015 2
公猪	160	13.4	0.013 6

注：设粪便的含水量为 90.8%，限饲的妊娠母猪和公猪产粪较少（往往不到表中数据的一半）。

四、粪便的无害化处理与有效利用

(一)用作肥料

固体粪便可采用堆肥的形式加以利用。在粪堆的底层垫木屑、稻草或麦秸等,用以吸收尿素和废渣。一般经 4～5 天即可使堆肥内温度升高至 60～70℃,2 周即可达均匀分解、充分腐熟的目的。粪便经腐熟处理后,其无害化程度通常用 2 项指标来评定:一是肥料质量。外观呈暗褐色,松软无臭,如测定其中总氧、磷、钾的含量,肥效好的,速效氧有所增加,总氧和磷、钾不应过多减少。二是卫生指标。首先是观察苍蝇滋生情况,如成蝇的密度、蝇蛆死亡率和蝇蛹羽化率;其次是大肠杆菌值及蛔虫卵死亡率;此外尚需定期检查堆肥的温度。一般堆肥温度最高可达 50～55℃以上,维持 5～7 天,蛔虫卵死亡率为 95%～100%,大肠杆菌群值为 1 万～10 万个/kg,能有效地控制苍蝇滋生。堆肥不仅能够产生较好的经济效益,并且由于污物是固状的肥料,其处理方式也较为方便,且可以减少对环境的污染,是一种较为经济的污物处理方式。但是这种方式只能分批处理少量的粪便,因此只适用于规模小的猪场。

(二)粪便的生物能利用

利用猪的粪尿生产沼气也是一个处理猪粪尿的好办法,不但解决了环境污染问题,生产出来的沼气还可以满足生活、生产的能源所需。

1. 沼气的产生

沼气是甲烷产气菌在沼气池物料中发酵产生的甲烷气体,使粪便产生沼气的条件首先是保持无氧环境,可以建造四壁不透气的沼气池,上面加盖密封。其次是需要充足的有机物,以保证沼气菌等各种微生物正常生长和大量繁殖,一般为每立方米发酵池容积每天加入 1.6～4.8 kg 固形物为适。第三是有机物中碳氮比适当,发酵原料中碳氮比为 25∶1 时一般产气系数较高,这一点在进料时须注意，适当搭配，综合进料。第四是沼气菌的活动以 35℃最活跃，此时产气快且多，发酵期约为 1 个月，如池温为 15℃，则产生沼气少而慢，发酵期约为 1 年。沼气菌生存温度范围为 8～70℃。第五是沼气池保持在 pH 6.4～7.2 时产气量最高，酸碱度可用 pH 试纸测试。一般情况下发酵液可能过酸，可用石灰水或草木灰中和。

发酵连续时间一般为 10～20 天，然后清出废料。在发酵时粪便应进行稀释，稀释不足会增加有害气体（如氨等）或积聚有机酸而抑制发酵，但过稀则耗水量增加，并增大发酵池容积。通常发酵干物质与水的比例以 1∶10 为宜。在发酵过程中，对发酵液进行搅拌，能大大促进发酵过程，增加能量回收率和缩短发酵时间，如果能在发酵池上安装搅拌器，则产气效果好，搅拌可连续或间歇进行。

每头 68 kg 体重的猪，每天的排泄物能产生 0.05～0.1 m^3 沼气。理想的发酵用粪尿含固型物应为 8%～12%。而漏缝地板下收集的粪尿含固型物 3%～6%，冲刷性粪便含固型物约 0.5%，因此猪粪尿通常还需浓缩脱水才能用于沼气生产。甲烷产气菌的生长繁殖需要有特定的温度、水分等环境条件，不同类型的甲烷产气菌所需温度也不一样，嗜温菌最适产气温度是 35℃，嗜热菌最适产气温度是 57℃。甲烷产气菌的生长繁殖需要消耗能量，在一定范围内，温度越高其自身能耗越大，但产气速度越快，嗜温菌消化猪粪平均需要 12～18 天，嗜热菌相应为 5～6 天。生产沼气的容器，有隔热良好的钢质发酵罐，也有埋在地下的水泥沼气池。发酵过程中需要每天补充投入新的物料。

2. 沼气发酵残渣的综合利用

粪便经沼气发酵，其残渣中约 95% 的寄生虫卵被杀死，钩端螺旋体、大肠杆菌全部或大部分被杀死，同时残渣中还保留了大部分养分。粪便中的碳素大部分变为沼气，而氮素损失较少，发酵前蛋白质占干物质的16.08%，蛋氨酸为0.104%，发酵后蛋白质为36.89%，蛋氨酸为0.715%，使氨基酸营养更丰富。因此，沼气发酵残渣可作为饲料。直接做鱼的饲料，可促进水中浮游生物的繁殖，从而增加了鱼饵；发酵残渣还可做蚯蚓的饲料。另外，发酵残渣是高效肥，无臭味，不招苍蝇，施于农田肥效良好，沼渣中尚含植物生长素类物质，可作为果树和花的肥料，做食用菌培养料增产效果亦佳。

第八节　生态养猪

生态养猪法的原理是利用微生物生态床进行自然生物发酵（饲料利用饲料发酵剂进行微生物厌氧发酵促进吸收，粪尿利用粪便发酵剂进行微生物耗氧发酵分解处理），就是利用发酵床菌种，按一定比例混合秸秆、锯末屑、稻壳粉和粪便（或泥土）进行微生物发酵繁殖形成一个微生态床工厂，并以此作为猪圈的垫料。再利用生猪的拱翻习性作为机器加工，使猪粪、尿和垫料充分混合，通过生态床的分解发酵，使猪粪、尿中的有机物质得到充分的分解和转化，微生物以尚未消化的猪粪为食饵，繁殖滋生。随着猪粪尿的处理，臭味也就没有了，而同时繁殖生长的大量微生物又向生猪提供了无机物营养和菌体蛋白质被猪食用，从而相辅相成将猪舍垫料生态床演变成微生态饲料加工厂，达到无臭、无味、无害化的目的，是一种无污染、无排放的、无臭气的新型环保生态养猪技术，具有成本低、耗料少、操作简、效益高、无污染等优点。

生态床也叫发酵床，是韩国、日本根据多年实践经验，利用全新的自然农业理念，结合现代微生物发酵处理技术提出的一种环保、安全、有效的生态养猪法，实现养猪无排放、无污染、无臭气，彻底解决规模养猪场的环境污染问题。它是集养猪学、营养学、环境卫生学、生物学、土壤肥料学于一体，遵循低成本、高产出、无污染的原则建立起的一套良性循环的生态养猪体系。它是工厂规模化养猪发展到一定阶段而形成的又一亮点，是养猪业可持续发展的新模式。

思考题：

1. 一个商品猪场的工艺参数应由哪些组成？
2. 不同规模猪场的猪群结构和技术指标如何？
3. 规模化猪场的生产工艺流程应是什么样的？
4. 生猪饮用水的标准及防止污染的措施是什么？
5. 在生猪生产中对场、舍空气环境质量有何要求？
6. 国家对养猪业污染物的排放有何强制要求？
7. 控制猪场环境卫生的措施有哪些？
8. 降低生猪排泄物对环境污染的措施有哪些？
9. 如何对猪场的废弃物进行无害化处理与有效利用？
10. 如何进行生态养猪？

第四章　猪的引种与繁殖技术

导读　本章主要介绍了猪种的选择与引进，以及引进前后应注意哪些问题；介绍了目前生产中常见的配种方式、配种方法；详细列举出了猪的人工授精技术操作规程及有关的生物技术。另外，针对目前生猪标准化生产的快速发展，在经济杂交方式及注意的问题、优良杂交组合等内容上进行了叙述。

第一节　猪种的选择与引进

一、猪种的选择

（一）基本要求

优良的品种是无公害安全猪肉生产的生物学基础，是生产出优质肉品的重要保证。近几年，养猪业提出了一个新的名词，即健康育种，指的就是选取优质猪种不再仅仅局限于它的种质和外形上，而且还需要有高度的健康性。如果猪本身的抵抗力就非常差，那么，在生长过程中它患病的比率就高。有些养猪生产者一味地追求猪的体型、体重，于是盲目地选择一些能够增肥或提高胴体瘦肉率的饲料添加物，而不去考虑其后果。

此外，选择高产猪种也很重要，选择引进猪种主要看其是否高产，高产猪种是指能生产较多高质量产品的、饲养经济效益较高的猪种，集中表现在母猪产仔数多，公猪精液品质好，肥育猪生长快，饲料转化率高，瘦肉率高。选择高产猪种进行饲养，不仅能促进生猪生产，满足人们对猪肉及其产品的需求，而且可以确保市场竞争力，获得较高的生产效益。大型现代化养猪场提倡自行育种，利用猪的最佳的杂种优势效益进行选育，选择繁殖率高、生长快和肉质好的猪种。

（二）我国的优良猪种

1. 地方猪种

我国地方猪种有48个，其种群较大，分布较广，影响较大的主要有太湖猪、民猪、金华猪、香猪等，它们各具特点，若以它们为母本，以引进的国外瘦肉型猪为父本，进行有选择的杂交，会收到较好的效果。

(1)太湖猪：太湖猪是我国乃至全世界猪种中繁殖力最高、产仔数最多的品种。品种内类群结构丰富，有广泛的遗传基础。太湖猪与引进的瘦肉型品种进行三元杂交，商品猪瘦肉率可达53%以上。

(2)民猪：民猪具有产仔多、肉质好、抗寒、耐粗饲、脂肪沉积能力强、体质强健的特点，适于较粗放的管理。缺点是皮厚、脂肪含量高、后腿肌肉不发达、增重较慢。民猪是很好的杂交母本，与大约克夏、长白、杜洛克、汉普夏、苏白等品种杂交，杂种优势效益都很显著。以民猪为母本(或父本)产生的二元一代杂种母猪，再与第三品种公猪杂交的三元杂种猪，如大约克夏×(长×民)、长×(苏×民)、大约克夏×(民×新金)、长白×(民×东北花)，日增重都在600 g以上。

(3)金华猪：金华猪为浙江省数量最多和分布最广的地方良种，具有性成熟早、繁殖力高、皮薄骨细、肉质好、腿臀发达、瘦肉多的特点，适于腌制优质的金华火腿及腌肉。缺点是肉猪后期生长慢，饲料利用率较低。金华猪与引进的瘦肉型品种猪进行二元、三元杂交，有明显杂种优势。

(4)香猪：香猪是一个超小型的地方猪种，因猪的体型小，耗料少，早熟易肥，肉质香嫩，仔猪宰食时无奶腥味，故名香猪。香猪体型小，经济早熟，胴体瘦肉率较高，肉质细嫩鲜美，加工成烤乳猪或腊肉别具风味。目前正在加强选育，使之进一步向微型猪方向发展，不但更适于乳猪生产，也可用做医学试验动物和器官移植，同时也可作为宠物饲养。

2. 培育猪种

目前，全国共育成 40 多个猪的新品种或品系，大大丰富了我国猪种资源基因库。这些新品种或品系既保留了我国地方品种猪的优良特性，具有地方猪种适应性强、耐粗饲、繁殖率高、肉质好等特点，又兼备了引入品种的特点，在生长速度、瘦肉率等方面有较大提高。我国主要的培育猪种有三江白猪、湖北白猪、苏太猪等。

(1)三江白猪：三江白猪是我国培育的第一个瘦肉型品种。现在主要分布在东北三江平原地区。因为三江白猪是用长白猪和东北民猪杂交后培育成的品种，所以应尽量不再与长白猪和东北民猪杂交，以免影响杂交效果。可与苏白、哈白和大约克等猪进行正反交，效果都比较好，呈现出杂种优势。以三江白猪为母本与杜洛克、汉普夏杂交，一代杂种在日增重和瘦肉率上均显示出优势。三江白猪是我国高寒地区培育的，含有东北民猪血缘，比一般猪耐寒，胴体瘦肉率较高。但目前群体尚不够大，用于商品生产的杂交繁育体系还不尽完善。今后应扩大群体，提高群体质量，广泛开展配合力测定。

(2)湖北白猪：湖北白猪是 1986 年育成的瘦肉型猪，它包括 6 个既有品种个性又各具特点、彼此间无亲缘关系的独立品系。产于湖北省武昌、汉口一带，分布于武汉市郊区。以湖北白猪为母本，以杜洛克、汉普夏、丹麦长白为父本，杂交肉猪平均日增重为 645 g，料肉比为 3.49∶1，胴体瘦肉率 62%左右。湖北白猪不仅生长快、瘦肉率高，还保持了中国猪种的主要优良特性。

(3)苏太猪：苏太猪为苏州太湖猪育种中心育成的猪品种，是生产商品瘦肉猪理想的母本之一，与大约克夏猪或长白公猪杂交生产的商品瘦肉猪杂种优势明显。"长苏"杂种猪达 90 kg 体重日龄为 164.43 天，胴体瘦肉率 59.67%，料肉比为 2.98。

3.引入猪种

引入猪种是指从国外引入的优良瘦肉型猪种，如长白猪、大约克夏猪、杜洛克猪、汉普夏猪、皮特兰猪。它们的共同特点是：生长速度快、屠宰率高、瘦肉率高，但肉味比较差，常在杂交育种时用作父本，来改善我国地方猪种的长肉性能。

(1)长白猪：原名兰德瑞斯，原产于丹麦，是世界上第一个育成的、分布最广的、最著名的瘦肉型猪种。长白猪具有生长快、饲料利用率高、瘦肉率高、母猪产仔多、泌乳性能较好等特点。用其作父本和母本与其他进口猪种和我国地方猪种杂交，都有良好效果。在我国南方、北方、内地、沿海都比较适应。其缺点是 20 世纪 80 年代后进口的长白猪体质较弱，四肢软弱，经常发生跛腿，母猪发情不太明显，有些母猪呈隐性发情，一般受胎率偏低，抗逆性较差，对饲养条件要求较高等。用长白猪作父本，用湖北白猪、北京黑猪、上海白猪等作母本的二元杂交，肥育期日增重可达 600 g 左右，料肉比为(3.0～3.8)∶1，肉猪胴体瘦肉率达 54%～62%。在三元杂交中，多以长白猪为第一父本与本地母猪交配，其杂交后代与第二父本杜洛克猪交配效果最佳。三元杂交商品猪日增重在600～800 g，饲料利用率为 3.0～3.4，胴体瘦肉率为 53%～58%。

(2)大约克夏猪(大白猪)：原产于英国，由中国华南猪、罗马猪等与英国本地猪杂交后选育成的。约克夏猪可分为大、中、小三型，目前世界分布最广的是大约克夏猪，因其体型大、毛色全白，故又名大白猪。在世界猪种中占有重要地位，是世界著名的瘦肉型品种。大约克夏具有体格健壮，适应性好，生长发育快，饲料利用率高，胴体瘦肉率高，杂交效果好的优点，在我国广大地区都能正常生长发育。缺点是仔猪早期发育稍差，性情欠温驯，四肢常发生疾病。在生产中,多以大约克夏猪作母本,通常的组合形式是杜×长×大。在国外三元杂交中常用作母本或第一父本。

(3)杜洛克猪:原产于美国东北部的新泽西州,现在是世界四大著名猪种之一,分布很广。现已遍布全国,主要是美系和匈系杜洛克。杜洛克猪具有生长快、饲料转化率高、瘦肉率高、抗逆性强的特点,但是它又具有产仔少、泌乳力稍差以及在饲料条件稍差的情况下胴体瘦肉率很快下降的缺点,所以在二元杂交中一般都作为父本,在三元杂交中作为终端父本。用其作终端父本的三元杂交猪,日增重 700 g 以上,肥育后期日增重近 1 000 g,胴体瘦肉率可达 56%~58%。如果后期限量饲喂,控制脂肪沉积比例,瘦肉率可达 60%左右。从大量试验中看出,以杜洛克为终端父本,要比长白、大白和汉普夏作父本为好。

(4)汉普夏猪:汉普夏猪原产于美国肯塔基州,为世界著名的瘦肉型品种。汉普夏猪具有瘦肉率高、后腿丰满、眼肌面积大、胴体品质好等优点,其缺点是窝产仔数少,饲料报酬稍差,仔猪发育不如杜洛克、长白和大约克夏。汉普夏公猪性欲旺盛,是比较理想的杂交父本。在瘦肉型商品猪生产体系中,汉普夏猪可作终端父本,其二元和三元杂交肥育猪的瘦肉率显著提高,在同样饲养条件下,都要比杜洛克和大约克为终端父本的肥育猪瘦肉率高 1%~2%。但是凡是以汉普夏为终端父本的二元、三元杂种猪,日增重比以长白、大白和杜洛克为终端父本的二元、三元杂种猪显著变小,同时猪体质也比其他猪差。

(5)皮特兰猪:原产于比利时的布拉帮特地区,是欧洲较为流行的瘦肉型猪种。该猪具有肌肉发达、胴体瘦肉率高、背膘薄的特点,但繁殖力不高、后期生长较慢,又是应激敏感猪阳性率最高的品种,肌肉纤维较粗,肉质较差。由于瘦肉率很高,在杂交体系中是很好的终端父本。这种猪在体重达到 90 kg 以后生长显著减慢,耗料多,50%的猪含有氟烷隐性基因,最好利用它与杜洛克或汉普夏杂交，杂交后的公猪作为杂交系统的终端父本，这样既可提高瘦肉率，又可防止 PSE 猪肉的出现。

(6)斯格猪：斯格猪原产于比利时，是专门化品系杂交成的超级瘦肉型猪，是用比利时长白、英系长白、荷兰长白、法系长白、德系长白及丹麦长白合成的。目前分布在我国湖北、江苏、福建、广东、广西、贵州、北京、辽宁和黑龙江等地。斯格猪生长发育较快，饲料报酬很高。尤其是胴体性状极佳，屠宰率 77%，肥膘很薄，眼肌面积特大，后腿比例很大，瘦肉率达 60%以上。缺点是比较容易发生应激综合征。

二、猪种的引进

为不断提高猪群的生产水平，常常需从外地甚至国外引进猪种，作为经济杂交的父本、育种的基本素材或生产商品猪。从外地引进猪种时，必须注意以下问题。

(1)制订科学合理的引种计划：引种前要根据本猪场的实际情况制订出科学合理的引种计划，计划包括种猪品种(大白、长白、皮特兰、杜洛克)、种猪级别(原种、祖代、父母代)、引种数量(关系到核心群的组建)等。

(2)做好引种前的准备：引种前应将隔离舍彻底冲洗、消毒并且空舍至少 1 周以上，隔离舍要远离已有猪群。可设计一个装猪台，这样运猪人员不用进场即可把猪卸入场内，既方便又可防止疾病的带入。

(3)坚持自繁自养的原则：必须引进猪只时，在引进前应调查产地是否为非疫区，引进猪只需有产地检疫证明，不得从疫区引进猪只。需要引进种猪时，应从具有种猪经营许可证的种猪场引进，并严格按照 GB 16567 进行检疫。

(4)引种目的要明确：引种应根据生产和育种工作的需求，来确定引进品种、品系、类型。一个猪场一般不宜养过多的品种。一般 2～3 种为宜。根据经济杂交的目的选择猪种，结合当地条件相应地决定引进哪个猪种。引入猪种要具有增重快、消耗少、瘦肉多和胴体品质好的特点，具有良好的经济价值、育种价值和适应性，适应性是高产的先决条件。引进比较古老的育成品种和地方品种或遗传稳定的杂交猪种效果比较好。

(5)引入品种要注意个体选择：引种时，要注意个体的体型大小、体质类型、健康状况、繁殖能力、系谱和种猪相互之间应没有亲缘血统关系等情况，逐头仔细观察鉴定，认真加以选择，并应带回种猪血统卡片。在选择个体时，除注意该品种的特征特性外，还要进行系谱审查。注意亲本或同胞间生产性能的表现、遗传疾病和血缘关系等。特别是引进公猪应当没有血缘关系，否则易导致近亲繁殖，给生产上带来不良后果。

(6)引进的品种必须适应当地的环境条件：引种应适宜当地饲养条件引入外地种猪时，应了解本品种的生活习性、特点及其适应性和所在地区的生态环境等方面条件，以便为引进以后的猪种创造必要的饲养管理条件，满足猪体生长发育和繁殖的需要。一般来说，引入地的气候环境条件与原产地相差不大时，引种容易成功。

(7)以引入仔猪为主：引入的仔猪应具有较强的适应性，易于适应外界条件。所以，宜引入 4 月龄左右或稍大的幼猪。

(8)做好检疫工作，严格执行隔离观察制度：引进猪种必须经过检疫，认定其无病方能引进。由外地引入的猪种应集中隔离饲养观察 1 个月以上，加强防疫措施，注意预防和消灭传染病和寄生虫病，以确保安全。

(9)运输：种猪运输时应注意：避免使用运输商品猪的外来车辆装运，最好用本场专用或供种猪场专用的。在运载前 24 h 用消毒剂对车辆和用具进行 2 次以上的消毒。要求供种场提前 2～3 h 对准备运输的种猪停止饲喂，以免造成种猪脱肛。赶猪上车时不能赶得太急，装猪结束固定好车门，防止路途中丢失种猪。运载种猪的车厢面积应为猪纵向表面积的 1.5 倍，若装种猪较多，最好能将车厢隔成若干个隔栏，以每栏 6～10 头为宜，且种猪能自如站立、活动，但也不要过于宽松。隔栏最好用光滑的水管制成，避免刮伤种猪。装车时尽可能同类猪混于一栏，且体重不宜相差太大，以免强欺弱、大欺小。达到性成熟的公猪要单独隔开，并喷洒较浓气味的消毒药水，以免公猪相互打架。过 3～4 h 用长木棍把每一头猪赶起来，检查情况，遇有异常猪需及时处理。如出现呼吸急促、体温升高等异常，要采取有效措施，不得延误，必要时可注射抗生素和镇痛退热针剂，并用温度较低的清水冲洗猪耳降温。途中应注意选择没有停放其他运载动物车辆的地点就餐。随车准备一些必要的工具和药品，保证充足的饮水。运输时要准备充足的饲料，尤其是青绿饲料。如行程超过 4 天，最好带上一些颗粒饲料。还可事先配制一些电解质溶液，用时加上奶粉，供种猪路上饮用。夏天做好防暑降温工作，冬天注意防寒保暖。

(10)种猪到场后的注意事项：种猪到场后，用刺激性小的消毒药对猪的体表进行消毒，进入隔离舍。先让猪休息并采用少量多次的方法供给饮水，饮水中可加入口服补盐液或电解多维。然后，少量地、逐渐地给猪喂料，3～5 天达到正常饲喂量。若种猪出现轻度腹泻、便秘、咳嗽、发热等症状，一般属于正常的应激反应，不要紧张。为了减少由于应激而引发的疾病，可在饲料中加入药物预防。种猪到场 1 周后，应该根据当地的疫病流行情况、本场内的疫苗接种情况和抽血监测情况进行必要的免疫注射，免疫要有一定的间隔，以免造成免疫失败。经过一段时间的观察无异常情况发生，对种猪进行彻底消毒后转入生产场区。

(11)进行引种试验及观察：判断引入品种价值高低的最可靠办法，就是进行引种试验。先引入少量个体，进行观察，经证明该品种既有良好的经济价值和种用价值，又能适应当地的自然条件后,再大规模进行引种。

第二节　猪的配种

一、配种方式

(1)单次配:在一个发情期内,只用一头公猪(或精液)交配1次。这种方式应在有经验的饲养人员掌握下,抓住配种适期,可能获得较高的受胎率,并能减轻公猪的负担,提高公猪的利用率。缺点是一旦适宜配种时间没掌握好,受胎率和产仔率都受到影响。

(2)重复配:在一个发情期内,用一头公猪(或精液)先后配种2次。即在第一次交配后间隔8～24 h再用同一头公猪配第二次。这种方式比单次配种受胎率和产仔数都高,因为这种方式使先后排出的卵子都能受精。在生产中,对经产母猪都是采取这种方式。

(3)双重配:在一个发情期内,用同一品种或不同品种的两头公猪(或精液),先后间隔10～15 min各配1次。这种方式可提高受胎率、产仔数以及仔猪整齐度和健壮程度。生产商品肉猪场可采用这种方式,专门生产纯种猪场不宜采用这种方式,以免造成血统混乱。

(4)多次配:在一个发情期内,用同一头公猪交配3次或3次以上。三次配适合于初配母猪或某些刚引入的国外品种。试验证明,在母猪的一个发情期内配种1～3次,产仔数随配种次数的增加而增加;配种4次,产仔数开始下降;配种5次以上,产仔急剧下降。因为配种次数过多,造成公猪、母猪过于劳累,从而影响性欲和精液品质(精液变稀、精子发育不成熟、精子活力差)。

总之,在生产中,初配母猪在一个发情期内配种3次,经产母猪配种2次,受胎率和产仔数较高。

二、配种方法

配种方法有自然交配(本交)和人工授精两种,本交又分为自由配种和人工辅助配种,生产中多采用人工辅助配种。人工辅助配种交配场所应选择离公、母猪圈较远、安静而平坦的地方。交配应在公猪、母猪饲喂前后 2 h 进行。配种时先把母猪赶入交配地点,用毛巾蘸 0.1%的高锰酸钾溶液擦母猪臀部、肛门和阴户,然后赶入公猪。当公猪爬上母猪背部后,用毛巾蘸上述消毒液擦公猪的包皮周围和阴茎,然后把母猪的尾巴拉向一侧,使阴茎顺利地插入母猪阴道中,必要时可用手握住公猪包皮引导阴茎插入母猪阴道。母猪配种后要立即赶回原圈休息,但不要驱赶过急,以防精液倒流。交配完毕,忌让公猪立即下水洗澡或卧在阴湿地方。遇风雨天交配宜在室内进行,夏天宜在早、晚凉爽时进行。如果公母猪体格大小相差较大,交配场地可选择一斜坡或使用配种架。

第三节　猪的人工授精及有关生物技术

一、猪的人工授精技术

人工授精就是利用适宜的器械采集公畜的精液,再用器械把精液适时输入到发情母畜的生殖道以代替公、母畜直接交配而使母畜受孕的方法。人工授精可提高种公猪的利用率,扩大种公猪的利用范围,充分发挥优良公猪的作用,且有利于防疫。

(一)人工授精的器材设备

(1)仪器设备:变光源显微镜、电子秤、精子密度测定仪、17℃恒温冷藏箱、干燥箱、水浴锅、蒸馏水发生器等。

(2)主要器材:集精杯、输精管、贮精瓶或专用塑料袋、玻璃棒、烧杯、量筒、温度计、滤纸等。

(3)药物试剂:葡萄糖、柠檬酸钠、青霉素、链霉素、奶粉、碳酸氢钠、乙二胺四乙酸钠、蒸馏水、酒精等。

(4)假台猪:为采取公猪精液需制作一个假台猪,假台猪的制作方法有多种,下面只列出一种方法。用一个直径 20 cm、长 110～120 cm 的圆木,两端削成弧形,再装上腿,加以固定。在木头上铺一层稻草或草袋子,再覆盖一张熟过的猪皮。组装好的假母猪后躯高 55～65 cm,前躯高 45～55 cm,呈前低后高,前后高度相差 10 cm。

(二)采精

(1)公猪的训练:公猪接受训练的适宜时间为 210～245 日龄,开始训练时,可让发情旺期的母猪接受爬跨,手采精液。4 天后重复第二次。然后把假台猪放入公猪圈中,用发情母猪的尿或阴道里的黏液涂在假台猪的后躯上。将发情母猪赶到假台猪旁,让公猪爬跨母猪,待公猪性欲达到高潮时把母猪赶走,再引诱公猪爬跨假台猪。当公猪跨上假台猪后及时采精,并连续采几天,以巩固其建立起来的条件反射。训练好的公猪不可再进行本交配种。

(2)采精准备:采精前,集精杯要在干燥箱中或煮沸消毒,然后用稀释液冲洗,将滤纸折成圆锥形放入集精杯内,外露 2 cm,用橡皮筋扎在集精杯边上。采精员带乳胶手套或一次性塑料手套。

(3)采精环境:采精宜在室内进行(把假台猪安置在室内)。采精室必须保持清洁无尘,肃静无干扰,地面要进行防滑处理。夏季采精宜在早晚进行,室内温度最好保持在 20～25℃,集精杯温度保持在 34～35℃。

(4)采精方法(徒手采精法):当公猪爬上假台猪后,按采精人员的操作习惯,蹲在假台猪一侧,在公猪爬跨抽动几次、阴茎挺出后,采精人员用手握住阴茎,握的松紧以阴茎不致滑脱为度。公猪开始射出的精液多为精清及脏物,不宜收集。待射出较浓稠的乳白色精液时，立刻以另一手持集精杯，在稍离开阴茎头处将射出的精液收集于集精杯内。公猪一次勃起射精至少2次，中间停顿时，采精人员手要仍然握住阴茎不放。采精完成后，阴茎自动变软并缩回包皮，然后把公猪轻轻地从假台猪上赶下来。

(三)精液品质的检查

采集精液后应及时送到实验室，把装有精液的集精杯迅速置于34～35℃的水浴锅中，并立即进行品质检查，以确定精液是否可用于输精。精液品质通常评定数量、气味、颜色、密度、活力等。

(1)数量：公猪一般一次采精量为100～250 mL。

(2)气味：正常精液有微腥味；有臭味的精液不可用于输精，应废弃。

(3)颜色：正常精液为乳白色或灰白色；不正常精液为淡黄色或淡红色，应废弃。

(4)密度：精子的密度测定可用精子密度测定仪，也可用显微镜。显微镜检测可将精子密度分为密、中、稀3个等级。在显微镜的视野中，精子间的空隙小于一个精子者为密级、1～2个精子者为中级、2～3个精子者为稀级，无精子者应废弃。

(5)活力：精子活力的评定在显微镜下靠目力估测，一般采取10级制评分法。直线前进运动的精子占100%则评为1分，占90%评为0.9分，占80%评为0.8分，依此类推。正常情况下用于输精的精子活力一般不宜低于0.7分。但需注意，测定活力时精子必须处在34～37℃环境中，应看多个视野。

(四)精液的稀释

(1)稀释液的配制：稀释液的配方很多，常用的配方有：①葡萄糖柠檬酸钠稀释液：葡萄糖5 g、柠檬酸钠0.5 g、蒸馏水100 mL、青霉素和链霉素各5万IU。②奶粉稀释液：奶粉9 g、柠檬酸钠0.35 g、碳酸氢钠0.12 g、乙二胺四乙酸钠0.35 g、青霉素3万IU、链霉素10万IU、蒸馏水100 mL。上述各稀释液的配制方法：

按配方先将糖类、奶粉及柠檬酸钠等溶于蒸馏水中，滤过后蒸汽消毒 30 min，取出凉至 38℃以下，加入青霉素、链霉素，搅拌均匀备用。

(2)精液的稀释：稀释精液时，凡与精液直接接触的器材和容器，都应经过高温消毒处理。使用前用少量稀释液冲洗一遍。精液稀释倍数应根据原精液的活力和密度、求配母猪的头数而定，一般可稀释 3～5 倍。

(五)精液的保存

为了取用方便，最好把稀释后的精液分装在 80～100 mL(一个输精量)的小瓶或专用塑料袋内保存。保存的环境温度为 17℃左右(15～20℃)。

(六)精液的运输

运输精液时要避免精液在运输中振荡造成精子受伤。外界温度在 10℃以下或 20℃以上时，要用保温箱运输。以保持精液所需的适宜储存温度。精液的运输时间要尽可能缩短。

(七)输精

(1)母猪输精适期的判定：母猪的发情期一般为 3～5 天，按母猪的典型征候可分为前、中、后三期。前期，母猪外阴部开始膨大，阴门内黏膜呈淡红色，精神不安，不时地走动鸣叫，追随爬跨其他猪，但不让公猪爬跨配种，持续时间约 1 天。中期，外阴部膨大呈桃核形，阴门内黏膜潮红，继续走动不安，但有时发呆，两耳竖立颤动，用手按压背部，母猪站立不动，呈现静立反射，愿接受公猪爬跨，持续时间 1～2 天。后期，外阴部开始缩小，阴门内黏膜呈淡紫色，有时仍走动，爬跨其他猪，但不再让公猪爬跨，持续时间 1～2 天。输精的最适宜时机是在整个发情中期，母猪出现静立反射后马上进行输精。但有些母猪的发情征候不典型，容易错过适宜输精时机。判定母猪输精时机的可靠方法是采用试情公猪，一般在母猪愿意接受公猪爬跨时输第一次，间隔 6～18 h 再输一次为宜。

(2)输精量的确定:每次输精不能低于 80 mL,一般为 80～100 mL,至少含有 30 亿个精子,且活力在 0.7 以上。

(3)输精准备:输精人员洗净手,把输精器材用少量稀释液冲洗一遍,用纸巾擦净母猪外阴部。

(4)输精方法:输精时助手用手按摩母猪背部和侧面以及腰角,施加压力使之静立不动。输精人员一手张开母猪阴门,一手持输精管插入阴道。首先斜向上 45°插入,避开尿道开口向里推进,手感到有一定阻力后,轻轻向外拉输精管也有一定阻力时,转动一下输精管,便可缓慢地输入精液。精液输完后,转动输精管,轻轻拉出。为避免精液逆流,在输精过程中可按压母猪腰部,也可在输精结束时突然拉一下母猪的后腿或猛拍一下后尻部。如果逆流严重,应立即补输。输精后的母猪不能急赶,应缓慢行走,最好送单圈休息。

二、有关的生物技术

1. 诱发初情期

在母猪达到性成熟之前的 4～8 周,采用外源促性腺激素(孕马血清促性腺激素、人绒毛膜促性腺激素)结合公猪的接触或是公猪外激素促使青年母猪提前到达初情期,从而达到早配种早利用的目的。具体方法是:给母猪注射 750～1 500 IU 的孕马血清促性腺激素(PMSG),72 h 后注射人绒毛膜促性腺激素(HCG)500～1 000 IU,同时可以施用公猪外激素或与成熟公猪隔圈饲养,则母猪可很快发情(HCG 注射后 40 h)。最近有试验表明,增加一针 $PGF_{2\alpha}$ 可以进一步改进激素处理的结果。应该注意,激素处理不可过早,因为那时母猪的下丘脑-垂体-性腺轴还未完全建立,对外源激素不敏感,或产生副作用。

2. 同期发情

同期发情的目的在于定时输精,这样有利于组织成批生产及畜舍的周转。对于正在哺乳的母猪来说，同期断奶是母猪同期发情通常采用的有效方法。一般断奶后 1 周内绝大多数母猪可以发情，如果断奶同时注射 1 000 IU 的 PMSG，发情排卵的结果会更好。每天给母猪饲喂一种新类孕酮物质 allyl＋renbolone（RU-2267）20～40 mg，共 18 天，处理后 4～6 天出现发情，繁殖力正常，而且不会出现卵巢囊肿。

3. 诱发分娩

母猪妊娠的时间为 114 天，可以根据配种记录所推算的预产期前 1～2 天注射前列腺素及其类似物，如果过早则会导致胎儿死亡率增加。在预产期前 2 天肌肉注射 175 μg 氯前列烯醇或国产前列腺素 2 mL，大多数母猪可在（24±6）h 产仔。36 h 内 90%～95%的母猪已自然分娩。用前列腺素结合催产素、松弛素或 Xylazine 处理后 24～30 h 后分娩开始，其中以 $PGF_{2\alpha}$ 加 Xylazine 的效果最好。

第四节　猪的杂交生产

不同种群的猪杂交所产生的杂种，往往在生活力、长势和生产性能等方面表现出一定的杂种优势。最常用的杂交方式有二元杂交和三元杂交。如果品种采用适当，选育合理，三元杂交可比二元杂交获得高出 2%～3%的杂种优势。正确选择杂交亲本，是组织经济杂交工作时应注意的主要问题。为保证获得理想的杂种优势，要求杂交亲本种性要纯，质量要好；父本、母本品种间遗传差异要大，例如，外国猪种与中国猪种、南方猪种与北方猪种之间的差异就较大，父本、母本之间的差异越大，杂种优势就越显著。在杂交时必须注意把改善饲养管理条件结合起来，以保证杂种优势的充分发挥。瘦肉型猪及其杂交猪生长发育不同，所需要的饲料类型也有差异，只有根据其特点进行饲养管理才能显示出优势。目前，国内优良的杂交组合主要有：

1. 杜×长×太（或杜×大×太）

该杂交组合以太湖猪为母本，与长白猪或大约克夏猪杂交生产 F_1 代，并从中选留杂种母猪与杜洛克公猪进行三元杂交生产商品肉猪。该组合的突出优点是能够充分利用杂交母猪（含 50%太湖猪血统）高繁殖性能的优势，平均窝产仔数达 13 头以上，肥育期日增重为 550～600 g，达90 kg 体重日龄为 180～200 天，胴体瘦肉率 58%左右。

2. 长×大×本（大×长×本）

该杂交组合以地方良种为母本与大约克夏猪或长白猪杂交生产二元杂交母猪，再与长白公猪或大约克夏公猪交配生产商品肉猪。该杂交组合的一个优点是毛色全白且不会出现毛色分离现象。商品猪日增重 600～650 g，饲料利用率 3.5 左右，体重达 90 kg 日龄为 180 天，瘦肉率 50%～55%。

3. 杜×长×大（杜×大×长）

该杂交组合以长白猪与大约克夏猪的杂交一代为母本，再与杜洛克公猪交配生产三元商品猪，是我国生产出口活猪的主要组合类型，也是大中城市菜篮子工程基地和大型猪场所常用的组合。该杂交组合不含我国地方猪种的血缘，充分利用了 3 个外来品种的优点，生长性能和屠宰性能（包括屠宰率和瘦肉率）特别优秀，商品猪日增重高达 700～800 g，饲料利用率 3.1 以下，胴体瘦肉率 63%以上。

4. 杜×长×上、杜×长×大×太

在商品猪生产中，“二洋一土”的三元杂交模式由于我国地方猪种血缘高达 25%，因而影响了商品猪的生长速度和胴体瘦肉率，而 3 个外来猪种杂交的所谓“三洋”模式其母猪繁殖性能不佳，因而出现了兼顾母猪繁殖性能和商品猪生长、屠宰性能的中间模式。杜×长×上、杜×长×大×太杂交组合以长上（长白猪×上海白猪)或长×大×太[长白猪×(大约克夏猪×太湖猪)]为母本与杜洛克杂交生产商品肉猪,商品猪地方猪种血缘比例降为12.55左右。这种杂交组合类型日增重达700 g以上,90 kg体重日龄为170天左右,胴体瘦肉率60%以上,饲料利用率3.1左右,母猪平均窝产仔数达12头以上。

思考题:

1.我国养猪生产中常见的优良猪种有哪些?

2.引进猪种时应注意哪些问题?

3.减少新购仔猪发病有哪几项措施?

4.在生产中,哪几种配种方式和配种方法比较常用?

5.猪进行人工授精有什么好处?

6.怎样进行猪的人工授精?

7.生产中常用的经济杂交方式有哪几种?进行经济杂交应注意哪些问题?

8.生产中筛选出的优良杂交组合有哪几种?

第五章　猪的营养和饲料

导读　本章主要针对饲料原料选择的基本要求、各种原料在猪日粮中的限量、饲料添加剂的要求、主要无公害饲料添加剂的应用、饲料配制技术、参考饲料配方、养猪场自配饲料时应注意的问题、如何提高猪群的饲料利用率、饲料安全等内容进行了较为详细的论述和介绍。

第一节　饲 料 原 料

一、饲料原料选择的基本要求

生产高品质饲料的关键是确保饲料原料的品质与安全。无公害生猪生产饲料原料必须符合《国家饲料卫生标准》(GB 13078—2001)以及《无公害食品　畜禽饲养饲料使用准则》(NY 5032—2006)的有关规定。同时应在原料选择时注意以下要求：一是原粮产地环境符合无公害生产要求；二是原料生产、加工运输过程符合无公害生产要求；三是尽量减少饲料原料中的毒性成分(霉菌毒素)，严禁使用霉变饲料原料；四是了解各种饲料原粮的营养价值、控制抗营养因子(植酸、戊聚糖、β-葡聚糖等)的存在。制药工业副产品不应作生猪饲料原料。

二、原料用量

各种饲料原料在饲粮中的最高用量随猪的生长阶段而不同。用量受到限制的主要原因有：适口性差或不易消化吸收，如血粉；粗纤维含量高，如用量过多会影响其他养分的消化率，如燕麦、糟渣类;用量过多本身造成浪费,如鱼粉、豆饼、骨粉;含有毒素,如棉籽饼等,过量会引起中毒。限量见表 5-1。

表 5-1　各种饲料原料的一般用量　%

原料	仔猪	生长猪	育肥猪	妊娠母猪	哺乳母猪
苜蓿草粉	0	5	5	90	10
大麦	25	80	60	80	80
血粉	0	3	3	3	3
玉米	70	80	90	85	85
棉籽饼	0	5～10	5～10	5～10	5～10
鱼粉	5	10	5	10	10
亚麻粉	5～10	5～10	5～10	5～10	5～10
肉骨粉	5	5	5	10	10
高粱	6	8	9	8	8
燕麦	0	20	20	70	15
干脱脂奶粉	40	0	0	0	0
大豆饼	60	5	20	20	20
糟渣	0	5	5	10	6
小麦	60	80	90	85	85
菜籽饼	0	8～15	8～15	10	8
骨粉	1.5	20	2.0	1.5	2.0
麸皮	20	30	20	30	20

第二节　饲料添加剂

一、无公害饲料添加剂总体要求

无公害饲料添加剂是指无农药残留、无有机或无机化学毒害品、无抗生素残留、无致病微生物、霉菌毒素不超过标准的饲料添加剂。因此,无公害饲料添加剂就是围绕解决畜产品公害和减轻畜禽粪便对环境污染等问题,从饲料添加剂原料的选购、配方设计、加工饲喂等过程,进行严格的质量控制和实施动物营养系统调控,以改变、控制可能发生的畜产品公害和环境污染而生产的饲料添加剂产品。使用无公害饲料添加剂不会给动物机体带来健康隐患,也不会给畜产品带来不安全因素。

无公害饲料添加剂的总体要求是:具有该品种应有的色、臭、味和组织形态特征,无异味、异臭。饲料中使用的营养性饲料添加剂和一般饲料添加剂应是中华人民共和国农业部公布的《饲料添加剂品种目录》所规定的品种和有正式批准文号的新饲料添加剂品种;长期使用或在使用期间,不应对猪产生急、慢性毒害作用和不良影响,对繁殖母猪不能导致生殖生理的改变,以致影响胎儿;必须有确实的经济效益和生产效果;在饲料和猪体内具有较好的稳定性;不影响猪对饲料的采食量和适口性;在畜产品中的残留量不能超过规定标准,不能影响猪产品的质量和人体健康;在饲料中有较好的稳定性;对种用动物不会导致生殖、生理的改变;所含有毒或有害物质不得超过规定标准;维生素、生物活性制剂等不得失效或超出有效期限;对环境无污染。

二、营养性饲料添加剂和一般性饲料添加剂

营养性饲料添加剂和一般性饲料添加剂应是《饲料添加剂品种目录》中所规定的品种,或取得国务院农业行政主管部门颁发的有效期内饲料添加剂进口登记证的产品,抑或是国务院农业行政主管部门批准的新饲料添加剂品种。国产饲料添加剂产品应是由取得饲料添加剂生产许可证的企业生产,并具有产品批准文号或中试产品批准文号。饲料添加剂产品的使用应遵照产品标签所规定的用法、用量。接收、处理和储存应保持安全、有序,防止误用和

交叉污染。

(一)营养性添加剂

(1)氨基酸添加剂:主要包括蛋氨酸、赖氨酸、色氨酸和苏氨酸等。蛋氨酸对养猪生产和猪只生长有促进作用,通常在饲料中添加的是人工合成的 *DL* 型蛋氨酸,添加原则是补足饲粮中蛋氨酸的不足部分。蛋氨酸和胱氨酸都是含硫氨基酸,猪的需要常用蛋氨酸+胱氨酸来表示。赖氨酸是猪饲料中第一限制氨基酸,在缺乏动物性蛋白质饲料和豆饼粕饲料中必须添加赖氨酸,以提高养猪效果。色氨酸也是易缺乏的限制性氨基酸,玉米、肉粉、肉骨粉中色氨酸含量较低,仅能满足猪需要量的 60%～70%,在日粮中应补充色氨酸,但色氨酸在大豆饼(粕)中含量较高。苏氨酸是幼猪生长阶段的一种限制性氨基酸。

(2)维生素添加剂:猪对维生素的需要量极少,但其作用极为显著。在集约化饲养条件下,猪对维生素的需要量一般要比正常需要量大 1 倍左右,必须向饲料中添加多种维生素。常用的维生素有维生素 A、维生素 D、维生素 E、维生素 B_1、维生素 B_2、烟酸、泛酸、维生素 B_{12}、氯化胆碱、维生素 C。现在一般应用复合维生素添加剂。

(3)微量元素添加剂:养猪需要添加的微量元素有铁、铜、锌、锰、硒、碘、钴等。这些元素在不同地区所生产的原料中含量差异很大,所以,必须根据具体情况添加所需的微量元素。目前,国内外许多研究表明,金属螯合物和络合物,如蛋氨酸锌、蛋氨酸铁、酵母硒、酵母铬等,不仅克服了无机盐的缺点,而且对提高生产性能、改善胴体品质、增强机体免疫力等具有明显的促进作用。

(二)一般性饲料添加剂(非营养性添加剂)

(1)促进生长与保健添加剂:主要是指抗生素药物用于促进生长,提高饲料效率,提高增重速度、驱虫保健、增进动物健康的一类非营养性添加剂,它包括抗生素、抗菌药物、驱虫药物等。

(2)饲料品质改善添加剂：目前经常使用的抗氧化剂有乙氧基喹啉、二丁基羟基甲苯、丁基羟基茴香醚、维生素C、维生素E等。防霉防腐剂主要有丙酸、丙酸钠和丙酸钙，山梨酸和山梨酸钾，柠檬酸和柠檬酸钠，富马酸和富马酸二甲酯等。黏结剂主要用在颗粒饲料或块状饲料中，加强颗粒的坚固性，防止水质污染。黏结剂的种类很多，可分为天然类和合成类，如膨润土、黏土、α-淀粉、海藻酸钠等。其他改善饲料品质的添加剂有抗结块剂、乳化剂、除臭剂等。

(3)食欲增进和产品品质改良添加剂：食欲增进剂一般有两类，即香味剂和调味剂，前者包括乳酸乙酯、乳酸丁酯、茴香油等，后者主要有糖精、味精等。为了提高畜产品的可观性和商品价值，在饲料中常加入改良产品品质的添加剂。

(4)新型饲料添加剂：①酶制剂：无毒、无残留、无副作用，常用的有淀粉酶、蛋白酶、脂肪酶、纤维素酶、半纤维素酶、植酸酶、果胶酶等。②微生态制剂：最新的生物高技术促生长类添加剂，常用微生物主要有乳酸杆菌属、链球菌属、双歧杆菌属、酵母菌等。③中草药：以其独特的抗微生物和寄生虫的作用机理，不产生抗药性和耐药性，并可长期添加使用，如刺五加、甘草、黄芪、大蒜、松针、山楂等。④有机酸类：有延胡索酸、柠檬酸、乳酸、甲酸等。⑤微量元素氨基酸螯合物：作为一种新型高效添加剂，已经引起人们的关注，当前市场上出售的有蛋氨酸锌、蛋氨酸锰、蛋氨酸铁、赖氨酸铜和赖氨酸锌等。近年来发现和研制成功的新型饲料添加剂还有甜菜碱、沸石、麦饭石、稀土、未知因子等。

(三)饲料添加剂品种目录

饲料中使用的营养性饲料添加剂和一般性饲料添加剂应具有该品种应有的色、臭、味和组织形态特征，无异味、异臭。凡生产、经营和使用的营养性饲料添加剂及一般饲料添加剂均应属于《饲料添加剂品种目录(2008)》中规定的品种，饲料添加剂的生产企业应办理生产许可证和产品批准文号。

表 5-2　饲料添加剂品种目录(2008)

类 别	通用名称	适用范围
氨基酸	*L*-赖氨酸、*L*-赖氨酸盐酸盐、*L*-赖氨酸硫酸盐及其发酵副产物(产自谷氨酸棒杆菌,*L*-赖氨酸含量不低于51%)、*DL*-蛋氨酸、*L*-苏氨酸、*L*-色氨酸、*L*-精氨酸、甘氨酸、*L*-酪氨酸、*L*-丙氨酸、天(门)冬氨酸、*L*-亮氨酸、异亮氨酸、*L*-脯氨酸、苯丙氨酸、丝氨酸、*L*-半胱氨酸、*L*-组氨酸、缬氨酸、胱氨酸、牛磺酸	养殖动物
	蛋氨酸羟基类似物、蛋氨酸羟基类似物钙盐	猪、鸡和牛
	N-羟甲基蛋氨酸钙	反刍动物
维生素	维生素 A、维生素 A 乙酸酯、维生素 A 棕榈酸酯、*β*-胡萝卜素、盐酸硫胺(维生素 B_1)、硝酸硫胺(维生素 B_1)、核黄素(维生素 B_2)、盐酸吡哆醇(维生素 B_6)、氰钴胺(维生素 B_{12})、*L*-抗坏血酸(维生素 C)、*L*-抗坏血酸钙、*L*-抗坏血酸钠、*L*-抗坏血酸-2-磷酸酯、*L*-抗坏血酸-6-棕榈酸酯、维生素 D_2、维生素 D_3、*α*-生育酚(维生素 E)、*α*-生育酚乙酸酯、亚硫酸氢钠甲萘醌(维生素 K_3)、二甲基嘧啶醇亚硫酸甲萘醌、亚硫酸氢烟酰胺甲萘醌、烟酸、烟酰胺、*D*-泛醇、*D*-泛酸钙、*DL*-泛酸钙、叶酸、*D*-生物素、氯化胆碱、肌醇、*L*-肉碱、*L*-肉碱盐酸盐	养殖动物
矿物元素及其络(螯)合物[1)]	氯化钠、硫酸钠、磷酸二氢钠、磷酸氢二钠、磷酸二氢钾、磷酸氢二钾、轻质碳酸钙、氯化钙、磷酸氢钙、磷酸二氢钙、磷酸三钙、乳酸钙、硫酸镁、氧化镁、氯化镁、柠檬酸亚铁、富马酸亚铁、乳酸亚铁、硫酸亚铁、氯化亚铁、氯化铁、碳酸亚铁、氯化铜、硫酸铜、氧化锌、氯化锌、碳酸锌、硫酸锌、乙酸锌、氯化锰、氧化锰、硫酸锰、碳酸锰、磷酸氢锰、碘化钾、碘化钠、碘酸钾、碘酸钙、氯化钴、乙酸钴、硫酸钴、亚硒酸钠、钼酸钠、蛋氨酸铜络(螯)合物、蛋氨酸铁络(螯)合物、蛋氨酸锰络(螯)合物、蛋氨酸锌络(螯)合物、赖氨酸铜络(螯)合物、赖氨酸锌络(螯)合物、甘氨酸铜络(螯)合物、甘氨酸铁络(螯)合物、酵母铜*、酵母铁*、酵母锰*、酵母硒*、蛋白铜*、蛋白铁*、蛋白锌*	养殖动物
	烟酸铬、酵母铬*、蛋氨酸铬*、吡啶甲酸铬	生长肥育猪
	丙酸铬*	猪
	丙酸锌*	猪、牛和家禽
	硫酸钾、三氧化二铁、碳酸钴、氧化铜	反刍动物
	稀土(铈和镧)壳糖胺螯合盐	畜禽、鱼和虾

续表 5-2

类 别	通用名称	适用范围
酶制剂[2)]	淀粉酶(产自黑曲霉、解淀粉芽孢杆菌、地衣芽孢杆菌、枯草芽孢杆菌、长柄木霉*、米曲霉*)	青贮玉米、玉米、玉米蛋白粉、豆粕、小麦、次粉、大麦、高粱、燕麦、豌豆、木薯、小米、大米
	支链淀粉酶(产自酸解支链淀粉芽孢杆菌)	
	α-半乳糖苷酶(产自黑曲霉)	豆粕
	纤维素酶(产自长柄木霉)	玉米、大麦、小麦、麦麸、黑麦、高粱
	β-葡聚糖酶(产自黑曲霉、枯草芽孢杆菌、长柄木霉、绳状青霉*)	小麦、大麦、菜籽粕、小麦副产物、去壳燕麦、黑麦、黑小麦、高粱
	葡萄糖氧化酶(产自特异青霉)	葡萄糖
	脂肪酶(产自黑曲霉)	动物或植物源性油脂或脂肪
	麦芽糖酶(产自枯草芽孢杆菌)	麦芽糖
	甘露聚糖酶(产自迟缓芽孢杆菌)	玉米、豆粕、椰子粕
	果胶酶(产自黑曲霉)	玉米、小麦
	植酸酶(产自黑曲霉、米曲霉)	玉米、豆粕、葵花籽粕、玉米糁渣、木薯、植物副产物
	蛋白酶(产自黑曲霉、米曲霉、枯草芽孢杆菌、长柄木霉*)	植物和动物蛋白
	木聚糖酶(产自米曲霉、孤独腐质霉、长柄木霉、枯草芽孢杆菌、绳状青霉*)	玉米、大麦、黑麦、小麦、高粱、黑小麦、燕麦
微生物	地衣芽孢杆菌*、枯草芽孢杆菌、两歧双歧杆菌*、粪肠球菌、屎肠球菌、乳酸肠球菌、嗜酸乳杆菌、干酪乳杆菌、乳酸乳杆菌*、植物乳杆菌、乳酸片球菌、戊糖片球菌*、产朊假丝酵母、酿酒酵母、沼泽红假单胞菌	养殖动物
	保加利亚乳杆菌	猪、鸡和青贮饲料
非蛋白氮	尿素、碳酸氢铵、硫酸铵、液氨、磷酸二氢铵、磷酸氢二铵、缩二脲、异丁叉二脲、磷酸脲	反刍动物

续表 5-2

类别	通用名称	适用范围
抗氧化剂	乙氧基喹啉、丁基羟基茴香醚(BHA)、二丁基羟基甲苯(BHT)、没食子酸丙酯	养殖动物
防腐剂、防霉剂和酸度调节剂	甲酸、甲酸铵、甲酸钙、乙酸、双乙酸钠、丙酸、丙酸铵、丙酸钠、丙酸钙、丁酸、丁酸钠、乳酸、苯甲酸、苯甲酸钠、山梨酸、山梨酸钠、山梨酸钾、富马酸、柠檬酸、柠檬酸钾、柠檬酸钠、柠檬酸钙、酒石酸.苹果酸、磷酸、氢氧化钠、碳酸氢钠、氯化钾、碳酸钠	养殖动物
着色剂	β-胡萝卜素、辣椒红、β-阿朴-8′-胡萝卜素醛、β-阿朴-8′-胡萝卜素酸乙酯、β,β-胡萝卜素-4,4-二酮(斑蝥黄)、叶黄素、天然叶黄素(源自万寿菊)	家禽
	虾青素	水产动物
调味剂和香料	糖精钠、谷氨酸钠、5′-肌苷酸二钠、5′-鸟苷酸二钠、食品用香料[3)]	养殖动物
黏结剂、抗结块剂和稳定剂	α-淀粉、三氧化二铝、可食脂肪酸钙盐、可食用脂肪酸单/双甘油酯、硅酸钙、硅铝酸钠、硫酸钙、硬脂酸钙、甘油脂肪酸酯、聚丙烯酸树脂Ⅱ、山梨醇酐单硬脂酸酯、聚氧乙烯 20 山梨醇酐单油酸酯、丙二醇、二氧化硅、卵磷脂、海藻酸钠、海藻酸钾、海藻酸铵、琼脂、瓜尔胶、阿拉伯树胶、黄原胶、甘露糖醇、木质素磺酸盐、羧甲基纤维素钠、聚丙烯酸钠*、山梨醇酐脂肪酸酯、蔗糖脂肪酸酯、焦磷酸二钠、单硬脂酸甘油酯	养殖动物
	丙三醇	猪、鸡和鱼
	硬脂酸*	猪、牛和家禽
多糖和寡糖	低聚木糖(木寡糖)	蛋鸡和水产养殖动物
	低聚壳聚糖	猪、鸡和水产养殖动物
	半乳甘露寡糖	猪、肉鸡、兔和水产养殖动物
	果寡糖、甘露寡糖	养殖动物

续表 5-2

类 别	通用名称	适用范围
其他	甜菜碱、甜菜碱盐酸盐、大蒜素、山梨糖醇、大豆磷脂、天然类固醇萨洒皂角苷(源自丝兰)、二十二碳六烯酸(DHA)、啤酒酵母培养物*、啤酒酵母提取物*、啤酒酵母细胞壁*	养殖动物
	糖萜素(源自山茶籽饼)、牛至香酚*	猪和家禽
	乙酰氧肟酸	反刍动物
	半胱胺盐酸盐(仅限于包被颗粒,包被主体材料为环状糊精,半胱胺盐酸盐含量27%)	畜禽
	α-环丙氨酸	鸡

注:*为已获得进口登记证的饲料添加剂,进口或在中国境内生产带"*"的饲料添加剂时,农业部需要对其安全性、有效性和稳定性进行技术评审。

1)所列物质包括无水和结晶水形态;

2)酶制剂的适用范围为典型底物,仅作为推荐,并不包括所有可用底物;

3)食品用香料见《食品添加剂使用卫生标准》(GB 2760—2007)中食品用香料名单。

三、饲料药物添加剂

饲料药物添加剂的使用应遵守《饲料药物添加剂使用规范》,并应注明使用的添加剂名称及用量。接收、处理和储存应保持安全有序,防止误用和交叉污染。使用饲料药物添加剂应严格执行休药期规定。

(一)合理使用抗生素添加剂

(1)正确选择抗生素品种:要根据使用目的、使用对象及动物生长的不同阶段,以及抗生素的成本及使用效果等有针对性地选择适宜的抗生素添加剂品种。尽量选择安全性较高、残留较低的品种。

(2)注意应用领域:我国在对作为饲料药物添加剂的抗生素兽药品种及使用规定中,基本把这些药物分成三大类,即抗球虫类、驱虫类和抑菌类。这三类抗生素的抗微生物活性有较大差异,对单位机体的生理作用也不尽相同，在使用时应根据饲养的实际情况区别使用。

(3)注意应用对象及其生长阶段：由于不同动物生理特征及代谢性能的差异，其对同一种抗生素的代谢情况和耐受程度也有较大差异。同一种抗生素对不同动物的作用结果也不同，如大部分聚醚类抗生素对鸡是安全的，但对马属动物却可能是剧毒的，在使用中应特别注意抗生素使用对象的范围。同一种抗生素对不同生长阶段的同一种动物，其作用效果也是不同的，如大部分促生长抗生素对幼畜禽的作用比较明显，而对成年畜禽的作用主要是提高饲料的转化率。另外，随着动物的生长，采食量的增加，其摄入抗生素的量也随之增加，这样，原来在幼畜禽中本不显示毒副作用的抗生素，在成畜禽上却有可能发生毒副作用。因此，在饲料添加用抗生素的药品说明或使用规定中，通常都会注明适用动物的种类及年龄上限。

(4)注意使用剂量：在使用抗生素添加剂时严格注意使用剂量。剂量过低时，达不到抗生素发挥作用所必需的浓度，不能起到防治疾病、促进生长的效果。过高剂量使用抗生素时，轻者可能导致抗生素对动物生长的抑制，重者还可能导致动物中毒。

(5)注意使用期限及停药期：使用期限的规定是为了控制该抗生素在使用过程中的时间不宜过长。停药期则是指动物在屠宰前多少天停止饲喂含该种抗生素的饲料。停药期的规定就是为了使动物产品中抗生素的残留降低到允许的范围之内，以保证消费者的健康和安全。

(6)注意抗生素的配伍：对有配伍禁忌的抗生素不能联合应用。对虽然未被列入配伍禁忌，但配伍作用不明确的药物应慎用。

(二)允许在无公害生猪饲料中使用的饲料药物添加剂

饲料药物添加剂的使用应按照中华人民共和国农业部发布的《饲料药物添加剂使用规范》执行。无公害生猪饲料中不应添加氨苯砷酸、洛克沙胂等砷制剂类饲料药物添加剂。生猪饲料中不应直接添加兽药，也不应添加国家严禁使用的盐酸克伦特罗等违禁药物。允许在无公害生猪饲料中使用的饲料药物添加剂见表5-3。

表5-3 允许在无公害生猪饲料中使用的饲料药物添加剂

名称	含量规格	用法与用量（1 000 kg饲料中添加量）	休药期（天）	商品名
杆菌肽锌预混剂	10%或15%	4～40 g(4月龄以下)，以有效成分计	0	
黄霉素预混剂	4%或8%	仔猪10～25 g，生长、育肥猪5 g，以有效成分计	0	富乐旺
维吉尼亚霉素预混剂	50%	20～50 g	1	速大肥
喹乙醇预混剂	5%	1 000～2 000 g，禁用于体重超过35 kg的猪	35	
阿美拉霉素预混剂	10%	4月龄以内200～400 g，4～6月龄100～200 g	0	效美素
盐霉素钠预混剂	5%，6%，10%，12%，45%，50%	25～75 g，以有效成分计	5	优素精 赛可喜
硫酸粘杆菌素预混剂	2%，4%，10%	仔猪2～20 g，以有效成分计	7	抗敌素
牛至油预混剂	2.5%	用于预防疾病500～700 g，用于治疗疾病1 000～1 300 g，连用7天，用于促进生长50～500 g		诺必达
杆菌肽锌、硫酸粘杆菌素预混剂	杆菌肽锌5%硫酸粘杆菌素1%	2月龄以下2～40 g，4月龄以下2～20 g，以有效成分计	7	万能肥素
土霉素钙	5%，10%，20%	10～50 g(4月龄以内)，以有效成分计		

续表 5-3

名　称	含量规格	用法与用量 (1 000 kg 饲料中添加量)	休药期 (天)	商品名
吉他霉素预混剂	2.2%，11%，55%,95%	促生长：5～55 g。防治疾病：80～330 g，连用5～7天，以有效成分计	7	
金霉素预混剂	10%,15%	25～75 g(4月龄以内)，以有效成分计	7	
恩拉霉素预混剂	4%,8%	2.5～20 g，以有效成分计	7	

注：1)表中所列的商品名是由相应产品供应商提供的产品商品名。给出这一信息是为了方便本标准的使用者，并不表示对该产品的认可。如果其他等效产品具有相同的效果，则可使用这些等效产品。

2)摘自中华人民共和国农业部农牧发[2001]号"关于发布《饲料药物添加剂使用规范》的通知"中《饲料药物添加剂使用规范》。

四、饲料添加剂使用过程中的要求

饲料添加剂作为配合饲料的核心部分，在饲料工业养殖业中具有非常重要的作用。然而，这种作用必须在科学、合理使用的基础上才能显示出来。若不能正确使用，将适得其反，带来不必要的损失和不利后果。因此，必须掌握各类添加剂的应用方法，充分发挥其功能和作用。

(一)符合有关的法律法规

所使用的饲料添加剂必须符合《饲料卫生标准》、《饲料标签标准》和饲料添加剂标准的有关规定。饲料中使用的营养性饲料添加剂和一般饲料添加剂应是中华人民共和国农业部公布的《饲料添加剂品种目录》所规定的品种和取得生产产品批准文号的新饲料添加剂品种，并且应是具有农业部颁发的饲料添加剂生产许可证的企业生产的、具有产品批准文号的产品。饲料添加剂的使用应遵照饲料标签所规定的用法和用量;饲料药物添加剂的使用应该按照中华人民共和国农业部发布的《饲料药物添加剂使用规范》执行,使用饲料药物添加剂应严格执行休药期制度,饲料中不应直接添加兽药,饲料中不应添加国家严禁使用的如盐酸克伦特罗、激素等违禁药物。

(二)严禁使用违禁药物作为饲料添加剂

禁止使用可以给动物机体和畜产品带来安全隐患的添加剂,如β-兴奋剂、镇静剂、激素等。

(三)谨慎使用抗生素

提倡谨慎使用抗生素,减少对抗生素使用的依赖性和随意性,特别是滥用抗生素。因为抗生素除了在幼龄畜禽、环境恶劣、发病率高时应用效果较佳外,抗生素并不是非用不可,在许多情况下并无太大的作用。养殖企业应在改善饲养管理、卫生状况方面下工夫,应用安全饲料添加剂,以最大限度地减少抗生素用量。欧盟等发达国家对抗生素使用的限制越来越严格,以确保动物性食品的安全性。

(四)严格控制药物添加剂污染

当饲料中需要使用药物添加剂时,所选用的品种应符合我国公布的允许使用的名录,否则会在畜产品中造成残留。应专人负责添加并有完整详细的书面记录。高浓度药物添加剂要先预稀释再添加。经常校正计量设备,以保证计量准确。凡饲料中添加使用药物添加剂,要遵循逐级扩大的方法进行,确保药物添加剂的均匀性。在加工不含药物的饲料前要将混合机存留的上一批饲料清理干净,并定期清理粉碎、混合、输送、储藏设备和系统。饲料标签要标明药物的名称、含量、使用要求、停药期等。

(五)科学配制饲料添加剂

(1)合理选择添加剂原料:饲料添加剂的种类很多,每一种类又有其不同的特点、品质要求和功效。在应用前,要充分了解这方面的基本知识，并根据饲养目的、动物种类、生理阶段、气候条件等加以选择。如幼龄动物比成年动物的生长速度快、强度大，故一些促生长添加剂用于前者比后者的效果要好得多。即使是无残留饲料添加剂如酶制剂、微生态制剂、中草药、维生素等亦有可能存在拮抗作用。

(2)适时、适量添加：大部分饲料添加剂参与动物机体的代谢活动，并对动物产品品质和人类健康产生影响，在使用时间和添加量上必须注意。如猪宰前的一段时间内，不能在饲料中添加易残留的成分，否则会危及人类健康；维生素 A 的添加量若超出需要量 3～4 倍，便会引起肝脏损伤。

(3)注意添加方式和适用对象：饲料添加剂除了一些专门溶于水中饮用的外，一般只能混于干料中喂给，不宜混于湿料或水中饲喂。用时要按说明书进行，不能图省力，随便改变使用方式。另外，也要注意饲料添加剂的适用对象，例如有毒(砷、硒等)或产生不良风味的饲料添加剂不能用于奶牛、奶羊等产奶动物，否则会影响奶产品的品质和损害人类健康。

(4)注意配伍禁忌：当多种饲料添加剂混合使用时，使用前必须了解它们之间是否存在着互相抑制或抵消作用。如果有，必须采取相应的措施，以免造成浪费或产生不利影响。如矿物元素不能和维生素配在一起添加，因为矿物质会破坏维生素，影响饲喂效果。

(5)混合要均匀：饲料添加剂占配合饲料的比例很小，应先将饲料添加剂混于少量饲料中，逐级放大，以保证混合均匀。

(六)加强添加剂用后观察

在应用饲料添加剂时，饲养人员应随时注意被饲动物的反应，如发现有异常现象存在，应立即停止饲喂，并采取相应的解救措施。

五、主要无公害饲料添加剂的应用技术

(一)安全型无公害饲料添加剂的分类

无公害饲料添加剂是指无农药残留、无有机或无机化学毒害品、无抗生素残留、无致病微生物、霉菌毒素不超过标准的饲料添加剂。因此,无公害饲料添加剂就是围绕解决畜产品公害和减轻畜禽粪便对环境污染等问题,从饲料添加剂原料的选购、配方设计、加工饲喂等过程,进行严格的质量控制和实施动物营养系统调控,以改变、控制可能发生的畜产品公害和环境污染而生产的饲料添加剂产品。使用无公害饲料添加剂不会给动物机体带来健康隐患,也不会给畜产品带来不安全因素。许多国家已通过立法来限制某些抗生素的使用。因此,无毒副作用、无残留的活菌制剂、灭活菌剂、寡糖、中草药添加剂、酶制剂、生物肽等已相继面世,成为目前饲料和饲料添加剂研究应用的热点。

(1)微生态制剂:活菌制剂即益生素,是由来自动物有机体共生微生物的活性制剂或其培养物或其发酵产品,它是一种能够有效补充畜禽消化道内的有益微生物,具有改善消化道疾病和促进生长等多种作用。由于益生素没有抗生素的残留、耐药性问题,对动物没有什么不利影响,应用前景比较广阔。适用于猪的益生素制剂,主要有乳酸杆菌制剂、双歧杆菌制剂、枯草杆菌制剂等。据报道,在饲料中添加0.02%~0.2%的益生素,仔猪的日增重可提高10%左右。益生素主要是用于应激条件下的猪或用于防治疫病,可以在出生、断奶、刚进入生长育肥期三个关键时期,来预防肠道疾患。为防止初生仔猪下痢,应在产前15天给母猪使用益生素;对于断奶猪、转入育肥圈的猪,也应提前使用。

(2)饲用寡糖:饲用寡糖是指2~10个单糖通过糖苷键连接的小聚合物的总称,为短链带分支的糖类物质。动物消化道分泌的糖类消化酶对碳水化合物的分解仅限于直接的 α-1,4 糖苷键,带

有分支的寡糖则分解能力很弱或不能分解;所以短链带分支的糖类物质在通过肠道的过程中不能为动物体所消化吸收,仅能为肠道有益菌提供碳源,并促使有益菌增殖,能克服活菌制剂的缺陷。

(3)饲用中草药添加剂:中草药含有多种氨基酸、维生素、微量元素等营养物质,能增进机体新陈代谢,促进蛋白质和酶的合成,从而促进生长,提高繁殖力和生产性能,提高饲料报酬,增加饲养效益,而且毒副作用小,无耐药性和残留公害,应用前景广阔,是一种天然、优质、新型的饲料添加剂。

(4)饲用酶制剂:饲用酶制剂是利用现代生物工程生产的高效能生物活性物质,作为蛋白质,它具有安全、无毒副作用的特点,被人们称为"绿色饲料添加剂"。它是通过特定生产工艺加工而成的含单一酶或混合酶的工业产品。饲料用酶亦有 20 多种。饲料用酶多为水解系列酶,目前应用较多的有纤维素酶、葡聚糖酶、木聚糖酶、淀粉酶、蛋白酶、果胶酶和植酸酶等,除植酸酶有单一酶产品外,其余饲用酶制剂大多是包含多种酶的复合制剂。幼龄仔猪特别是初生仔猪或受断奶应激的仔猪,因消化道尚未发育完全或因断奶使小肠绒毛长度缩短,导致酶产量和肠道吸收能力降低,减弱了对谷实及其他植物性饲料的消化能力。若在仔猪日粮中添加适量酶制剂,则有助于减少甚至逆转上述不良后果,有利于营养物质的消化吸收。哺乳仔猪饲料中添加 0.01%淀粉水解酶和糊精水解酶,可增重 10%,饲料消耗降低 10%。在断奶仔猪饲料中添加 0.2%淀粉酶,可增重 10%左右。

(5)有机微量元素添加剂:使用有机微量元素可提高微量元素的生物利用率,促进生长,增强免疫功能,改善胴体品质,降低维生素矿物质预混料中维生素的分解和减少微量矿物元素对环境的污染。

(6)抗体添加剂:传统上,人们通过使用抗生素控制仔猪下痢。抗生素泛滥使用造成的困扰和由于长期使用而导致应用效果降低，迫使人们寻找其他途径来控制仔猪的下痢。卵黄抗体添加剂就是利用现代生物技术生产的生物制品，它可以有效地预防或治疗仔猪下痢。

(7)生物肽添加剂:肽是指氨基酸间彼此以肽键相互连接的化合物，多肽类一般指由2～10个氨基酸组成的肽类，生物活性肽就是对动物具有特殊生理功能的肽类。近年来的研究发现，这些肽类对动物体的消化、吸收、矿物质代谢、抗癌、促生长、刺激产乳和免疫功能、调节神经、防治疾病等方面有重要作用。

(8)酸化剂:在饲料中加入酸化剂可提高动物日增重，降低料肉比，减少疾病(特别是仔猪腹泻等)，效果明显。在仔猪饲料中添加有机酸，能改善猪的生产性能。大多数试验证明，在日粮中添加1%～2%的柠檬酸，可使仔猪采食量提高5.2%～19.8%，仔猪日增重提高9%～38.67%，饲料转化率提高11%～15%，且添加柠檬酸优于添加其他有机酸。酸化剂对于防止仔猪腹泻的发生等也有良好的作用。

(9)植物营养素:植物性酚、多酚、黄酮类、萜类和硫苷等虽多有异味，但却能抗菌、抗氧化，提高机体免疫力，降低肿瘤和心血管疾病的发病率，有效地预防某些疾病发生。一般认为这些化合物是植物性化学物质或植物营养素。作为饲料添加剂，植物性营养素有其独特的优越性，即资源广泛、易于提取、组成明确、药效稳定、无毒无害、无残留、无抗药性、多功能性，不仅能提高畜牧生产性能和畜产品质量，而且可最终为人类提供无污染，无残留的安全的动物性食品。

(二)微生物饲料添加剂应用技术

微生物饲料添加剂是具有畜种特异性、微生态环境特异性的饲料添加剂，其使用效果因动物的种类、年龄、饲料形态、饲喂条件、菌种组合以及是否应激状态而变化，在使用时应当选择合适的菌种生产的产品。微生物饲料添加剂产品的剂型通常为固体粉末，可以按比例与饲料混合使用。

1. 使用微生物饲料添加剂时的注意事项

选择产品时应注意其标注的活菌数，一般认为，每克日粮中活菌（或孢子）数以 $2\times10^5\sim1\times10^6$ 个为宜。不同微生物菌株与动物及其消化道内特定微生物区系的相互作用有一定特异性，应用于某种动物的制剂不宜用于其他动物。活菌制剂的稳定性较差，饲料成分、饲料加工、储存条件和时间等因素都会影响活菌制剂的添加效果。一般说来，芽孢杆菌稳定性最强，可以抵御各种不良环境，而非孢子型的乳酸杆菌在饲料加工及储存过程中易被破坏而失活，特别是制粒工序的高温。因此，使用时应合理选择产品，注意产品的有效期。饲料加工过程中的机械搅拌和挤压作用可出现暂时高温。因此，对高温敏感的乳酸杆菌，双歧杆菌制剂，应先制成预混剂后再混入饲料中。活菌制剂应存放在低温、干燥、避光的条件下，以防温度、湿度和紫外线对活菌的破坏作用，保证动物食入足够的活菌。饲料原料中的水分对活菌制剂有不利的作用。因此，添加活菌制剂的饲料储存期不宜太长，以免降低其使用效果。

2. 影响微生物饲料添加剂使用效果的因素

由于微生物饲料添加剂属于生物活性产品，具有独特的作用机理，其应用效果不可避免地受到诸多因素的影响。因此要注意扬长避短，在适当的条件下使用才能充分发挥其无公害饲料添加剂的优势作用。影响微生物饲料添加剂产品使用效果的因素主要包括：

（1）饲料成分：饲料成分对微生物饲料添加剂的使用有很大的关系。饲料条件较差的养殖场使用效果比饲养条件好的地方效果明显。如果饲料中含有抗菌物质，也必然会影响微生物饲料添加剂的使用效果。

（2）微生物饲料添加剂本身质量：目前微生物饲料添加剂市场比较混乱，还无统一的国家标准，质量参差不齐。标示的活菌数从

10^8 个至 10^{10} 个不等，但实际含量则低几个数量级。有些产品质量不稳定，其应用效果的重复性很差。

(3)储存和加工条件：微生物饲料添加剂在保藏和饲料加工过程中的稳定性，也影响其使用效果。非芽孢类的微生物饲料添加剂在保藏和饲料加工过程中的稳定性较差，如果保存和使用不当，很难取得良好的添加效果。

(4)使用的剂量和饲喂方式：微生物饲料添加剂的使用剂量对动物的生产效果有很大的影响。如果添加量太低，动物摄入的活菌数无法构成优势种群，使用效果一定很差；用量太多，一方面增加成本，另一方面可能稀释日粮营养浓度。在使用上应避免任何可能杀死有益微生物的情况发生，如煮沸、水泡等。

(5)动物品种和生产阶段：一般的微生物饲料添加剂的作用都具有宿主特异性，对非特定宿主使用的效果较差甚至完全无效。同样，动物不同生长和生产阶段使用的微生物饲料添加剂也可能有区别，所以应根据动物生产阶段选择适宜的微生物饲料添加剂。

(6)动物所处的环境：良好的生产环境下饲养的动物感染病原微生物的机会较少，饲喂微生物饲料添加剂效果就不明显；而在较差的饲养环境下，饲用效果就相对较明显。此外，对处于应激条件下(如断奶、换料、天气变化等)的动物使用微生物饲料添加剂，可以使被扰乱的消化道微生物群恢复正常，防止腹泻和下痢的效果可能就较好。

3. 微生物饲料添加剂的用法和用量

目前的微生物饲料添加剂产品多为粉剂，可直接与饲料混合使用，有些产品也可通过饮水添加，但绝大部分产品都不应煮沸使用和作湿拌料使用。在配合饲料中的添加量一般为 0.1%～1%。

(三)中草药饲料添加剂应用技术

(1)中草药饲料添加剂的特点：低毒性、无抗药性、多功能性、经济实用性。

（2）中草药饲料添加剂的主要功用：促进动物生长，提高饲料转化率；抗菌驱虫，抗病毒，增强免疫力，预防疾病；改善畜产品品质；增强动物的繁殖机能；促进泌乳，改善乳的品质；抗应激功能。

（四）饲用复合酶应用技术

应用饲用酶制剂的主要目的是补充动物内源性消化酶的不足和消除饲料中的抗营养因子。不同种类、日龄和生理状态下的猪消化酶的分泌情况存在着明显的差异性，日粮中抗营养因子的种类和存在的状态等也因日粮类型的差别而发生变化，因而使得饲用酶制剂的使用显得十分复杂。

1.根据饲料的特异性设计酶配方的原则

（1）豆粕型日粮为我国常规日粮，其主要抗营养因子有植酸盐、木聚糖、果胶、乙型甘露聚糖等，针对此类型日粮的主要酶种为植酸酶、木聚糖酶、果酸酶和甘露聚糖酶等。

（2）小麦、大麦、米糠含量高的日粮会造成动物肠道极高的黏度，严重影响消化吸收。小麦黏度的主要来源为木聚糖，应以木聚糖酶为主要酶种；大麦黏度的主要来源为 β-葡聚糖和木聚糖，应以 β-葡聚糖酶两者兼顾。但是用小麦代替玉米应该注意几个问题：防止必需脂肪酸缺乏，小麦中含亚油酸含量较低，长期饲喂应该注意补充植物油。

（3）高纤维日粮是指稻谷粉、糟渣、麸皮含量较高的日粮，其主要的抗营养因子是纤维素，自然纤维素酶应为其主要酶种。但天然纤维素结构致密，具有结晶区、非结晶区，尤其结晶区几乎不可能酶解降解。所以纤维素酶不应定位于分解纤维素提供能量，而应定位于摧毁或部分摧毁植物性原料的细胞壁，有助于胞内营养物质的释放及与消化酶的接触；同时注意纤维素酶与其他酶种的配合。

（4）杂饼、粕日粮是指棉籽饼（粕）、菜籽饼（粕）和葵花籽等含量较高的日粮，主要抗营养因子为粗纤维、果胶、乙型甘露聚糖，相应的最主要酶种为纤维素酶、果胶酶、乙型甘露聚糖酶等。

总之，多酶系统设计时日粮的针对性非常重要，适于消除我国常规日粮抗营养因子的最适酶种为木聚糖酶、果胶酶、乙型甘露聚糖酶，且主要是针对肠道黏度下降等。应该特别注意，大多数饲料原料中都含有较高的植酸盐，因此，在设计复合酶配方时，应重点考虑植酸酶及其与其他酶的协同作用。

2. 根据猪的特异性来设计酶配方的原则

目前的饲料酶绝大部分是加入饲料中在动物消化道内发挥作用的，所以酶配方的设计必须适应动物消化道的差别。

(1)根据猪消化道生理条件选择饲料酶种。猪的消化道通常温度在38～40℃，胃pH 1.5～3.5，小肠pH 5～7，大肠接近中性；消化道各段的消化功能是，胃主要消化蛋白质、淀粉，小肠则是蛋白、淀粉、脂肪的主要消化吸收部位，大肠对粗纤维可以起酵解作用。所以，胃和小肠应视为饲料酶主要发生作用的场所，也就是要以胃和小肠的条件来筛选饲料酶种。据此，饲料酶种的最适作用温度在38～40℃的为好，最适pH为5～7的可让它在小肠中发挥作用(这类酶种需考虑pH保护即定点释放的问题)，最适pH为3～4的可让它在胃内发生作用，如酸性蛋白酶。

(2)所用复合酶配方应符合猪的消化特性。一般来说，猪的消化道比禽的长，其组成、结构、消化腺、食糜环境以及食糜的停留时间等也都有很大差别。例如，猪进食后18～24 h开始排出粪便，约维持12 h才能排完。

(3)针对不同日龄动物设计酶配方。通常情况下，幼年动物消化系统发育不完善，各类消化酶分泌不足，成年动物应激状态可大大减少其消化酶的分泌量，针对这些阶段的动物复合酶，应以补充消化酶为主。而成年正常动物消化酶充足，但日粮营养水平较低，抗营养因子含量较高，其适用的复合酶应以消除抗营养因子的非消化酶为主。

总之,饲料复合酶的设计,既要考虑日粮的特异性和多样性,又要考虑不同动物消化生理的特点,同时又要结合不同酶制剂自身的酶学特点,才能得到科学合理的酶制剂配方。

(五)酸制剂应用技术

(1)酸制剂在仔猪饲料中的作用:试验表明,在饲料或饮水中使用1%左右乳酸,能降低十二指肠和空肠中大肠杆菌计数以及腹泻发生率和发生频率。黄承凤等(1997)在仔猪饲料中添加0.5%柠檬酸,使增重提高25%,饲料增重比降低10%;于长江(1998)在仔猪饲料中添加0.5%混合酸(柠檬酸、延胡索酸、乳酸),使日增重提高13.6%,饲料增重比降低7%。

(2)作为抗应激剂的应用:有机酸如延胡索酸形成能量途径比葡萄糖短,在应激状态下可用于ATP(三磷酸腺苷)的紧急合成,提高机体抵抗力,增强机体自身的抗应激剂应用。

(3)作为防病保健剂的应用:国内外的试验证明,消化道pH过高时,大肠杆菌及其他病原菌容易生长,乳酸菌则生长不利,容易导致消化不良和大肠杆菌发生。而有机酸的添加可以降低pH,有利于消化道乳酸菌等有益菌的生长,在一定程度上抑制大肠杆菌等有害菌的增殖,保持肠道微生物平衡,防止和减少肠道病的发生。延胡索酸对葡萄球菌、链球菌、大肠杆菌等有很强的灭活性,对乳酸菌无抑制作用;甲酸、丙酸对沙门氏菌、真菌、梭状芽孢杆菌、芽孢杆菌属及革兰氏阳性菌等有一定的杀灭作用;山梨酸能有效抑制酵母菌及霉菌的生长,而对有益的微生物生长无影响。

(4)作为饲料保藏剂的应用:有机酸具有广谱杀菌和抑菌的活性,0.2%~0.4%的浓度的延胡索酸可杀死葡萄球菌和链球菌,0.4%的浓度可杀死大肠杆菌,0.6%~2%的浓度可杀酵母菌,2%以上的浓度对产毒真菌具有抑制和杀灭作用。因此,即使在30℃、高湿条件下保存的潮湿精料中,只需加入2%的延胡索酸,亦具有较好的抑菌作用，从而可保障饲料不发生霉败和变质。此外，延胡索酸具有抗氧化作用。在预混料中添加延胡索酸可使预混料保存6个月之久，可使其中的维生素A、维生素C的稳定性比不加延胡索酸分别提高10.24%和12.2%。丙酸或丙酸钙也是很好的饲料保藏剂，抑制霉菌生长的浓度在pH 5.5时为0.12%～1.25%，pH 6.0时为1.6%～2.6%。在夏季最适宜霉菌繁殖季节里，饲料添加丙酸盐类可以很好地起到抑制霉菌生长的作用。山梨酸是一种很安全的饲料保藏剂。

第三节　饲料配制技术

一、饲料加工的要求

(一)饲料的加工

饲料企业的工厂设计与设施卫生、工厂卫生管理和生产过程的卫生应符合GB/T 16764的要求。应定期对计量设备进行检验和正常维护，以确保其精确性和稳定性，其误差不应大于规定范围。微量和极微量组分应进行预稀释，并且应在专门的配料室内进行。配料室应有专人管理，保持卫生整洁。混合时间按设备性能应不少于规定时间。混合工序投料应按先大量、后小量的原则进行。投入的微量组分应稀释到配料秤最大秤量的5%以上。生产含有药物饲料添加剂的饲料时，应根据药物类型，先生产药物含量低的饲料，再依次生产药物含量高的饲料。同一班次应先生产不添加药物饲料添加剂的饲料，然后生产添加药物饲料添加剂的饲料。为防止加入药物饲料添加剂的饲料产品在生产过程中的交叉污染，在生产不同加入药物添加剂的饲料产品时，对所用的生产设备、工具、容器应进行彻底清理。新接受的饲料原料和各个批次生产的饲料产品均应保留样品。样品密封后留置专用样品室或样品柜内保存。样品室和样品柜应保持阴凉、干燥。采样方法按GB/T 14699执行。留样应设标签，载明饲料品种、生产日期、批次、生产负责人和采样人等事项，并建立档案由专人负责保管。样品应保留至该批产品保质期满后3个月。

(二)饲料的包装、储存与运输

(1)包装：饲料包装应完整，无漏洞，无污染和异味。包装印刷油墨应无毒，不应向内容物渗漏。包装物的重复使用应遵守《饲料和饲料添加剂管理条例》的有关规定。

(2)储存：配合饲料的储存堆放应考虑安全，防止霉变。配合饲料仓库要有标牌。配合饲料堆垛要有标牌卡片，标明产品品种、规模、等级、生产日期、入库日期、入库数量、出库数量等。在配合饲料的储存期间，应注意温、湿度的变化，定期进行抽样检测，并将检测结果登记入卡片。不合格和变质饲料应做无害化处理，不应存放在饲料储存场所内。饲料储存场地不应使用化学灭鼠药和杀鸟剂。

(3)运输：运输工具应干燥、清洁，无异味，无传染性病虫害，并有防雨、防潮、防污染设施。配合饲料不得与有毒、有害、易燃、易爆、有辐射等物品混装、混运。运输作业应防止污染，保持包装的完整性。不应使用运输畜禽等动物的车辆运输饲料产品。饲料运输工具和装卸场地应定期清洗和消毒。

二、参考饲料配方

在制定饲料配方时，应以最新版的猪饲养标准为依据，根据猪的品种、日龄、用途及饲料原料等情况，科学合理地进行配制。各种类型猪的参考配方见表5-4至表5-9。

表 5-4　仔猪人工乳配方

项　目	编号		
	1	2	3
原料：牛乳(mL)	1 000	1 000	1 000
全脂奶粉(g)	50	100	200
葡萄糖(g)	20	20	40
鸡蛋(枚)	1	1	1
矿物质溶液(mL)	5	5	5
维生素溶液(mL)	5	5	5
营养水平：干物质(%)	19.6	23.4	24.65
总能(MJ)	4.48	5.65	5.23
消化能(MJ)	4.02	4.77	5.19
粗蛋白质(g/L)	56.0	62.6	62.3
能量蛋白比	22	23	20

注：1)人工乳适用于初生至 10 日龄的仔猪。
2)配方中除鸡蛋、矿物质、维生素溶液外，其余原料用蒸汽高温消毒、晾凉后加入。

表 5-5　仔猪(体重 10～20 kg)饲料配方　　kg

项　目	编号				
	1	2	3	4	5
原料：玉米	544.0	551.0	578.0	574.0	574.0
豆粕	286.0	265.0	234.0	250.0	237.0
麸皮	133.0	107.0	71.0	99.0	82.0
鱼粉					
菜籽饼	—	40.0	40.0	—	40.0
花生饼			40.0	40.0	30.0
棉籽饼					
石粉	10.0	10.0	10.0	10.0	10.0
氢钙	14.0	14.0	14.0	14.0	14.0
食盐	3.0	3.0	3.0	3.0	3.0
预混料	10.0	10.0	10.0	10.0	10.0
合计	1 000.0	1 000.0	1 000.0	1 000.0	1 000.0
营养水平：消化能(MJ/kg)	13.18	13.22	13.10	13.26	13.05
粗蛋白(%)	18.71	18.87	18.44	18.77	18.46

表 5-6　生长猪(体重 20～50 kg)饲料配方　kg

项　目	编　号				
	1	2	3	4	5
原料:玉米	517	492	496	507	517
豆粕	190	166	134	150	149
麸皮	250	250	250	250	250
鱼粉					
菜籽饼		50	40		
花生饼			40	50	
棉籽饼					40
石粉	18	18	17	19	20
氢钙	12	11	11	11	11
食盐	3	3	3	3	3
预混料	10	10	10	10	10
合计	1 000	1 000	1 000	1 000	1 000
营养水平:消化能(MJ/kg)	12.47	12.34	12.13	12.13	12.26
粗蛋白(%)	16.01	16.48	15.95	15.66	15.87

表 5-7　育肥猪(体重 50～100 kg)饲料配方　kg

项　目	编　号				
	1	2	3	4	5
原料:玉米	650	660	670	640	630
豆粕	113	74	25	84	42
麸皮	163	132	151	142	174
鱼粉			20		20
菜籽饼		60	50		50
花生饼					
棉籽饼	30	30	40	40	40
石粉	20	20	20	20	20
氢钙	11	11	11	11	11
食盐	3	3	3	3	3
预混料	10	10	10	10	10
合计	1 000	1 000	1 000	1 000	1 000
营养水平:消化能(MJ/kg)	12.72	12.59	12.72	12.64	12.59
粗蛋白(%)	13.82	13.71	13.20	14.31	13.92

表 5-8 怀孕母猪饲料配方 kg

项目	编号				
	1,	2	3	4	5
原料:玉米	546	520	495	540	531
豆粕	114	81	86	44	87
麸皮	300	300	300	300	300
鱼粉				20	
菜籽饼		60	50	60	42
花生饼			30		
棉籽饼					
石粉	13	13	14	13	14
氢钙	14	13	12	10	13
食盐	3	3	3	3	3
预混料	10	10	10	10	10
合计	1 000	1 000	1 000	1 000	1 000
营养水平:消化能(MJ/kg)	12.22	12.09	12.05	12.05	12.18
粗蛋白(%)	13.7	14.1	14.7	13.6	14.0

表 5-9 种公猪饲料配方

项目	配种期	非配种期
原料:玉米(%)	56.0	48.0
大麦(%)	10.0	5.0
高粱(%)	3.0	
豆饼(%)	16.0	8.0
麸皮(%)	4.0	20.0
叶粉(%)	3.5	3.0
鱼粉(%)	4.0	
食盐(%)	0.5	0.5
骨粉(%)	3.0	1.5
次粉(%)		10.0
棉籽仁饼(%)		4.0
营养水平:消化能(MJ/kg)	13.31	12.09
粗蛋白质(%)	18.0	12.13
钙(%)	1.0	0.8
磷(%)	0.7	0.6

三、饲料中有毒、有害物质 HACCP 临界控制点参考值

饲料中有毒、有害物质的限制值参见表 5-10 至表 5-12。

表 5-10　饲料中有毒、有害元素限制指标　mg/kg

允许量或限制水平	适用范围或饲料名称	
	中国国家标准要求	饲料工业发达国家要求（括号内为国家名的简称）
1.1　总砷（以 As 计）		
≤10	鱼粉；磷酸盐	鱼粉或水产动物来源饲料，磷酸盐（英、德）；矿物质饲料（英、美）
≤5	硫酸铜 、锌、锰、氯化钴	—
≤4	—	预混料（英）；干甜菜渣，糖蜜渣，干草粉（包括豆科牧草）（英、德）草饲料（德）
≤3	磷酸氢钙	—
≤3	鸡配合饲料、猪配合饲料；石粉；丙酸钙；碘化钾；硫酸镁；硫酸亚铁	全价饲料（英、德、美）；其他饲料（英、德）
1.2　铅（以 Pb 计）		
≤45	—	酵母（英）
≤40	—	干草粉（包括豆科牧草）（英、德）；磷酸盐（德）；牛犊、羔羊全价料（德）
≤30	磷酸盐	磷酸盐（英）、矿物质（英）、泌乳牛全价料（德、美）
≤20	—	其他单一饲料（德、美）
≤10	鱼粉、石粉	其他单一饲料（英）、青饲料、青贮料（德）；预混料或添加剂（英）
≤7.5	—	鱼粉、肉粉、肉骨粉（日）
≤5	鸡配合饲料、猪配合饲料	酵母（德）、各种家畜全价料（英、美）
≤3	—	干牧草、配合饲料（日）

续表 5-10

允许量或限制水平	适用范围或饲料名称	
	中国国家标准要求	饲料工业发达国家要求（括号内为国家名的简称）
1.3 汞(以 Hg 计)		
≤1	—	鱼粉及水产动物性原料(日)
≤0.5	鱼粉	鱼粉及水产动物性原料(英、德)
≤0.4	—	其他饲料(日)
≤0.2	—	全价料(英、德)
≤0.1	石粉、鸡配合饲料、猪配合饲料	其他饲料(英、德)
1.4 镉(以 Cd 计)		
≤2.5	—	动物性饲料(日)
≤2.0	鱼粉	动物性饲料(美、德)
≤1.01	—	配合饲料(日)
≤1.0	米糠	植物性饲料(美、德、日)
≤0.75	石粉	矿物质(德)
≤0.5	石粉、鸡配合饲料、猪配合饲料	配合饲料(德、美)
1.5 氟(以 F 计)		
≤2 000	石粉、磷酸盐	磷酸盐(英、德)、反刍动物矿物质饲料(英)
≤500	鱼粉	动物性饲料(英、美、德)
≤350	肉用仔鸡、生长鸡配合料	其他配合料(英)
≤150	—	其他单一饲料(英、美、德)
≤100	猪配合饲料、混合料	猪的配合料(英、德)
≤25	—	预混料(英、德)

续表 5-10

允许量或限制水平	适用范围或饲料名称	
	中国国家标准要求	饲料工业发达国家要求（括号内为国家名的简称）
1.6　铬(以 Cr 计)	饲料专家给出的推荐性限制值	
≤30	—	矿物质
≤25	—	鱼粉
≤15	—	肉骨粉、骨粉
≤10	—	谷类、饼籽饲料、猪、鸡配合料
1.7　硒(以 Se 计)	饲料专家给出的推荐性限制值	
≤5	—	成年动物配合料
≤2	—	成年动物配合料；哺乳动物、泌乳牛配合料

表 5-11　饲料中有毒、有害化合物限制指标　mg/kg

允许量或限制水平	适用范围或饲料名称	
	中国国家标准要求	饲料工业发达国家要求
2.1　氰化物(以 HCN 计)		
≤350	胡麻饼(粕)	豆麻籽饼(英、德)
≤250	—	豆麻饼(英、德)
≤100	木薯干	以木薯或杏仁制成的饲料(英、德)
≤50	鸡配合饲料；猪配合饲料、混合饲料	其他饲料、配合饲料(英、德)
2.2　亚硝酸盐(以 $NaNO_2$ 计)		
≤60	鱼粉	鱼粉(英、德、美)
≤15	鸡配合饲料；猪配合饲料、混合饲料	非经济实验动物及鸟类的配合料(英、德、美)

续表 5-11

允许量或限制水平	适用范围或饲料名称	
	中国国家标准要求	饲料工业发达国家要求
2.3 生物碱(含生物碱种子、可可碱)		
≤2 000	—	牛精料、其他配合饲料(可可碱)(欧美)
≤300	—	牛精料、其他配合饲料(可可碱)(欧美)
2.4 植酸及其盐		饲料专家给出的推荐性限值
≤0.8	—	猪、鸡配合饲料
2.5 3-硝基丙酸		饲料专家给出的推荐性限制值
≤1.5	—	猪饲料
≤0.8	—	仔猪、仔鸡饲料
2.6 单宁		饲料专家给出的推荐性限制值
≤0.9	—	肉猪饲料
≤0.4	—	肉鸡饲料
2.7 皂苷		饲料专家给出的推荐性限制值
≤0.4	—	猪、妊娠牛、羊、兔配合饲料
2.8 游离棉酚		饲料专家给出的推荐性限制值
≤1 200	棉籽饼(粕)	棉籽饼(粕)(英、德)
≤400	—	棉籽饼(粕)(英、德)
≤60	生长育肥猪配、混合饲料	猪全价配合料、仔兔全价配合料(英)
≤20	产蛋鸡配合饲料	仔猪全价配合料、其他全价配合料(英、德)
2.9 异硫氰酸脂		饲料专家给出的推荐性限制值
≤4 000	菜籽饼(粕)	—
≤500	鸡配合饲料、生长育肥猪配合饲料、混合饲料	—

续表 5-11

允许量或限制水平	适用范围或饲料名称	
	中国国家标准要求	饲料工业发达国家要求
2.10　烷硫酮	饲料专家给出的推荐性限制值	
≤1 000	肉用仔鸡、生长鸡配合饲料	—
≤500	产蛋鸡配合饲料	—
2.11　蓖麻籽	饲料专家给出的推荐性限制值	
≤10	—	所有饲料原料、配合料(英、德)

表 5-12　饲料中有毒微生物及毒素限制指标

允许量或限制水平	适用范围或饲料名称	
	中国国家标准要求	饲料工业发达国家要求
3.1　细菌总数(10^6 个/g)		
<2	鱼粉	—
<0.5	—	所有饲料(欧美)
3.2　沙门氏菌(个/g)		
不得检出	饲料	所有饲料(欧美)
3.3　大肠杆菌(个/g)	饲料专家给出的推荐性限制值	
≤50	—	肉骨粉等动物性饲料
≤30	—	配合饲料、植物性原料
3.4　志贺氏菌(个/g)		
不得检出	饲料	所有饲料(欧美)
3.5　肉毒梭菌(个/g)		
不得检出	—	所有饲料
3.6　霉菌总数　(1 000 个/g)		
<50	棉籽饼(粕)	—
<40	玉米、小麦麸、米糠	—

续表 5-12

允许量或限制水平	适用范围或饲料名称	
	中国国家标准要求	饲料工业发达国家要求
3.7　黄曲霉毒素(mg/kg)		
≤0.5	—	单一饲料(美、日)
≤0.05	玉米、花生饼(粕)	单一饲料、牛配合饲料(英、德);泌乳配合料(德)
≤0.02	产蛋鸡配合饲料、生长育肥猪配、混合饲料	猪配合饲料(英、德)、精填充料(德)
3.8　玉米赤霉烯酮(mg/kg)　饲料专家给出的推荐性限制值		
≤5	—	奶牛日粮、其他猪日粮
≤1	—	母猪日粮
3.9　赭曲霉毒素(mg/kg)　饲料专家给出的推荐性限制值		
≤2	—	猪、禽配合饲料;猪配合料(瑞士)
≤1	—	仔猪、雏禽配合饲料;家禽配合料(瑞士)
3.10　T-2 毒素(mg/kg)　饲料专家给出的推荐性限制值		
≤0.8	—	猪配合饲料
3.11　脱氧雪腐镰刀菌烯醇 DON(mg/kg)　饲料专家给出的推荐性限制值		
≤0.8	—	猪配合饲料(瑞士)
3.12　麦角碱(%)　饲料专家给出的推荐性限制值		
≤0.3	—	饲料原料(小麦、黑麦)(德)
≤0.2	—	饲料原料(小麦、黑麦),配合料(美)
≤0.15	—	饲料原料、配合料(加拿大)
≤0.10	—	饲料原料、配合料(英)

续表 5 12

允许量或限制水平	适用范围或饲料名称	
	中国国家标准要求	饲料工业发达国家要求
3.13　霉菌 ST(mg/kg)　饲料专家给出的推荐性限制值		
≤200	—	饲草
≤150	—	豆饼、花生饼(粕)
≤100	—	大麦、玉米
≤80	—	配合饲料

四、配制饲料应注意的问题

(1)必须以猪的饲养标准为依据,并结合生产实践经验,制定出符合要求的最佳日粮配方,满足猪对各种营养(能量、蛋白质、矿物质、维生素等)的需要量。目前一些国家都已制定了猪的饲养标准,如美国的 NRC、英国的 ARC、加拿大和日本等国都有自己的标准。我国也制定了各种猪的饲养标准,目前我们主要使用我国的饲养标准,同时也参考其他饲养标准,无论采用哪种饲养标准,都要根据猪状况、饲料品种、饲养管理、环境条件、饲料加工方法等实际情况,加以灵活运用,适当调整,不能照搬。

(2)在配合日粮时必须对各类饲料的特性有所了解,对所选饲料的营养成分要清楚,只有在这个基础上才能根据饲养标准进行猪饲料配合。有条件的地方应利用自己分析得到的营养成分数据,否则计算值和实际值不符,计算的再精确,按此配制出来的日粮也不会是全价平衡日粮。如果没有条件分析,必须借助饲料营养成分表时,需选用和当地相近、加工工艺相同的数据。

(3)要注意饲料原料的品质、适口性和消化率(表 5-13),如果饲料品质不良或适口性差,即使在计算上符合饲养标准,实际上也并不能满足畜禽的营养需要。对于那些有不良特性和适口性差的原料如血粉、皮革粉、羽毛粉、棉籽饼(粕)、菜籽饼(粕)、芝麻饼、草粉、糟渣等,要先进行加工处理,并限制其在饲料中的使用量(表 5-1)。

表 5-13 主要饲料原料的消化率 %

原料	有机物质	粗蛋白质	粗纤维	粗脂肪	无氮浸出物
大麦	86	75	42	78	91
燕麦	74	79	32	86	79
黑麦	88	76	45	60	92
玉米	90	71	72	89	93
小米	76	70	40	75	83
高粱	86	66	55	75	90
豌豆	88	86	55	64	93
大豆	84	90	57	92	74
粗麸皮	63	77	30	70	73
细麸皮	72	77	30	83	77
米糠	67	63	24	81	75
花生饼	71	86	23	92	78
豆饼	89	92	76	60	91
菜籽饼	74	84	31	90	78
亚麻饼	78	86	35	93	80
棉籽饼	54	71	35	84	56
棉仁饼	75	85	32	94	69

(4)配合日粮时,应注意饲料的多样化,最好用几种饲料原料进行配合,这样可以充分发挥各种原料之间的营养互补作用,以保证营养物质的完善,有利于提高日粮的消化率和营养物质的利用率。

(5)配合日粮所用饲料种类应力求保持相对稳定,如果必须改变饲料种类和配合比例时,应逐渐更换,否则会导致猪的消化系统疾病,影响生产性能。

(6)配合日粮时必须结合当地的饲养经验和本地的自然条件，应尽量做到就地取材，充分利用当地饲料资源，以便制定出适合本地的猪饲料配方。利用本地饲料资源，可以保证饲料来源充足，减少饲料运输费用，降低饲料的生产成本。

(7)配合日粮时，除满足猪对各种营养成分的需要外，还要注意各种营养成分之间的平衡。如能量蛋白比例要符合饲养标准的规定，日粮中能量高，蛋白质的含量也应高些；能量低，蛋白质的含量也相应低些。还要注意氨基酸之间的平衡，特别是必需氨基酸的平衡。

(8)在设计配方时，应考虑饲料的卫生要求，所用饲料应质地良好，发霉变质的饲料不宜做配合饲料的原料。在饲料原料中，如米糠、花生饼等因脂肪含量高，容易发霉，容易感染黄曲霉菌而产生黄曲霉毒素，损害肝脏，严重的产生肿瘤或癌症。除此之外，还要注意选择那些没有受农药或其他有毒、有害物质污染的饲料。

(9)配合日粮时，必须根据各种猪的消化生理特点，选择适宜的饲料进行搭配，尤其要注意控制日粮中粗纤维的含量。当日粮中粗纤维的含量增加时，日增重和饲料利用率将降低。粗纤维含量，仔猪不超过 4%，生长育肥猪不超过 6%，种猪不超过 8% 为宜。

(10)配合日粮时，必须考虑采食量与饲料体积及饲料养分浓度之间的关系。如果配出的日粮容积过大，养分浓度低，就会造成营养物质的不足；若是容积过小，养分浓度高，在自由采食时又会出现过饲的情况。正常的情况应当是通过配合后供给畜禽每日的饲料不仅能够吃得下去，而且养分也能够满足需要。

(11)配合日粮时必须做到搅拌均匀，在添加微量元素、维生素、食盐等微量成分时，不应直接加到饲料中，应先与某种饲料充分预混(如玉米粉、麦麸等)，逐步扩散，然后再拌入全部饲料中，反复搅拌均匀。

(12)根据生产实际和生猪价格、饲料价格等市场行情，酌情控制高价原料的使用量，努力降低饲料的生产成本，做到质优价廉，从而提高经济效益。

五、提高猪群饲料利用率的措施

饲料成本约占整个养猪生产成本的60%～70%，尤其目前蛋白质原料的短缺和价格的不断上涨，使得广大养猪场(户)和饲料生产经营者不得不寻求一些提高饲料利用率的方法，以此来降低生产成本，提高经济效益。

(一)影响猪饲料利用率的因素

(1)动物本身因素：猪的品种不同，对饲料的利用率会有所差别，如纯种猪的饲料利用率高，本地品种猪的饲料利用率低。不同生长阶段的猪(仔猪、生长猪、育肥猪、母猪、公猪等)对饲料的利用率也有所不同。不同个体对饲料利用率也有差别。

(2)饲料因素：不同种类的饲料，营养物质消化率不一样。大豆中含有抗胰蛋白酶、致甲状腺肿的物质、皂角素和血凝素等物质，这些物质都会影响其消化利用和一些生理生化过程，如果加热适当，其毒素和酶就会受到破坏。菜籽饼、粕中含有硫葡萄糖苷，经芥子酶水解而产生硫氰酸盐和噁唑烷硫酮等有毒物质，这两种化合物可影响能量代谢和饲料转化率。其他一些饲料原料如谷实、青饲料、草粉、羽毛粉、血粉等也含有一些影响饲料利用率的因素。

(3)饲料配合的科学性：配制饲料时，只有各种营养物质如能量、蛋白质、氨基酸、维生素、矿物质等能够满足猪的营养需要，并且达到最佳平衡，才能够使饲料的转化率达到最高；反之，必然造成饲料营养物质的浪费。

(4)饲料的加工和贮藏：同一种饲料因加工方法不同，其营养价值也不一样。如机榨的饼类比浸提的粕类蛋白质含量低，高温也可使蛋白质变性，从而使营养价值降低。饲料贮藏时间越长，饲料的营养价值越低，严重的会发霉变质，甚至导致动物疾病的发生。

(5)饲养环境及应激：猪所处的饲养环境，如温度、湿度、通风、光照、空气中有害气体含量等的变化，都可以引起动物应激，从而降低饲料转化率。如温度的升高或降低，均能导致饲料利用率降低。

(二)养猪场(户)如何提高猪群的饲料利用率

(1)配制饲料时，必须以猪的饲养标准(NRC、ARC、国家标准、品种标准等)为依据，并结合生产实践经验，制定出符合要求的最佳饲料配方。

(2)配制饲料时，应注意饲料的多样化，这样可以充分发挥各种原料之间的营养互补作用，以保证营养物质的完善，有利于提高饲料的消化率和营养物质的利用率。

(3)选择原料配制饲料时要注意原料的品质和适口性。对于那些有不良特性和适口性差的饲料原料如血粉、皮革粉、羽毛粉、棉籽粕(饼)、菜籽粕(饼)等要事先进行加工处理并限制其在饲料中的使用量。

(4)配制饲料时，应考虑饲料的卫生要求，所用原料应质地良好，发霉变质的原料不应做配合饲料的原料。除此之外，还要注意选择那些没有受农药或其他有毒、有害物质污染的饲料原料。

(5)配制饲料时，要注意控制饲料中粗纤维的含量。当日粮中粗纤维的含量增加时，日增重和饲料利用率将降低。仔猪日粮中要限制粗纤维含量，母猪日粮中可适当多加些。

(6)配制饲料时，必须考虑采食量与饲料养分浓度之间的关系。如果日粮能量浓度偏低，采食量就会增加，采食过多，就会降低消化率。

(7)饲料的加工调制方法对饲料消化率影响很大。热处理加工如制粒或挤压改进了营养物质的利用率和饲料的利用率，如果加工过度将降低营养物质的可利用率和饲料的利用率。对大豆等的热处理，破坏了胰蛋白酶抑制因子，提高饲料的利用率。饲料配合时搅拌不匀，会降低饲料消化率。

(8)饲料的粒度对饲料利用率也有一定影响。饲料粒度过大，会降低饲料消化率。饲料粒度过小，会降低适口性和饲料摄入量，并增加了胃溃疡的发病率。

(9)养猪时，首先应选择那些遗传性能好的品种进行饲养。饲料利用率是具有中等遗传力的生产性状，可通过选择得到改良。

(10)饲喂方法不同，其饲料利用率也不同。干湿料饲喂和液体饲喂与干喂法相比，饲料转化率得到了一定改进，但较高的饲料摄入量能够导致屠体脂肪增加。

(11)充足清洁的饮水，对提高饲料利用率也是非常重要的。

(12)环境条件也能影响饲料转化效率。如猪的最佳温度是18～20℃，当温度降低时，采食量增加，饲料能量中的大部分将用于产热，而不是肉。如果温度太高，采食量减少。湿度、通风、有害气体、光照等的变化也会影响饲料利用率。

(13)饲养管理同样也会影响到饲料利用率。如过度拥挤会明显损害生产性能，其采食量、饲料报酬会降低。在舍饲的条件下，较小组群的生产性能明显提高。良好的人工管理(如早期断奶、早期补饲等)，也会获得较好的生产效率。

(14)健康猪的饲料利用率必定高于有疾病猪的饲料利用率。在生产实际中，要制定好防疫程序，并按程序进行管理，使猪的生产性能达到最大。若在生产中发现不健康的猪，要及时给予治疗或淘汰。

(15)适当使用饲料添加剂。在生产实践中，使用一些酶制剂、酸化剂、益生素、中药制剂等可提高猪的饲料利用率和生产性能。

(16)所用饲料原料种类应力求保持相对稳定，必须改变饲料种类和配合比例时，应逐渐更换，否则会导致猪的消化系统疾病，影响生产性能。

第四节 饲料安全

一、配合饲料、浓缩饲料和添加剂预混合饲料

配合饲料、浓缩饲料和添加剂预混合饲料应色泽一致，无发酵、霉变、结块及异味、异臭。产品成分分析保证值应符合标签中所规定的含量。生猪配合饲料中有害物质及微生物允许量应符合规定。30 kg 体重以下猪的配合饲料中铜的含量应不高于 250 mg/kg；30～60 kg 体重猪的配合饲料中铜的含量应不高于 150 mg/kg；60 kg 体重以上猪的配合饲料中铜的含量应不高于 25 mg/kg。浓缩饲料有害物质及微生物允许量和铜的含量按说明书的规定用量，折算成配合饲料中的含量计，不应超过以上的规定。添加剂预混合饲料中有害物质及微生物允许量见表 5-14。

表 5-14 添加剂预混合饲料中有害物质及微生物允许量
（按日粮中添加比例 1%计） mg/kg

项 目	砷（以 As 计）	重金属（以 Pb 计）	沙门氏菌
仔猪、生长肥育猪微量元素预混合饲料	≤10	≤30	不得检出
仔猪、生长肥育猪复合预混合饲料	≤10	≤30	不得检出

二、饲料卫生要求

饲料是畜禽正常生长、发育和繁殖的物质基础，符合卫生标准的饲料，对于保证畜禽健康、提高生产性能起积极的作用；相反，不符合卫生标准的饲料，甚至于带入有害物质的饲料，不但威胁动物

健康，还会通过食品对人类健康构成威胁。因此，为了保证畜禽健康，提高生产性能，维护人类安全，畜禽所喂饲料必须符合表 5-15 所列的卫生标准。

表 5-15 饲料有害物质及微生物允许量

项　目	适用范围	允许量	备注
砷(mg/kg，以 As 计)	鱼粉	≤10	
	石粉	≤2	
	磷酸盐	≤10	
	鸡配合饲料，猪配、混合饲料	≤2	
铅(mg/kg，以 Pb 计)	鱼粉	≤10	
	石粉	≤10	
	磷酸盐	≤30	
	鸡配合饲料，猪配、混合饲料	≤5	
汞(mg/kg，以 Hg 计)	鱼粉	≤0.5	
	石粉	≤0.1	
	鸡配合饲料，猪配、混合饲料	≤0.1	
镉(mg/kg，以 Cd 计)	米糠	≤1	
	鱼粉	≤2	
	石粉	≤0.75	
	鸡配合饲料，猪配、混合饲料	≤0.5	
氟(mg/kg，以 F 计)	鱼粉	≤500	
	石粉	≤2 000	
	磷酸盐	≤2 000	
	猪配、混合饲料	≤100	
氯化物(mg/kg，以 HCN 计)	木薯干	≤100	
	胡麻饼(粕)	≤350	
	鸡配合饲料，猪配、混合饲料	≤50	
亚硝酸盐(mg/kg，以 $NaNO_2$ 计)	鱼粉	≤60	
	鸡配合饲料，猪配、混合饲料	≤15	

续表 5-15

项　目	适用范围	允许量	备注
黄曲霉毒素 B_1 (mg/kg)	玉米	≤0.05	
	花生饼(粕)	≤0.05	
	生长育肥猪配、混合饲料	≤0.02	
游离棉酚 (mg/kg)	棉籽饼(粕)	≤1 200	
	生长育肥猪配、混合饲料	≤60	
异硫氰酸酯,以丙烯基异硫氰酸酯计(mg/kg)	菜籽饼(粕)	≤4 000	
	生长育肥猪配、混合饲料	≤500	
六六六(mg/kg)	米糠	≤0.05	
	小麦麸	≤0.05	
	大豆饼(粕)	≤0.05	
	鱼粉	≤0.05	
	生长育肥猪配,混合饲料	≤0.4	
滴滴涕(mg/kg)	米糠	≤0.02	
	小麦麸	≤0.02	
	大豆饼(粕)	≤0.02	
	鱼粉	≤0.02	
	鸡配合饲料,猪配、混合饲料	≤0.02	
沙门氏菌	饲料	不得检出	
霉菌总数 (1 000个/g)	玉米	<40	限量饲用:40～100,禁用:>100
	米糠	<40	限量饲用:40～80,禁用:>80
	小麦麸	<40	限量饲用:40～80,禁用:>80
	棉籽饼(粕)	<50	限量饲用:50～100,禁用:>100
细菌总数 (百万个/g)	鱼粉	<2	限量饲用:2～5,禁用:>5

注:所列允许量均以干物质含量为 88%的饲料为基础计算。

三、防止饲料污染的措施

(一)控制饲料原料的污染

(1)注意饲料收贮:收购原料时,要严把质量关,按高于国家标准的内控标准，严控原料采购和进库关，凡不符合内控要求的饲料原料，一律不准采购和进库。

(2)控制饲料原料的水分及温度：一般饲料原料储存温度为13℃左右。水分控制也很重要，谷物的水分含量在13%以下，可以控制大多数微生物及螨的生长；水分在10%以下，可限制大多数饲料原料害虫的发育。

(3)提高饲料原料的质量：作为饲料原料的原粮，应选取抗逆性强、籽粒饱满、成熟度高、无病虫害、外壳完整的原粮。

(4)原料采购要有计划性：应根据生产与销售情况采购原料，尽量不使原料在仓库久存，饲料原料库存时间以不超过3个月为宜。

(5)定期作好霉变的测报：在原料霉变之前或变质之初，通过有关指标的测定和分析来评价其安全程度，及时做出早期预报，采取相应措施，防止霉变的发生或发展。

(6)做好污染饲料的处理：对于微生物污染的原料，若污染已很严重则必须废弃，不能再利用；若污染轻微，可经杀菌脱毒后利用，但必须先进行动物饲喂试验，证明无害后才能正式用于生产饲料。

(二)防止饲料加工过程中的污染

(1)把好原料质量关：选取无变质、感官品质好、无破损的原料加工饲料。因为感官品质不良或经虫害、破损的饲料原料可能已污染霉菌孢子而影响成品饲料的品质。

(2)控制好饲料加工过程中的水分和温度：用于饲料加工用的原料含水量一定要符合卫生要求，饲料加工后散热彻底后才能装袋，否则会因温差导致水分转移、结露，造成饲料局部霉变。因此，加工过程中必须操作规范，做到彻底冷却，严防水分转移。

(3)改善饲料加工工艺：在空气相对湿度较高时，往往原料的含水量也相应增加，如不及时在工艺、设备上进行适当调节，就有可能使产品的含水量偏高，不利于保存而变质。另外，我国主要以生产粉状饲料为主，在相同条件下粉状饲料污染微生物的机会多，必须改善饲料加工工艺，创造条件实现生产连续化、自动化和密闭化，这样可以减少饲料接触周围的时间，能比较有效地防止微生物的污染。

(4)加强生产管理：加强饲料生产的管理，提高工人素质，做到干净、卫生，尤其在“三班倒”工作制中，每次交接班必须保证饲料干净，无灰尘、无散料、死角不存在。在饲料生产操作过程中，各工序应掌握饲料原料先进先出的原则，以免因积压过久而发生变质现象。生产车间布置要合理，饲料原料及成品料分别堆放，以免交叉污染。加强饲料卫生管理，饲料厂内不许积存粪便、污水、垃圾等杂物，更不许苍蝇、蚊虫滋生，防止鼠害。饲料加工机械及饲料容器，要定期清洗，消毒，保持干燥。加工的饲料产品应适时密闭包装，避免散放时间太长而污染微生物。

(5)缩短饲料产品和原料保存期：从原料采购到生产产品，从产品生产到用户饲喂，其停留时间愈短，霉变的可能性就愈小。库存原料要有适量存货，但也不宜大量购存，一般以半月用量较宜。产品生产要严格执行以销定产制度，生产后在7～10天内出库，按季节、品种严格执行产品保质期制度。

(三)防止饲料运输过程中的污染

为了防止饲料运输过程中的污染，可采取以下措施：在饲料启运前，应严格执行饲料卫生标准，对已经污染的饲料不许上车装运，饲料原料与成品料最好不要同车装运，更不能同车装运可能污染饲料的其他物品。运输饲料的车船应保持清洁、干燥、无臭，必要时需作消毒处理。在饲料运输过程中要轻装轻卸，防止包装破损，避免空气中微生物的污染。在运输过程中饲料要盖好苫布，防雨防潮，要推广密闭运输，以减少再污染的机会，特别是进口鱼粉在海运过程中易于吸潮，注意防止霉败。根据供销情况，有计划地调运饲料，尽量避免拆包装或多次运输，以减少饲料污染的机会。

(四)防止饲料销售过程中的污染

为了防止销售过程中造成的污染，可采取以下措施：饲料销售过程中要做到及时进货，防止积压，对超过保质期的饲料要及时处理。销售饲料时要轻装轻卸，保证包装完整，防止破损，对已经污染的散料应坚决废弃，严防污染扩大。增强饲料销售人员的防霉意识，搞好环境卫生，加强饲料管理，各种饲料分类放置。在饲料销售过程中防止饲料吸潮、雨淋。在饲料经销点，应防止鼠害，防止蚊、蝇、害虫滋生。

(五)防止饲料霉变

1.改善储藏环境，控制霉变条件

霉菌污染饲料后需要适宜的条件才能生长繁殖和产毒，控制导致霉变的霉菌生长、繁殖和产毒所需要的条件，可以有效地防霉。其主要措施有保持饲料干燥、低温防霉和气调防霉。

2.射线辐射防霉

据报道，为了使饲料中的霉菌根绝，用 3～5 kGy 的照射即可。美国研究人员将雏鸡饲料采用 γ 射线进行辐射处理后，将其置于温度为 30℃、相对湿度为 80%的条件下储存 1 个月，结果霉菌没有繁殖，未发生霉变。

3.使用防霉包装袋

可通过包装袋对饲料水分、O_2（或 CO_2）气态霉变剂所起的屏障作用而发挥防霉作用。日本研究人员发明的饲料防霉包装袋，可保证新包装的饲料长期不发生霉变。这种饲料防霉包装袋由聚烯烃树脂构成，其中含有 0.01%～0.05%的香草醛或乙基香草醛，由于聚烯烃树脂膜可使香草醛或乙基香草醛慢慢蒸发，渗透进饲料中，不仅能防止饲料生霉，而且具有芳香味，增加动物的适口性。

4. 应用防霉剂

添加饲料防霉剂，是防止饲料霉变的有效措施。无论何种饲料，当饲料水分含量超过 12.5%～13.0%，且储存 2 周以上，都应考虑在其中添加防霉剂。但防霉剂一定要在饲料没有发霉之前使用，因为发霉的饲料不仅营养成分已受到破坏，而且霉菌代谢过程中产生的霉菌毒素会极大地危害动物的健康，并会间接危害人类，而这些毒素用任何防霉剂都是无法消除的。常用的防霉剂有以下几种：

(1)丙酸及其盐类在饲料中添加剂量为 300 mg/kg，其毒性低，在 pH<5 时效果尤佳。丙酸本身含有一定能量，能促进增重，提高饲料效率 5%。一般情况下，在配合饲料中添加 0.1%～0.2%，在动物饲料中添加 0.5%～1.5%，均匀混于饲料中储存即可防霉。丙酸钠也属于丙酸盐类防霉剂，效果较好。丙酸钠在饲料中添加 0.1%～0.2%，可保存 21～24 天不霉变。添加丙酸钠(77%)0.3%～0.4%，可防霉 17 周。防霉效果与湿度、温度有一定关系。

(2)山梨酸及其盐类对许多霉菌都有抑制作用，是饲料中使用广泛的高效无毒防霉剂。通常在 pH 5～6 范围内使用，使用量为 0.15%。用法是把其溶解于低碳酸(如乙酸、丙酸、富马酸等)中，以喷洒或预混合形式处理饲料。

(3)露保细盐主要成分是丙酸盐类，在配合饲料中添加 0.25%～0.4%，动物性饲料中添加 0.35%～0.4%，在动物性饲料中为防止沙门氏菌可加入 1.5%，均匀混合在饲料中饲喂。

(4)抗氧喹又称山道喹，具有抗氧、防霉双重作用。按 0.025%～0.05%的量添加可使含水分 13.6%的颗粒饲料在温度 28℃、相对湿度 66%的条件下保存 7 天不发霉。

(5)柠檬酸可做防腐剂，又是抗氧化的增效剂，一般按配合饲料的 0.5%添加。

(6)克霉灵又名“饲防1号”。饲料含水量在12.5%以下，空气相对湿度80%以下，每1 000 kg饲料添加300 g；含水量在12.5%，湿度在80%以上时，每1 000 kg饲料添加500 g；含水量12.5%～14%，相对湿度在80%以上时，每1 000 kg饲料添加700 g，可使饲料60天不发霉。

(7)除霉净为一种高效、低毒、广谱的以丙酸为主的复合有机酸类气化型防霉剂，一般添加剂量为0.1%～0.2%。

(8)双乙酸钠是一种霉菌和细菌的高效抑制剂，由于其安全无毒，在体内无任何残留，成本低，抑菌效果好，而且有增加饲料营养价值的作用，故作为饲料防霉剂已在国外广泛应用。常用的添加剂量是0.6%。

(9)富马酸二甲酯具有高效广谱的抑菌性，适用范围广，适宜温度及pH范围广，特别对黄曲霉毒素的产生均有明显作用，许多细菌的完全抑制浓度为800 mg/kg。一般饲料含水量在14%以下时添加量为250～500 mg/kg，饲料水分在15%以上时添加量为500～800 mg/kg。

四、饲料安全全程控制

随着人们对动物性食品的安全越来越重视，猪肉的安全已经成为人们的迫切需求，猪肉的安全涉及生猪的养殖、屠宰加工、运输等多方面的影响。其中最重要的环节是饲料的安全性。所谓饲料安全，通常是指饲料产品（包括饲料和饲料添加剂）中不含有对饲养动物的健康造成实际危害，而且不会在畜产品中残留、蓄积和转移的有毒、有害物质或因素；饲料产品以及利用饲料产品生产的畜产品，不会危害人体健康或对人类的生存环境产生负面影响。

(一)影响饲料安全的因素及存在的问题

影响饲料安全的因素主要有原料中的霉菌毒素、有毒有害化学物质的污染、饲料添加剂的超量使用、违禁药物的添加等。从近年来全国饲料和饲料添加剂质量监督抽查以及各地在饲料产品安全监管工作中发现的情况看，我国现阶段饲料安全中存在的问题主要有：

(1)饲料原料的安全存在一定的问题：目前，饲料原料大多数来自种植业，种植业为了提高产量，过多地使用化肥、农药，农药通过对饲料原料的污染，造成粮食及副产品中农药和有毒有害物质的残留蓄积，进而在动物体内残留，给饲料的安全带来很多问题。所以，为了猪肉的无公害生产必须从源头抓起，做好饲料原料的无公害生产。

(2)饲料配比不合理，利用效率低：营养不平衡造成营养物质的消化吸收降低，影响猪的生长发育，同时未消化的营养物质被排泄到环境中，对环境造成污染。所以，要用科学的配方配制饲料，提高饲料转化效率，使被排泄的营养物质减少到最低。

(3)在饲料中添加违禁药品：常用的违禁药品包括激素类、类激素类和安眠镇定类。少数商家和养殖者为了追求经济效益，置国家法律于不顾，在饲料生产和养殖过程中使用违禁药物，给人体健康带来严重后果。

(4)超范围使用饲料添加剂：一些企业和个人将未经审定公布的饲料添加剂用于饲料生产，潜在的安全问题不容低估。

(5)不按规定使用饲料药物添加剂：2001 年 7 月，农业部发布了《饲料药物添加剂使用规范》，规定了 57 种饲料药物添加剂的适用动物、用法与用量、停药期及注意事项等。然而，不少饲料企业和畜禽养殖场(户)不严格执行规定，超允许品种添加、超限量添加药物添加剂，不遵守休药期规定，不遵守配伍禁忌等规定，或者将不同品牌的饲料产品混合饲用，致使属于配伍禁忌的几种药物被同时使用，由此导致饲料中的药物在养殖产品中积蓄残留，产生耐药性，对人体产生不良影响，并对环境造成污染。

(6)饲料加工、运输、储存过程中受到污染：除环境因素对饲料的污染以外，饲料在分检、包装、运输、装卸、储存、计量等过程中也会受到某些化学物质的污染，特别是动物性饲料原料易受“二噁英”等化学物质的污染。加强饲料生产、运输、储藏的管理是饲料安全的一个重要方面，储存时不合格和变质的饲料应做无害化处理，不应储藏在存放饲料的地方。饲料储存场地不应使用化学灭鼠药和杀鸟剂。

(7)微生物对饲料造成污染：引起饲料霉变的微生物主要有曲霉菌、青霉菌、镰刀霉菌等。特别是黄曲霉菌对饲料原料造成的污染最为严重。在夏天高温高湿的环境中，玉米、豆粕、麸皮都很容易滋生黄曲霉菌，造成饲料适口性差，引起动物急性或慢性中毒，降低动物的免疫力。所以，养猪场要加强对饲料中霉菌毒素的检测，确保饲料安全。被大肠杆菌、沙门氏菌污染的饲料进入猪体内后通过其产品转移、传播，危害人类健康。所以要通过生物技术，控制有害微生物的污染，进行无害化处理。

(8)超量添加矿物质：高铜、高锌的添加，虽然对猪的生长有促进作用，但是超量的添加会造成这些元素在猪肝脏中的蓄积，人食用后对人的健康造成危害。另外，过多的元素随猪粪排泄到体外，对环境造成巨大的污染。因此，要严格控制矿物质的添加。在生产中，可以考虑添加有机微量元素来降低危害。

(9)饲料标签标示问题较多：一些企业和产品标注假冒批准文号；一些产品标签不规范，成分标示不清，专用性标注不明，使消费者无所适从；有些企业在饲料标签上夸大产品性能，对消费者造成误导；还有一些企业隐瞒了饲料产品的真实成分，在饲料产品中添加了一些饲料药物添加剂，但在饲料标签上不加以注明，使用者在不知情的情况下，很容易重复添加该类药物添加剂，从而造成药物中毒或过量蓄积。

(10)制售假冒伪劣产品的行为屡禁不止：假劣饲料产品不仅扰乱了市场秩序，侵害了消费者的利益，同时也带来一些安全问题。例如，在鱼粉中掺杂石粉、羽毛粉、皮革蛋白粉、肉骨粉等，会造成重金属超标或其他有毒、有害物质混入，影响养殖动物生长和人体健康。假冒饲料添加剂中有效成分不足，会导致动物疾病的产生，不仅会影响养殖产品的生产性能，也对消费者利益造成一定的损害。

从当前的情况看，我国的饲料安全问题呈现出以下几个基本特点：①生产、经营和使用过程中的各种人为因素对饲料产品安全的影响比较突出。②饲料生产、经营和使用中添加违禁药品，超量、超范围使用饲料药物添加剂和兽药，饲料及养殖产品中药物、重金属及其他有毒、有害物质超标是现阶段饲料安全中最突出的问题。③经营环节的问题比生产环节的问题更为严重。④从饲料生产区域上看，上述问题主要集中在畜牧及水产养殖业发达地区和畜产品、水产品外销地区。⑤违法制售和使用违禁药品等危害饲料安全的行为更加隐蔽。

(二)饲料安全全程控制措施

(1)原料质量的控制：加强对霉菌毒素、有毒有害污染物的检验，禁止使用劣质、霉变及受到有毒有害物质污染的原料。例如，玉米是主要的饲料原料，易受霉菌感染而带毒素，应采取拣出霉粒、去除胚部等措施降低原料中的毒素含量。色泽异常、气味不良及霉变结块的劣质豆粕，不应作为饲料原料使用。在配合饲料生产中，应通过膨化与制粒工艺杀死原料中的细菌、霉菌。添加剂的种类及剂量控制，生产、经营、使用的饲料添加剂品种应属于农业部公布的《饲料添加剂品种目录》中的品种，严禁违规、超量使用。

(2)生产过程中的质量控制：饲料生产企业应通过有关部门的审核验收，并获得生产许可证；企业的生产技术人员应具备一定的专业知识、生产经验，熟悉动物营养、产品技术标准及生产工艺，特有工种从业人员应取得相应的职业资格证书；厂房建筑布局合理，生产区、办公区、仓储区、生活区应当分开；要有适宜的操作间和场地，能合理放置设备和原料；应有适当的通风除尘、清洁消毒设施。

(3)产品质量控制：饲料生产企业应按照饲料生产有关制度的要求，引入 HACCP 体系，建立起完整、有效的质量监控和检测体系。饲料标签必须按规定注明产品的商标、名称、分析成分保证值、药物名称及有效成分含量、产品保质期等信息。

(4)储藏过程中的质量控制：饲料生产企业应具备与生产能力相适应的仓储能力，仓储设施应当符合防水、防潮、防鼠害的要求，并具有控温、湿性能。要定期对饲料的品质进行检验，并根据饲料产品说明书上所规定的有效期决定储藏时间。配合型的颗粒状饲料储藏期一般为 1～3 个月；粉状配合饲料的储藏期不宜超过 10 天；浓缩粉状饲料一般加入了适量抗氧化剂，储藏期为 3～4 周；添加剂预混饲料一般加入抗氧化剂后，储藏期可达 3～6 个月。

(5)运输过程中的质量控制：装运前要清洁运输工具，做到“五不装”，即：运输工具不完好不装；运输工具有毒、有异味不装；运输工具未扫干净不装；受污染、变质的饲料不装；包装破漏的饲料不装。

(6)使用过程中的质量控制：注意检查包装和外观，使用前要仔细察看标签、合格证是否齐全，明确添加剂的化学名称、含量、配伍禁忌、使用方法、保存方法、生产日期、保质期及注意事项等。如浓缩饲料已加入添加剂的，就不必再加入，否则会因重复加入导致过量，引起中毒。严禁擅自增大使用剂量、延长使用时间。严格执行停药期，为了减少抗生素等添加剂在动物体内的残留，应采取间歇饲喂、喂停结合的措施来降低有毒成分在动物体内蓄积，尤其是在动物屠宰前一周以及哺乳期应停止使用抗生素。

思考题：

1. 不同年龄、不同性别、不同用途的猪群的饲养标准如何？

2. 生产中应怎样选择饲料原料？
3. 无公害饲料添加剂的种类和总体要求如何？
4. 使用饲料药物添加剂应注意哪些问题？
5. 目前常用的无公害饲料添加剂主要有哪些？
6. 养猪场自配饲料时应注意哪些问题？
7. 在生产中如何提高猪群的饲料利用率？
8. 对无公害饲料都有哪些要求？
9. 防止饲料污染的措施主要有哪些？
10. 如何对饲料安全进行全程控制？

第六章　猪场的卫生防疫

导读　本章分别针对卫生消毒技术及影响消毒效果的因素、兽药使用及注意事项、猪病防治与治疗原则、动物疫病病种、猪病临床诊断技术、参考免疫程序、免疫接种的方法及注意事项、猪场疫病监测、疫病控制和扑灭、病害动物及产品无害化处理等内容进行了详细的论述。

第一节　卫生消毒

消毒是养殖场重要且必需的环节，目前大多数的养殖场（户）主的消毒意识都很强，此项工作也在天天进行。但是，真正能够进行科学消毒的并不是很多，很大一部分人员对消毒的基本常识不是很清楚，往往只是跟从和模仿，导致消毒的效果并不是很理想。为此，对常用消毒剂的种类及使用范围作以介绍，仅供参考。

一、消毒种类

消毒是指应用物理的、化学的或生物学的方法，杀死物体表面或内部病原微生物的一种方法或措施。应定期对猪舍及其周围环境进行消毒。根据消毒的目的不同，可以将消毒分为 3 类，即预防性消毒、随时消毒和终末消毒。预防性消毒是指一个地区或畜禽饲养场，平时经常性地进行以预防一般疫病发生为目的的消毒工作，包括平时饲养管理中对畜禽舍、场地、用具和饮水进行的定期消毒。随时消毒又叫紧急消毒或临时消毒，是指在发生畜禽疫病时为了及时消灭刚从病畜体内排出的病原体而采取的消毒措施，消毒的对象包括病畜禽分泌物、排泄物污染和可能污染的一切场所、用具和物品，通常在解除封锁前进行定期的多次消毒，病畜场所隔离应每天和随时进行消毒。终末消毒是在病畜解除隔离、痊愈或死亡后，或者在疫区解除封锁之前，为了消灭疫区内可能残留的病原体所进行的全面彻底的大消毒。

二、常用消毒剂的选择、配制与使用

(一)常用消毒药品的选择

理想的消毒药品应具备以下几个条件：对人和猪安全、没有残留毒性，不会在猪体内产生有害积累；杀菌性能好，作用迅速；对金属、木材、塑料制品等设备无损坏作用；性质稳定、无易燃性和易爆性；不会因自然界存在有机物、蛋白质、渗出液等而影响杀菌效果；价格低廉，容易买到。由于目前的消毒药很难完全具备上述这些条件，故应根据实际情况加以选择。

(二)常用消毒药品的配制

(1)药量、水量和药与水的比例应准确：配制消毒剂溶液时，要求药量、水量和药与水的比例三方面都要准确。对固态消毒剂，要用比较精密的天平称量，对液状消毒剂要用刻度精细的量筒或吸管量取。称好或量好后，先将消毒剂原粉或原液溶解在少量的水中，使其充分溶解后再与足量的水混匀。

(2)配制消毒药品的容器必须干净：配制消毒剂的容器必须刷洗干净，如果条件允许(配制量少，容器小)，需用煮沸法(10℃，经15 min)或高压蒸汽灭菌法(121℃，经15 min)对容器消毒，防止消毒剂溶液被细菌污染。在养殖场中大面积使用消毒剂溶液，配制消毒剂溶液的容器很大，无法加热消毒，为了最大限度地减少污染，使用的容器要求洗刷干净。更换旧的消毒剂溶液时，一定要把旧的消毒剂溶液全部倒弃，把容器彻底洗净(能加热消毒的要加热消毒)，随后配制新消毒剂溶液。

(3)注意检查消毒药品的有效浓度：在配制消毒剂溶液前，要注意检查消毒剂的有效浓度。消毒剂保存时间过久会发生浓度降低，严重的可能失效，配制时对这些问题应加以考虑。另外，目前市售的有些厂家生产的消毒剂有效浓度不够，配制时也要加以注意。否则，消毒剂浓度不足则达不到预期的消毒目的。

(4)配制好的消毒药品不能久放：配制好的消毒剂溶液保存时间过长，浓度会降低或完全失效。因此，在使用消毒剂的过程中最好现配现用，当次用不完时，应在尽可能短的时间内用完。

(三)兽医防疫中常用的消毒剂及其使用方法

常用的消毒剂主要有：①酚类及其衍生物：苯酚(石炭酸)、煤酚、煤酚皂液(来苏儿)、克辽林、菌毒敌、农福、福康、菌毒杀等；②醇类：酒精；③醛类：甲醛、戊二醛等；④碱类：生石灰、氢氧化钠、氢氧化钾、碳酸钠等；⑤氧化剂：高锰酸钾、过氧乙酸等；⑥酸类：盐酸、硼酸等；⑦卤素类：漂白粉、碘伏(强力碘)、百菌消(碘酸混合溶液)、氯胺、次氯酸盐、二氯异氰尿酸钠(优氯净)等；⑧表面活性剂及其他：新洁尔灭、洗必泰、百毒杀、霉敌、环氧乙烷等。

(1)氢氧化钠(烧碱、苛性钠)：为白色或黄色的块状或粉末，常用浓度为2%～4%。对细菌和病毒有强大的杀灭力。一般也可用1%～2%热溶液对圈舍、地面、用具等消毒。本品有腐蚀性，消毒后应用清水冲洗。

(2)碳酸钠(纯碱)：常用4%热溶液洗刷或浸泡衣物、用具，消毒车船和场地。

(3)10%～20%新鲜石灰乳：1份生石灰(氧化钙)加1份水即制成熟石灰(氢氧化钙)，然后用水配成10%～20%混悬液用于墙壁、圈栏、地面等的消毒。因熟石灰久置后吸收空气中二氧化碳变成碳酸钙而失去消毒作用，故应现配现用。生石灰粉可用于阴湿地面、粪池周围等处消毒。

(4)漂白粉：又称氯化石灰或含氯石灰，是一种应用较广的消毒剂。漂白粉在使用时必须测定有效氯含量，凡有效氯含量在16%下的则不适宜消毒用。漂白粉常用浓度为5%～20%，其5%溶液可杀死一般病原菌，10%～20%溶液可杀灭芽孢。一般用于畜禽圈舍、地面、水沟、粪便、水井、运输车船等消毒。

(5)氯胺(氯亚明)：为结晶粉末，易溶于水，含有效氯11%以上，性质稳定，在密闭条件下可以长期保存，消毒作用缓慢而持久。饮水消毒按4 g/m³，圈舍及污染器具消毒时则用0.5%～5%水溶液。

(6)二氯异氰尿酸钠(优氯净)：为白色粉末，有气味，杀菌力强，较稳定，含有效氯62%～64%，是一种有机氯消毒剂。用于空气(喷雾)、排泄物、分泌物的消毒，常用其3%的水溶液，若消毒饮水则按4 g/m³ 使用。

(7)过氧乙酸(过醋酸)：纯品为无色透明液体，易溶于水。市售成品有40%水溶液，性状不稳定，须密闭避光，储存于3～4℃环境中，有效期半年。本品为强氧化剂，消毒效果好，能杀死细菌、真菌、芽孢和病毒。可用于金属制品和橡胶制品以外的各种物品消毒。常用0.5%溶液消毒畜舍、地面、墙壁、饲槽等，用5%溶液按2.5 mL/m³ 用量喷雾消毒实验室、无菌室等。

(8)环氧乙烷：是一种高效广谱消毒剂，对各种病原微生物(包括芽孢)均有杀灭作用，可用于皮毛、皮革、丝毛织品等消毒。但气温低于15℃时无消毒作用。本品沸点低(10.8℃)，温度超过其沸点时则产生蒸气，对人、畜有一定毒性，且易燃易爆，故平时常贮于钢瓶内，使用时亦需一定设备。

(9)福尔马林：为含甲醛37%～40%的水溶液，有很强的消毒作用。1%水溶液可做畜体体表消毒，2%～4%水溶液用于喷洒墙壁、地面等。圈舍、孵化器、种蛋等熏蒸消毒时，常与高锰酸钾以2∶1(福尔马林∶高锰酸钾)的比例使用。福尔马林用量视具体要求而定，一般为14～42 mL/m³。福尔马林对皮肤、黏膜有刺激作用,使用时应注意人、畜安全。

(10)新洁尔灭、洗必泰、消毒净、度米芬(消毒宁):均属季铵盐类阳离子表面活性消毒剂,这4种消毒剂的0.1%水溶液,用于浸泡消毒各种器械(金属器械需加0.5%亚硝酸钠以防锈)、玻璃、搪瓷、橡胶制品及衣物等,除新洁尔灭液需浸泡30 min外,其他3种只需要浸泡10 min即可达到消毒目的。使用该类消毒剂时,应注意避免与肥皂或碱类接触,以免降低消毒效力。

(11)农福(复方煤焦油酸溶液):深褐色液体,主要成分为烷基苯磺酸(30%),是一种新型、高效、广谱消毒剂,可杀灭细菌、病毒、霉菌等。用于畜、禽圈舍及器具消毒,常用浓度为1%~1.5%。

(12)菌毒敌(复合酚、农乐):深红褐色液体,主要成分为酚(41%~49%)、醋酸(22%~26%),易溶于水,是一种新型、高效、广谱消毒剂,可杀灭细菌、病毒、霉菌,对多种寄生虫也有杀灭作用。常用0.35%~1%水溶液对畜禽圈舍、笼具、场地、排泄物等消毒。施药一次,药效可维持7天。

三、消毒方法

兽医防疫工作中常用的消毒方法,包括物理消毒法、化学消毒法和生物热消毒法。每种方法都有其本身的优缺点,在实践中可根据实际情况和用途进行选择。

(一)物理消毒法

1.清扫、洗刷圈舍,通风换气

清扫、洗刷圈舍地面,将粪尿、垫草、饲料残渣等及时清除干净;洗刷畜体被毛,除去体表污物及附在污物上的病原体。

2.阳光、紫外线照射和干燥

太阳光中的紫外线具有较强的杀菌消毒作用,所以,利用阳光曝晒对牧场、草地、畜栏、用具和物品等进行消毒是一种简单、经济、易行的消毒方法。但是,要在阳光下照射较长时间才能达到消毒作用。阳光的强弱直接关系其消毒效果，而阳光的强弱又与多种因素（如季节、时间、纬度、云层等）有关，故利用阳光消毒应根据实际情况灵活掌握，并配合其他消毒方法进行。

实际工作中，在猪场入口、更衣室等处，常用紫外线来对空气和物体表面进行消毒。在使用紫外光灯时应注意：在室内安装紫外灯消毒时，灯管以不超过地面 2 m 为宜，灯管周围 1.5～2 m 处为消毒有效范围。被消毒物表面与灯管相距以不超过 1 m 为宜。紫外线灯的功效，按每 0.5～1.0 m^2 房舍面积需 1 W 计算，无菌室不得低于每平方米 4 W。紫外线穿透力弱，只对直接照射的物体表面有较好的消毒效果，但对被遮盖的阴影部分及畜禽的排泄物等无杀菌作用。普通玻璃能吸收几乎全部紫外光，故紫外光对经玻璃隔离的物品无消毒作用。应经常除去紫外光灯管表面的灰尘，以减少对消毒作用的影响。每次照射消毒物品的时间应在 2 h 以上。环境相对湿度不宜超过 40％～60％，并应尽量减少空气中的灰尘和水雾。紫外线灯照射消毒时，人员应离开现场，否则可因紫外线直射而致急性眼结膜炎、皮炎等。另外，电子臭氧灭菌灯能杀灭空气中微生物，氧化空气中有毒有害物质，现已用于鸡舍、孵化室等室内空气消毒和净化环境。

3. 高温

（1）火焰消毒：这是简单而又有效的消毒方法。对不易燃烧的圈舍、地面、栏笼、墙壁、金属制品可用喷火消毒，但应注意安全。用酒精、汽油、柴油、液化气喷灯，在猪栏、猪床等猪只经常接触的地方，用火焰依次瞬间喷射，对产房、培育舍使用效果更好。

（2）煮沸消毒：此法简单、方便、经济、实用而效果确实，是经常应用的消毒方法。此法适宜金属制品和耐煮物品的消毒。在铁锅、铝锅或煮沸消毒器中放入被消毒物品，加水浸没，加盖煮沸一定时间即可。在水中加入 1％～2％苏打或 0.5％肥皂有防止金属器械生锈和增强消毒的作用。

(3)流通蒸汽消毒:流通蒸汽消毒是利用常压蒸汽来达到消毒目的。此法可以用来对多数物品如各种金属、木质、玻璃制品和衣物等进行消毒,其效果与煮沸消毒相似。在农村,可用铁锅或铝锅加蒸隔或蒸笼进行。一般加热至水沸腾,维持 30 min,可达到消毒目的,但不能杀灭细菌芽孢。

(4)高压蒸汽消毒:高压蒸汽灭菌器在兽医实验室和诊断室应用比较多。使用时,应控制在 121℃,维持 20 min,即可达到杀灭所有病原体和芽孢的效果。

(5)干热消毒:通常在干热灭菌器(烘箱)内进行,适宜在高温下不损坏、不变质、不蒸发的物品消毒,常用于实验室玻璃器皿、金属器械等的消毒、烘干。一般应控制在 160℃维持 2 h,或 170℃维持 1 h。

(二)化学消毒法

(1)喷雾消毒:用一定浓度的次氯酸盐、有机碘混合物、过氧乙酸、新洁尔灭等,用喷雾装置进行喷雾消毒,主要用于猪舍清洗完毕后的喷洒消毒、带猪消毒、猪场道路和周围、进入场区的车辆。

(2)浸液消毒:用一定浓度的新洁尔灭、有机碘混合物或煤酚的水溶液洗手、洗工作服或胶靴。

(3)熏蒸消毒:每立方米用福尔马林(40%甲醛溶液)42 mL、高锰酸钾 21 g,21℃以上温度、70%以上相对湿度,封闭熏蒸 24 h。甲醛熏蒸猪舍应在进猪前进行。

(4)喷撒消毒:在猪舍周围、入口、产床和培育床下面撒生石灰或火碱可以杀死大量细菌或病毒。

(三)生物热消毒法

本法是利用微生物发酵产热以达到消毒目的的一种消毒方法,常用于粪便、垫料等的消毒。

四、消毒制度

(一)人员消毒

工作人员进入生产区净道和猪舍要经过洗澡、更衣、紫外线消毒。养殖场一般谢绝参观,严格控制外来人员,必须进入生产区时要洗澡,更换场区工作服和工作鞋,并遵守场内防疫制度,按指定路线行走。进入养殖场的人员必须在场门口更换靴鞋,并在消毒池内进行消毒。进入生产区域畜舍的人员更要严格消毒。有条件的养殖场可在生产区入口设置消毒室,在消毒室内洗澡、更换衣物,穿戴清洁消毒好的工作服、帽和靴经消毒池后进入生产区。消毒室经常保持干净、整洁。工作服、靴、帽和更衣室定期洗刷消毒,每立方米空间用 42 mL 福尔马林熏蒸消毒 20 min。工作人员在接触畜群、饲料、种蛋等之前必须洗手,并用 1∶1 000 的新洁尔灭溶液浸泡消毒 3～5 min。

(二)环境消毒

猪舍周围环境每 2～3 周用 2%火碱消毒或撒生石灰一次;场周围及场内污水池、排粪坑、下水道出口每月用漂白粉消毒一次;在大门口、猪舍入口设消毒池,使用 2%火碱或 5%来苏儿溶液消毒,注意定期更换消毒液。

(三)猪舍消毒

每批猪只调出后,要彻底清扫干净,用高压水枪冲洗,然后进行喷雾消毒或熏蒸消毒。据试验,采用清扫方法,可以使畜、禽舍内的细菌减少 21.5%,如果清扫后再用清水冲洗,则畜禽舍内细菌数即可减少 54%～60%。清扫、冲洗后再用药物喷雾消毒,畜禽舍内的细菌数即可减少 90%。用化学消毒液消毒时,消毒液的用量一般是以畜、禽舍内每平方米面积用 1 L 药液。消毒时,先喷洒地面,然后墙壁,先由离门远处开始,喷完墙壁后再喷天花板,最后再开门窗通风,用清水刷洗饲槽,将消毒药味除去。在进行畜禽舍消毒时，也应将附近场院以及病畜、禽污染的地方和物品同时进行消毒。

(1)猪舍的预防消毒：在一般情况下，每年进行两次(春、秋各一次)预防消毒。在进行猪舍预防消毒的同时，凡是猪停留过的处所都需进行消毒。在采取“全进全出”管理方法的机械化养猪场，应在每次全出后进行消毒。产房的消毒，在产仔结束后再进行一次。猪舍的预防消毒，也可用气体熏蒸消毒。所用药品是福尔马林和高锰酸钾。按照畜禽舍面积计算所需用的药品量，一般每立方米空间用福尔马林 25 mL，水 12.5 mL，高锰酸钾 25 g(或以生石灰代替)。计算好用量以后将水与福尔马林混合。舍内温度不应低于正常的室温(8～15℃)。将舍门窗紧闭，其后将高锰酸钾倒入，用木棒搅拌，经几秒钟即见有浅蓝色刺激眼鼻的气体蒸发出来，此时应迅速离开猪舍，将门关闭。经过 12～24 h 后方可将门窗打开通风。

(2)猪舍的临时消毒和终末消毒：发生各种传染病而进行临时消毒及终末消毒时，用来消毒的消毒剂随疫病的种类不同而异。一般肠道细菌性、病毒性疾病，可选用 5%漂白粉或 1%～2%氢氧化钠热溶液。但如发生细菌芽孢引起的传染病(如炭疽、气肿疽等)，则需使用 10%～20%漂白粉乳、1%～2%氢氧化钠热溶液或其他强力消毒剂。在消毒猪舍的同时，在病猪舍、隔离舍的出入口处应放置设有消毒液的麻袋片或草垫。

(四)带猪消毒

定期进行带猪消毒，有利于减少环境中的病原微生物。可用于带猪消毒的消毒药有 0.1%新洁尔灭、0.3%过氧乙酸和 0.1%次氯酸钠。“带畜消毒”法在疫病流行时可作为综合防治措施之一，及时进行消毒对扑灭疫病起到一定作用。0.5%以下浓度的过氧乙酸对人畜无害，为了减少对工作人员的刺激，在消毒时可佩戴口罩。

(五)猪体消毒

猪体消毒常用喷雾消毒法，本法既可减少猪体及环境中的病原微生物，净化环境，又可降低舍内尘埃，夏季还有降温作用。常用的药物有0.2%～0.3%过氧乙酸，每立方米空间用药15～30 mL，也可用0.2%的次氯酸钠溶液。消毒时从猪舍的一端开始，边喷雾边匀速走动，使舍内各处喷雾量均匀。本消毒方法全年均可使用，一般情况下每周消毒1～2次，春、秋疫情常发季节每周消毒3次，在有疫情发生时每天消毒1～2次。

(六)用具消毒

定期对保温箱、补料槽、饲料车、料箱、针管等进行消毒，一般先将用具冲洗干净后，可用0.1%新洁尔灭或0.2%～0.5%过氧乙酸消毒，然后在密闭的室内进行熏蒸。

(七)粪便消毒

患传染病和寄生虫病病猪粪便的消毒方法有多种，如焚烧法、化学药品消毒法、掩埋法和生物热消毒法等。实践中最常用的是生物热消毒法，一种为发酵池法，另一种为堆粪法。

(1)发酵池法：此法适用于饲养大量家畜的农牧场，多用于稀薄粪便的发酵。其设备为在距农牧场200～250 m以外且无居民、河流、水井的地方，挖筑2个或2个以上的发酵池(池的数量与大小决定于每天运出的粪便数量)。池可筑成圆形或方形，其边缘与池底用砖砌后再抹上水泥，使不透水。待倒入池内的粪便快满时，在粪便表面铺一层干草，上面盖一层泥土封严，经1～3个月即可掏出作肥料用。几个发酵池可依次轮换使用。

(2)堆粪法：此法适用于干固粪便(如马、羊、鸡粪等)的处理。在距农牧场100～200 m以外的地方设一堆粪场。其方法是在地面挖一浅沟，深约20 cm，宽1.5～2 m，长度不限，随粪便多少而定。先将非传染性的粪便或蒿秆等堆至25 cm厚，其上堆放欲消毒的粪便、垫草等，高达1～1.5 m，然后在粪堆外面再铺上10 cm

厚的非传染性的粪便或谷草，并覆盖 10 cm 厚的沙子或泥土。如此堆放 3 周到 3 个月，即可用以肥田。

（八）地面土壤消毒

被病畜（禽）的排泄物和分泌物污染的地面土壤，可用 5%～10%漂白粉溶液、百毒杀或 10%氢氧化钠溶液消毒。停放过芽孢所致传染病（如炭疽、气肿疽等）病畜尸体的场所，或者是此种病畜倒毙的地方，应严格加以消毒，首先用 10%～20%漂白粉乳剂或 5%～10%优氯净喷洒地面，然后将表层土壤掘起 30 cm 左右，撒上干漂白粉并与土混合，运出掩埋。在运输时应用不漏土的车以免沿途漏撒，如无条件将表土运出，则应多加干漂白粉的用量（1 m^2 面积加漂白粉 5 kg），将漂白粉与土混合，加水湿润后原地压平。

（九）污水消毒

被病原体污染的污水，可用沉淀法、过滤法、化学药品处理法等进行消毒，比较实用的是化学药品消毒法。方法是先将污水处理池的出水管用一木闸门关闭，将污水引入污水池后，加入化学药品（如漂白粉或生石灰）进行消毒。消毒药的用量视污水量而定（一般 1 L 污水用 2～5 g 漂白粉）。消毒后将闸门打开，使污水流入渗井或下水道。

（十）灭鼠

定期投放灭鼠药，及时收集死鼠和残余鼠药，并做无害化处理。

五、影响消毒效果的因素

（1）消毒药的选择：选择合适的消毒药是消毒工作成败的关键因素。如季铵盐类是阳离子表面活性剂，因杀菌作用的阳离子具有亲脂性，而革兰氏阳性菌的细胞壁含较多的类脂，使其更易被季铵盐类消毒剂灭活。如果要杀死细菌芽孢则应选择高效的化学消毒剂才能取得可靠的消毒效果。

(2)消毒剂的浓度：消毒剂必须按要求的浓度配制和使用，浓度过高或过低，均会影响消毒效果。一般来说，消毒剂的抗菌作用与其浓度大小和作用时间的长短成正比。浓度越大，时间越长，消毒效果越好，但对组织的毒性也相应增大；浓度太低，接触时间太短，又往往不能取得消毒效果。所以，在配制消毒剂时，要根据消毒对象的重量和体积计算选择最有效而又安全的浓度，不可随意加大或减少药物浓度。

(3)消毒剂作用的时间：一般消毒剂接触到微生物后不可能立刻就将其杀灭，必须与消毒对象作用一定时间才能发挥作用，最快的几秒钟，一般几分钟或几十分钟，长的可达数小时至数天。消毒时间长短，主要取决于病原微生物的抵抗力和消毒剂的种类、浓度和温度等。

(4)消毒剂作用的温度：大部分消毒剂在较高的温度下，消毒效果好，增强消毒剂的杀菌力，并能缩短消毒时间。一般是每增高10℃，消毒效果增强1～2倍。但个别消毒剂随着温度升高，其杀菌率反而降低。所以，应掌握各种消毒剂的使用温度。

(5)环境湿度：湿度对消毒剂作用的影响主要有消毒物品和环境相对湿度两个方面。消毒物品的湿度直接影响到微生物的含水量。如用环氧乙烷消毒时，如果细菌含水量太多时则需要延长消毒时间；细菌含水量太少时消毒效果也明显降低；完全脱水的细菌用其消毒时很难将菌杀灭。另外每种气体消毒剂都有其适应的相对湿度范围，如甲醛以相对湿度大于60%为宜，用过氧乙酸消毒时要求相对湿度不低于40%，以60%～80%为宜；直接喷洒消毒液及干粉处理地面时也需要较高的相对湿度，使药物潮解后才能充分发挥作用。湿度对熏蒸消毒的影响较大，用甲醛或过氧乙酸气体熏蒸消毒时，相对湿度以60%～80%为宜。

(6)环境酸碱度：酸碱度的变化可影响某些消毒剂的作用。酸碱度可改变消毒剂的溶解度、离解度和分子结构等，如新洁尔灭等阳离子消毒剂，在碱性环境中杀菌力强；石炭酸、来苏儿、氯消毒剂和碘消毒剂在酸性环境中杀菌作用增强。再有酸碱度对微生物的生长也有影响，在碱性环境中，细菌带负电荷增多，有利于阳离子表面活性剂发挥作用。

(7)环境基质：当环境中有有机物质存在时，由于消毒剂氧化作用降低或者有机物质能吸附消毒剂，从而会降低消毒剂的杀菌能力。防腐消毒药的抗菌作用与环境中有机物量的多少成反比。常见的有机物如血清、血液、脓液、痰液、粪便、饲料残渣等，对病原菌具有机械性保护作用；其中的蛋白质也消耗药量，使消毒效力降低。所以在应用消毒药前应先用清水将地面、器具、墙壁、皮肤和创面清洗干净，然后再使用消毒剂。有机物影响较大的消毒剂有新洁尔灭、乙醇、次氯酸盐等。

(8)微生物的特点：不同种类的微生物对不同消毒药的易感性差异很大。休眠期的芽孢对消毒药的抵抗力比繁殖型细菌大，消毒时所需浓度和时间都要增加，因此，选择消毒剂时要考虑到消毒对象。如要杀死病毒，应选用对病毒消毒效果好的碱性消毒剂。

(9)消毒剂的物理状态：溶液制剂可进入到微生物体内而发挥消毒作用，固体和气体则不能进入微生物细胞中。所以，固体消毒剂必须溶于水中，气体消毒剂必须溶于细菌周围的液层中才能发挥杀菌作用。如使用甲醛和高锰酸钾进行熏蒸消毒时，提高室内湿度则可明显增强杀菌效果。

(10)消毒剂的配制和使用：消毒剂的正确配制关系到消毒效果的好坏。洗必泰和季铵盐类消毒剂用70%酒精配制时要比用水配制的穿透力强；酚在水中的溶解度低，制成甲酚皂溶液后可杀灭大多数细菌繁殖体。另外，两种消毒药合用时常常因物理性或化学性的配伍禁忌而使药效降低。如阳离子表面活性剂肥皂和阴离子表面活性剂共用时可发生化学反应而减弱消毒效果，甚至完全失效。配制消毒剂时使用含过多矿物质的硬水，可影响某些消毒剂的杀菌能力。当环境中存在某些消毒剂的中和剂时，影响该消毒剂的杀菌能力。因此，多种消毒剂配合使用时，应该特别慎重。

(11)消毒制度：动物生产各个环节的消毒工作必须制定严格的制度，以保证和维持消毒效果。在进行消毒工作时还应严格执行消毒操作规程，认真、全面完成消毒任务。

第二节　兽药使用

一、兽药使用要求

临床兽医和养猪场应遵守《兽药管理条例》的有关规定使用兽药，应凭专业兽医开具的处方使用经国务院兽医行政管理部门规定的兽医处方药。禁止使用国务院兽医行政管理部门规定的禁用药品。临床兽医和饲养者进行预防、治疗和诊断畜禽疾病所用的兽药应是来自具有《兽药生产许可证》并获得农业部颁发的《中华人民共和国兽药 GMP 证书》的兽药生产企业，或是农业部批准注册进口的兽药，其质量均应符合相关的兽药国家质量标准。临床兽医应严格按《中华人民共和国动物防疫法》的规定对猪进行免疫，防止猪发病和死亡。临床兽医使用拟肾上腺素药、平喘药、抗胆碱药与拟胆碱药、糖肾上腺皮质激素类药和解热镇痛药，应严格按照国务院兽医行政管理部门规定的作用用途和用法用量使用。养猪场使用饲料药物添加剂应符合农业部《饲料药物添加剂使用规范》的规定。禁止将原料药直接添加到饲料及饮水中或直接饲喂。临床兽医应慎用经农业部批准的拟肾上腺素药、平喘药、抗胆碱药与拟胆碱药、糖肾上腺皮质激素类药和解热镇痛药。非临床医疗需要，禁止使用麻醉药、镇痛药、镇静药、中枢兴奋药、雄性激素、雌性激素、化学保定药及骨骼肌松弛药。必须使用该类药物时,应凭专业兽医开具的处方用药。

临床兽医和畜禽饲养者使用兽药,应认真做好用药记录。用药记录至少应包括:所用药的名称(商品名和通用名)、剂型、剂量、给药途径、疗程、药物的生产企业、产品的批准文号、生产日期、批号等。使用兽药的单位或个人均应建立用药记录档案,并保存1年以上。临床兽医和畜禽饲养者应严格执行国务院兽医行政管理部门规定的兽药休药期,并向购买者或屠宰者提供准确、真实的用药记录;应记录生产乳、蛋等畜禽产品的畜禽在休药期内时,其废弃产品的处理方式。

临床兽医和畜禽饲养者使用兽药,应对兽药的治疗效果、不良反应做观察记录;发生动物死亡时,应请专业兽医进行解剖,分析是药物原因还是疾病原因。发现可能与兽药使用有关的严重不良反应时,应当立即向所在地人民政府兽医行政管理部门报告。

二、预防用药的原则和方法

(一)预防用药的原则

1. 正确地选择药物

每种药物抗病原体的性能不同,所以预防用药必须有所选择。当某种疫病同时有几种药物可供选择时,一般可根据下列几个原则来选择使用。

(1)预防效果:应考虑病原体对药物的敏感性和耐药性,选用预防效果最好的药物。为此,在使用药物以前或使用药物过程中,最好进行药物敏感性试验,选择最敏感的药物用于预防,或选择抗菌谱广的药物用于预防,一般都能收到良好的预防效果。

(2)有效剂量:不同的药物,达到预防疫病作用的有效剂量是不相同的,必须达到某种药物的最低有效剂量,才能收到应有的预防效果。因此，在使用药物预防畜禽疫病时，要按规定的剂量均匀地拌入饲料或完全溶解于饮水中，以达到药物预防的作用。

(3)药物的性质：有些药物是水溶性的，有些是悬浮剂，有些则完全不溶于水只适于加入饲料中；有些药物只能在肠道中起作用(不能进入血液里)，有些可进入血液中，运行到各个部位起作用；有些药物要在短期内大量使用才有效，有些是每天食少量而要长期服用才有效。因此，必须了解药物的性质，合理选择和使用药物。

(4)药物的毒性：大剂量或长期使用某些药物，会引起动物中毒。例如，呋喃类药物大剂量或长期连续应用时，易引起毒性反应。

(5)药物的价格：在集约化养殖场中，畜群数量很大，预防用药开支很大，为了提高利润，降低成本，应尽可能地选用价廉易得而又确有预防作用的药物。

2. 选择最合适的用药方法

不同的给药方法，可以影响药物的吸收速度、利用程度、药效出现时间及维持时间，甚至还可引起药物性质的改变。预防药物常用的给药方法有混水给药、混饲给药、气雾给药、药浴等方法。生产实际中要根据具体情况，正确选择。

3. 注意畜禽的种属、个体、性别、年龄、体重及体质状况的差异

不同种属的动物，对药物的敏感性不同，应区别对待。一般来说，同种动物对同种药物，多数具有相近似的敏感性和反应性，但是个别情况下，有些个体会对药物表现出特殊的敏感性与反应性，应加以注意。一般情况下，雄性动物比雌性动物对药物的耐受性较强，用药剂量应比雌性动物大一些。幼龄动物比成年动物对药物的敏感性高，应适当减少药物用量。体重大的动物较体重小的动物对药物的耐受性强。因此，药物预防时应注意体重的影响，最

好根据体重给药。体质强壮的动物比体质虚弱的动物对药物的耐受性强，因此，对体质虚弱的动物，应适当减少药量。

4. 注意防止药物中毒

有些药物其有效剂量与中毒剂量之间距离太近，如喹乙醇，若掌握不好剂量就会引起中毒。有些药物在低浓度时具有预防和治疗作用，而在高浓度时则会变成毒药。

5. 注意配伍禁忌

当两种或两种以上药物配合使用时，有的会产生理化性质的改变，使药物产生沉淀或分解、结块、变色，从而影响预防或治疗效果，甚至失效或产生毒性，如磺胺药（钠盐）与抗生素（硫酸盐或盐酸盐）混合产生中和作用（水中有沉淀出现），药效会降低。维生素B_1、维生素C属酸性，遇碱性药即分解失效。在进行药物预防时，一定要注意配伍禁忌的问题。

6. 慎重使用新药

使用的新药必须经过专业部门的鉴定及主管单位的审核批准，其所提供的资料应该是可靠的。在使用前应先参阅有关资料，在试用当中应注意观察防治效果和远近期毒性反应。

（二）兽药的用法和用量

1. 药物的用法

各种药物由于其剂型、使用目的以及动物的病情不同有不同的用法，各种用法各有其优点，在临床上应用时应结合使用。

（1）口服：口服用法适用于慢性或胃肠道感染性疾病的治疗，一些危急、昏迷、呕吐的病情下不能口服；刺激性大、可损伤胃肠黏膜或能被消化液破坏的药物不能口服；成年草食动物口服广谱抗生素（如土霉素），如果剂量过大或疗程过长时，还易引起胃肠道内的菌群失调，导致二重感染，须慎用。

（2）注射：注射是临床上比较常用的一种方法，对一些不适合口服的药物或动物感染疾病后采食或饮水困难时，可用注射的方法。注射包括皮下注射（简称皮注）、肌肉注射（简称肌注）、静脉注射（简称静注）、静脉滴注（简称静滴）等数种，优点是吸收迅速，显效快。

（3）局部用药：将药物用于局部，起到局部治疗作用，如涂擦、撒布、喷淋、洗涤、滴入（眼、鼻）、乳管灌注、子宫灌注等，都属于皮肤、黏膜等局部组织或器官的用药。

（4）群体给药：随着畜牧业向集约化方向发展，畜禽的规模化养殖要求在预防或治疗动物传染病和寄生虫病以及应用一些促进畜禽发育、生长的药物的时候，对动物群施用药物。常用方法有饮水给药、混饲给药、气雾给药、药浴和环境消毒等方式。通过混水给药时应注意以下几个问题：使用的药物必须能溶于水；要有充足的饮水槽或饮水器，保证每个动物在规定的时间内都能喝到足够量的水；饮水槽和饮水器必须清洗干净；饮水清洁卫生，水中不得含有对药物质量有影响的物质；药物使用的浓度要准确；饮水前要断水一定时间，夏天断水1～2 h，冬天断水3～4 h，让动物产生渴感，这样可保证动物在较短的时间饮到足量的水，以获得足量的药物；在规定的时间内饮完，超过规定时间药效就会下降。混饲给药时应注意以下几个问题：药物浓度要准确；药物与饲料必须混合均匀；饲料中不得含有对药效有影响的物质；饲喂前把料槽清扫干净，在规定的时间内喂完。气雾给药多用于带动物消毒。药浴应注意掌握好药液浓度、温度和浸洗的时间。寒冷季节药浴后注意动物的保温。消毒环境及用具，要注意掌握药液浓度，对刺激性及毒性强的药物应在消毒后及时除去，以防动物中毒。

2. 药物的用量

药理效应与剂量在一定范围内成比例，剂量愈大，药物浓度愈高，作用也愈强；剂量愈小，作用就愈小。临床上所说的剂量是指对成年动物能产生明显治疗作用而又不致引起严重不良反应的剂量。动物的种类、年龄、体重、病情、给药途径以及药物种类不同则用量有较大差别。药物剂量可以按成年动物个体的用量来表示，也可以用动物每千克体重来表示，用时需要根据动物体重来计算。在生产中，养殖（场）户要严格按照无公害生猪兽药使用准则中规定的剂量使用。

（三）动物驱虫效果的评价

应用驱虫药物驱除动物寄生虫之后，需要对驱虫效果作以评价。客观评价驱虫效果，对于掌握寄生虫病的防治情况，选择更好的驱虫药物与防治方法，具有重要的意义。常用的评价动物驱虫效果的方法是虫卵计数法。其方法是：于驱虫前和驱虫后分别采集新鲜粪便适量，计数每克粪便中的虫卵数（epg值），用驱虫前的 epg 值减去驱虫后的 epg 值，得出虫卵减少数，再计算虫卵减少率。当虫卵减少率为 100%时，说明驱虫效果最好。

三、禁止使用的药物

（一）食品动物禁用的兽药及其他化合物清单

2002 年，农业部发布了食品动物禁用的兽药及其他化合物清单（表 6-1），其宗旨是保证食品安全，促进出口贸易的需要。禁用清单是根据我国兽药生产、使用现状，借鉴国外发达国家兽药使用政策制定的，也是符合国际兽药使用准则的。禁用清单中收载了 37 种兽药及其他化合物，其中 29 种禁止用于所有食品动物，8 种禁止作为动物促生长用途使用，清单中的兽药均是欧盟等发达国家禁用的品种。

表 6-1　食品动物禁用的兽药及其他化合物清单

序号	兽药及其他化合物名称	禁止用途	禁用动物
1	β-兴奋剂类:克伦特罗 Clenbuterol、沙丁胺醇 Salbutamol、西马特罗 Cimaterol 及其盐、酯及制剂	所有用途	所有食品动物
2	性激素类:己烯雌酚 Diethylstilbestrol 及其盐、酯及制剂	所有用途	所有食品动物
3	具有雌激素样作用的物质:玉米赤霉醇 Zeranol、去甲雄三烯醇酮 Trenbolone、醋酸甲孕酮 Mengestrol Acetate 及制剂	所有用途	所有食品动物
4	氯霉素 Chloramphenicol 及其盐、酯(包括:琥珀氯霉素 Chloramphenicol Succinate)	所有用途	所有食品动物
5	氨苯砜 Dapsone 及制剂	所有用途	所有食品动物
6	硝基呋喃类:呋喃唑酮 Furazolidone、呋喃他酮 Furaltadone、呋喃苯烯酸钠 Nifurstyrenate sodium 及制剂	所有用途	所有食品动物
7	硝基化合物:硝基酚钠 Sodium nitrophenolate、硝呋烯腙 Nitrovin 及制剂	所有用途	所有食品动物
8	催眠、镇静类:安眠酮 Methaqualone 及制剂	所有用途	所有食品动物
9	林丹(丙体六六六)Lindane	杀虫剂	水生食品动物
10	毒杀芬(氯化烯)Camahechlor	杀虫剂、清塘剂	水生食品动物
11	呋喃丹(克百威)Carbofuran	杀虫剂	水生食品动物
12	杀虫脒(克死螨)Chlordimeform	杀虫剂	水生食品动物
13	双甲脒 Amitraz	杀虫剂	水生食品动物
14	酒石酸锑钾 Antimony potassium tartrate	杀虫剂	水生食品动物
15	锥虫胂胺 Tryparsamide	杀虫剂	水生食品动物
16	孔雀石绿 Malachite green	抗菌、杀虫剂	水生食品动物

续表 6-1

序号	兽药及其他化合物名称	禁止用途	禁用动物
17	五氯酚酸钠 Pentachlorophenol sodium	杀螺剂	水生食品动物
18	各种汞制剂：包括氯化亚汞（甘汞）Calomel、硝酸亚汞 Mercurous nitrate、醋酸汞 Mercurous acetate、吡啶基醋酸汞 Pyridyl mercurous acetate	杀虫剂	动物
19	性激素类：甲基睾丸酮 Methyltestosterone、丙酸睾酮 Testosterone Propionate、苯丙酸诺龙 Nandrolone Phenylpropionate、苯甲酸雌二醇 Estradiol Benzoate 及其盐、酯及制剂	促生长	所有食品动物
20	催眠、镇静类：氯丙嗪 Chlorpromazine、地西泮（安定）Diazepam 及其盐、酯及制剂	促生长	所有食品动物
21	硝基咪唑类：甲硝唑 Metronidazole、地美硝唑 Dimetronidazole 及其盐、酯及制剂	促生长	所有食品动物

注：食品动物是指各种供人食用或其产品供人食用的动物。

（二）禁止在饲料和动物饮用水中使用的药物品种目录

1. 肾上腺素受体激动剂

（1）盐酸克伦特罗（Clenbuterol Hydrochloride）：中华人民共和国药典（以下简称药典）2000 年二部 P605。β_2 肾上腺素受体激动药。

（2）沙丁胺醇（Salbutamol）：药典 2000 年二部 P316。β_2 肾上腺素受体激动药。

（3）硫酸沙丁胺醇（Salbutamol Sulfate）：药典 2000 年二部 P870。β_2 肾上腺素受体激动药。

(4)莱克多巴胺(Ractopamine):一种β兴奋剂,美国食品和药物管理局(FDA)已批准,中国未批准。

(5)盐酸多巴胺(Dopamine Hydrochloride):药典2000年二部P591。多巴胺受体激动药。

(6)西马特罗(Cimaterol):美国氰胺公司开发的产品,一种β-兴奋剂,FDA未批准。

(7)硫酸特布他林(Terbutaline Sulfate):药典2000年二部P890。β_2肾上腺受体激动药。

2.性激素

(8)己烯雌酚(Diethylstilbestrol):药典2000年二部P42。雌激素类药。

(9)雌二醇(Estradiol):药典2000年二部P1005。雌激素类药。

(10)戊酸雌二醇(Estradiol Valerate):药典2000年二部P124。雌激素类药。

(11)苯甲酸雌二醇(Estradiol Benzoate):药典2000年二部P369。雌激素类药。中华人民共和国兽药典(以下简称兽药典)2000年版一部P109。雌激素类药。用于发情不明显动物的催情及胎衣滞留、死胎的排除。

(12)氯烯雌醚(Chlorotrianisene)药典2000年二部P919。

(13)炔诺醇(Ethinylestradiol)药典2000年二部P422。

(14)炔诺醚(Quinestrol)药典2000年二部P424。

(15)醋酸氯地孕酮(Chlormadinone acetate)药典2000年二部P1037。

(16)左炔诺孕酮(Levonorgestrel)药典2000年二部P1070。

(17)炔诺酮(Norethisterone)药典2000年二部P420。

(18)绒毛膜促性腺激素(绒促性素)(Chorionic Gonadotrophin):药典2000年二部P534。促性腺激素药。兽药典2000年版一部 P146。激素类药。用于性功能障碍、习惯性流产及卵巢囊肿等。

(19)促卵泡生长激素(尿促性素主要含卵泡刺激 FSHT 和黄体生成素 LH)(Menotropins):药典 2000 年二部 P321。促性腺激素类药。

3.蛋白同化激素

(20)碘化酪蛋白(Iodinated Casein):蛋白同化激素类,为甲状腺素的前驱物质,具有类似甲状腺素的生理作用。

(21)苯丙酸诺龙及苯丙酸诺龙注射液(Nandrolonephenylpropionate)药典 2000 年二部 P365。

4.精神药品

(22)(盐酸)氯丙嗪(Chlorpromazine Hydrochloride):药典 2000 年二部 P676。抗精神病药。兽药典 2000 年版一部 P177。镇静药。用于强化麻醉以及使动物安静等。

(23)盐酸异丙嗪(Promethazine Hydrochloride):药典 2000 年二部 P602。抗组胺药。兽药典 2000 年版一部 P164。抗组胺药。用于变态反应性疾病,如荨麻疹、血清病等。

(24)安定(地西泮)(Diazepam):药典 2000 年二部 P214。抗焦虑药、抗惊厥药。兽药典 2000 年版一部 P61。镇静药、抗惊厥药。

(25)苯巴比妥(Phenobarbital):药典 2000 年二部 P362。镇静催眠药、抗惊厥药。兽药典 2000 年版一部 P103。巴比妥类药。缓解脑炎、破伤风、士的宁中毒所致的惊厥。

(26)苯巴比妥钠(Phenobarbital Sodium)。兽药典 2000 年版一部 P105。巴比妥类药。缓解脑炎、破伤风、士的宁中毒所致的惊厥。

(27)巴比妥(Barbital):兽药典 2000 年版一部 P27。中枢抑制和增强解热镇痛。

(28)异戊巴比妥(Amobarbital):药典 2000 年二部 P252。催眠药、抗惊厥药。

(29)异戊巴比妥钠(Amobarbital Sodium):兽药典 2000 年版一部 P82。巴比妥类药。用于小动物镇静、抗惊厥和麻醉。

(30)利血平(Reserpine):药典 2000 年二部 P304。抗高血压药。

(31)艾司唑仑(Estazolam)。

(32)甲丙氨酯(Meprobamate)。

(33)咪达唑仑(Midazolarn)。

(34)硝西泮(Nitrazepam)。

(35)奥沙西泮(Oxazepam)。

(36)匹莫林(Pemoline)。

(37)三唑仑(Triazolam)。

(38)唑吡旦(Zolpidem)。

(39)其他国家管制的精神药品。

5. 各种抗生素滤渣

(40)抗生素滤渣:该类物质是抗生素类产品生产过程中产生的工业三废,因含有微量抗生素成分,在饲料和饲养过程中使用后对动物有一定的促生长作用。但对养殖业的危害很大,一是容易引起耐药性,二是由于未做安全性试验,存在各种安全隐患。

四、使用药物的注意事项

(一)影响药物作用的因素

1. 药物因素

(1)药物的剂量和剂型:药物的剂量对药物作用的影响主要表现在作用强度和作用性质上。同一药物在不同剂量时其作用性质有较大差别,如人工盐小剂量有健胃作用,而大剂量则有泻下作用;75%浓度的乙醇杀菌力最强,可用于体表的消毒,而浓度更高的乙醇，由于可使细菌表层蛋白质凝固，杀菌力反而降低。剂型是药物应用的形式，对药效发挥有着重要作用。剂型可改变药物作用的性质，如硫酸镁口服可作泻下药，但硫酸镁静脉注射有抗惊厥、解痉的作用。剂型可以调节药物作用速度，不同剂型的药物作用速度不同，注射剂等属于速效剂，可用于急救，丸剂、缓释剂属于慢性制剂。

(2)给药时间和次数：给药时间应根据不同情况而定，健胃药、收敛止泻药、胃肠解痉药、肠道抗感染药、利胆药多在饲喂前服用，驱虫药、盐类泻药多空腹或半空腹使用，而刺激性强的药物多在饲喂后服用。确定给药的时间间隔应根据药物的半衰期和最低有效浓度，一般情况下要确保下次给药前血液中的药物浓度大于或等于最低有效浓度，尤其是抗菌药物。给药次数应根据病情的需要以及药物在体内的消除速度而定，半衰期短的药物，给药次数要相应增加，对毒性大或消除慢的药物应规定每日用量和疗程，在肝、肾功能低下时为防止蓄积中毒，应减少剂量和给药次数。

(3)药物的相互作用：临床上常联合应用两种或以上的药物治疗疾病，除了达到多种治疗目的外，还有利用药物间的协同作用以增加治疗或利用作用以减少不良反应的作用。但是不合理的联合用药往往由于药物间的相互影响而降低疗效或产生毒性反应。

2. 动物方面的因素

(1)种属差异：不同种属的动物对同一种药物的药动学和药效学有差异，如水合氯醛可以作为马、骡、驴、骆驼、猪、犬的麻醉剂，而牛、羊对其敏感，一般不用；氯胺酮可用做马、牛、猪等动物的麻醉剂，但不可用于驴、骡，因为驴、骡对其不敏感，即使用马的3倍量也不显现麻醉效果，甚至表现出兴奋症状；土霉素是治疗胃肠道感染的常用药物，但是成年草食动物内服后，剂量过大或疗程过长时，易引起肠道菌紊乱，导致消化机能失常，造成肠炎和腹泻，并形成二重感染，因此成年反刍动物、马属动物和兔不宜内服土霉素。

(2)生理因素:幼畜由于肝、肾功能发育不全,老龄畜由于肝肾功能衰退,因此药物的消除率下降,药物的半衰期延长;药物对动物不同性别的作用无差异,怀孕动物如果应用一些能够增强子宫收缩力的药物,易导致流产。

(3)病理情况:机体的机能状态影响药物作用,如解热镇痛药物只对体温升高的动物有降温作用,而对正常体温无影响。疾病影响药物疗效,如肝、肾功能不全,影响药物的转化和排泄;营养不良的动物,由于蛋白质合成减少,使药物与血浆蛋白结合量减少,血中游离药物增多,使药物的生物转化和排泄增加,半衰期缩短。

3. 环境因素

动物饲养管理水平的高低和生存环境的好坏直接影响着药物的作用。饲养管理主要包括饲养搭配是否合理,营养是否全面,饲养密度适宜与否,畜舍的通风、采光和活动空间能否满足动物生长的需要等。生存环境卫生清洁,居住环境温、湿度适宜,通风良好,有利于药物的作用。

(二)合理使用兽药的注意事项

在疾病得到正确诊断以后,如何合理使用药物便成为了一个重要问题,为了彻底治愈疾病,选用药物时必须以兽医药理学理论为指导,结合兽医临床实际经验,依据动物病情,合理选择。合理用药要注意以下事项:

(1)正确诊断,对症下药:正确诊断是合理用药的先决条件,每一种药物都有其适用症。针对患病动物的具体病情,选用安全、可靠、方便、价廉的药物,反对盲目滥用药物。

(2)制订适宜的给药方案:根据病情、用药目的、药物本身的性质、药动学知识制订科学的给药方案。如病情危急,采用静脉注射或静脉滴注的给药途径;如果是为了控制胃肠道的大肠杆菌感染,可选用一些在胃肠道不易吸收的抗菌药物,如氨基糖苷类药物等,了解这些药物的最低抗菌浓度,以确定给药剂量,依据药物动力学知识确定给药次数和间隔。

(3)预期药物的疗效和不良反应:几乎所有的药物在有治疗作用的同时也存在不良反应,在预见药物治疗作用的同时,应积极预防不良反应的发生。

(4)合理地联合用药:在确诊疾病后,尽可能地避免联合用药。如果要联合用药,确保药物在合用后对疾病有协同治疗作用。联合用药时要注意药物的配伍禁忌。慎重使用固定剂量的联合用药,如复方药物制剂,因为它限制了兽医依据病情调整剂量的可能性。

(5)因畜、因地选用药物:不同种类的动物、不同的年龄、性别、体况、病情等,所选用的药物不同;同一种动物,可能出现同样的发病症状,但是由于在不同的地区,可能发病原因不同,因此选用的药物也不同。

(6)严格遵守各种药物的休药期规定。

五、兽药残留的控制

(一)造成畜产品兽药残留的主要原因

在动物体内及其产品中发现的药物残留,大都是由用药错误造成的,其原因主要有:①不正确地应用药物,如用药剂量、给药途径、用药部位和用药动物的种类不符合用药要求,这些因素有可能延长药物残留在体内的存留时间,从而需要增加休药的天数。②在休药期结束前屠宰动物。屠宰前用药掩饰临诊症状,以逃避宰前检查。③以未经批准的药物作为添加剂饲喂动物。④药物标签上的用法指示不当,造成违章残留物。⑤饲料粉碎设备受污染或将盛过抗菌药物的容器用于贮藏饲料。⑥接触厩舍粪尿池中含有抗生素等药物的废水和排放的污水(如猪经常摄入这种污水)。为了控制药物残留,除减少或杜绝以上原因引起的错误用药外,应特别注意执行休药期和使用规定目录的兽药及饲料添加剂。

(二)不合理用药引起残留的危害

残留对人体有许多危害,除变态或过敏反应外,一般不表现为急性毒性作用,主要是慢性毒性,如耐药性转移与传播、二重感染、致畸作用、致突变作用、致癌作用和激素样作用等。这些作用一般是人摄入低量残留一段时间后残留物在体内逐渐蓄积所致。某些个体对有些药物的敏感性比一般个体为高,即使接触的残留物的量很低,也会发生毒性反应。

(1)过敏反应:残留引发的变态反应,轻者表现为皮疹和水肿,重者则为致死性反应。能引起变态或过敏反应的饲用药物为数不多,主要是青霉素类、四环素类、磺胺类和一些氨基糖苷类药物,这些药物进入体内后,与体内的大分子物质结合而具抗原性,刺激机体产生抗体。青霉素类引起变态反应的潜在危险最大,因为该类药物具有很强的变应原性,并且被广泛的地应用于人和动物。

(2)耐药性:是指有些病原对通常能抑制其生长繁殖的一定浓度的抗菌药物产生的不敏感性或耐受性。食品中残留的低浓度的化疗药物,为病原产生耐药性提供了条件。长期摄食含抗菌药物残留的食品,还使人体肠道内的常在微生物群落失调,即非致病性微生物受到抑制,条件性致病微生物过度增殖并释放大量毒素,从而引起二重感染或内源性继发感染。

(3)激素样作用:食品中激素的残留能影响人体功能紊乱,如儿童早熟,成年人更年期异常等。β-受体兴奋剂盐酸克伦特罗(瘦肉精)残留超标,会使消费者出现肌肉震颤、心跳加快、摆头、心慌等神经、内分泌紊乱症状。磺胺药能干扰甲状腺素的合成。

(4)特殊毒性:药物的残留,包括原药和其代谢物,各种残留成分的毒性不尽相同。一些代谢物失去了原药的毒性,而有些代谢物的毒性则比原药更强。除原药和终代谢物外,药物在体内形成的半衰期短的活性代谢物,如环氧化物、胺类或阴离子自由基等更具毒性。这些物质可与内源性大分子化合物发生共价结合(结合残留),使膜的脂质过氧化、蛋白质和核酸烷基化等,导致组织发生癌变、突变、畸变及坏死等,也可引起变态反应。氯霉素经代谢能与体内蛋白质结合,经常摄食含氯霉素及其代谢物的食品,可抑制骨髓蛋白质的合成,干扰造血功能,导致再生障碍性贫血。四环素能部分以钙盐形式长期保留在骨组织中,使骨和牙齿黄染,影响儿童生长发育,还引起肝功能障碍。氨基苷类能引起肾脏损害和听神经功能障碍。

(三)减少和控制畜产品兽药残留的措施

(1)加强饲养管理:根据猪不同生长阶段,加强饲养管理,提高猪的机体抵抗能力,防止发生疾病,减少用药机会。

(2)加强兽医卫生管理:及时清除和处理粪便、更换垫草、清洁圈舍、定期消毒、保持畜体卫生。养猪场要符合动物防疫要求,其选址、设计应选择无工业污染、环境安静之处,防止工业废水、废气、废渣和噪声的侵害,其建设要标准化设计和施工,做到地面硬化、粪便易除、光线充足、通风良好、能防暑防寒。

(3)预防发生疾病:要坚持预防为主的原则,使用科学的免疫程序、用药程序、消毒程序、无害化处理程序,搞好消毒、驱虫等工作。有的传染病只能早期预防,不能治疗,要做到有计划、有目的地适时使用疫(菌)苗进行预防,及时搞好疫(菌)苗的免疫注射,搞好疫情监测。

(4)及时淘汰患病猪:一旦发病,要及早淘汰病猪。必要时可添加作用强、代谢快、毒副作用小、残留最低的非人用药品和添加剂,或以生物学制剂作为治病的药品,控制疾病的发生发展。发生传染病时要根据实际情况及时采取隔离、扑杀等措施,以防疫情扩散。

(5)使用安全无毒药物:要坚持治疗为辅的原则,需要治疗时,在治疗过程中要做到合理用药,科学用药,对症下药,适度用药,只能使用通过认证的兽药和饲料厂生产的产品,避免产生药物残留和中毒等不良反应。尽量使用高效、低毒、无公害、无残留的“绿色兽药”,不得滥用。

(6)兽医指导规范用药:确有疾病发生时,治疗用药要在兽医人员指导下规范使用,不得私自用药。用药必须有兽医的处方,处方上的每种药必须标明休药期,饲养过程的用药必须有详细的记录。要了解兽药的常识,要选择成本低、效果好、副作用小的兽药,如生物制剂的疫(菌)苗等,选择正规和信誉度较好的兽药生产单位的产品,了解兽药的有效成分、作用、用途和注意事项,认识掌握猪的病情、病因,准确用药。

(7)要有用药情况记录:要对免疫情况、用药情况及饲养管理情况进行详细登记,必须按照兽药的使用对象、使用期限、使用剂量以及休药期等规定严格使用兽药。遵守用药规定,及时停药。必须填写“用药登记”,其内容至少包括用药名称、用药方式、剂量、停药日期,并将处方保留五年作证据。

(8)严禁使用违禁药物:饲养过程中要严格用药管理,严格执行国家有关饲料、兽药管理的规定,严禁在饲养过程中使用国家明令禁止、国际卫生组织禁止使用的所有药物,如己烯雌酚、盐酸克伦特罗和氯霉素等,不得将人畜共用的抗菌药物作饲料添加剂使用,宰前按规定停药。对允许使用的药物要按要求使用,并严格遵守休药期的规定。

(9)正确使用各类饲料:要按照不同的生长阶段正确使用饲料,保证原料安全,要保证所选作饲料的作物无残毒。要应用微生态制剂、低聚糖、酶制剂、酸制剂、防腐剂、中草药等绿色添加剂。不应将含药的前、中期饲料错用于动物饲养后期,不得将成药或原药直接拌料使用。不得在饲料中自行再添加药物或含药饲料添加物。

(10)定期进行药残监测:在饲养的整个过程中,要定期对水样、饲料、粪便、血样及有关样品进行药物残留监测,及时掌握用药情况,以便正确采取措施,控制药物残留。

(11)按时停止使用药物:要严格遵守药物的停药期。按照有关规定要求,根据药物及其停药期的不同,在猪出栏或屠宰前,或其产品上市前及时停药,以避免残留药物污染生猪及其产品,进而影响人体健康。

(12)适时出栏,安全上市:生猪要适时出栏,安全上市。必须在规定停药期后,有条件的要取得当地兽药管理部门发放的《畜禽产品兽药残留检验合格证》方可出栏,在休药期未到时不得出售供人食用。

第三节 猪病防治

一、猪病流行特点

(一)生猪常见的疾病

(1)猪腹泻性疾病:仔猪白痢、仔猪黄痢、仔猪红痢、仔猪副伤寒、猪痢疾(血痢)、猪流行性腹泻、猪传染性胃肠炎、猪轮状病毒感染、隐孢子虫病、猪鞭毛虫病、猪球虫病、猪结节虫病、急性猪瘟、弓形虫病、猪丹毒、低血糖病(无乳症)等。

(2)猪繁殖障碍性疾病:猪细小病毒病、猪肠病毒感染症、钩端螺旋体病、布氏杆菌病、猪呼吸与繁殖障碍综合征、伪狂犬病、乙型脑炎、猪流感、猪瘟、口蹄疫、猪水泡病、李氏杆菌引起的脑膜脑炎、慢性型链球菌病、猪附红细胞体病等。

(3)猪呼吸道疾病:猪气喘病、猪传染性胸膜肺炎、萎缩性鼻炎、猪流行性感冒、猪肺疫、肺丝虫病、猪蛔虫病、猪呼吸与繁殖障碍综合征、仔猪缺铁性贫血、猪伪狂犬病、猪弓形体病、猪链球菌病、猪瘟、猪应激综合征等。

(二)现阶段我国猪病流行的特点

随着我国养猪业的规模化、集约化以及工厂化的进一步发展，动物疾病的发生、发展和流行规律也发生了深刻的变化，在目前的养猪生产中，疾病的流行主要呈现出了如下特点：

(1)疾病的发生呈现出一种非典型化的趋势，给兽医临床诊断造成了很大的困难，如非典型猪瘟的出现，PRRS 病毒的持续性感染以及传染性胸膜肺炎的持续性感染等。

(2)某些猪病的病原出现一些变异，导致原有疫苗的保护效力下降或根本没有作用。

(3)混合感染与继发感染的病例增多，如猪瘟与伪狂犬病的混合感染，猪瘟与 PRRS 的混合感染，猪环状病毒与 PRRS 的混合感染，猪支原体病与传染性胸膜肺炎、猪肺疫的混合感染以及猪呼吸道疾病综合征(PRDC)等。

(4)细菌性疾病明显增多，耐药菌株出现的频率也在不断增加，且变得日益难以控制，如猪大肠杆菌病、链球菌病、猪副嗜血杆菌病等。

(5)免疫抑制性疾病的危害逐渐加大，如 PRRS、猪环状病毒的感染(临床以 PWMS，PDNS 为主)、支原体肺炎等。

(6)疾病流行谱也发生了巨大的变化，如猪流行性感冒和 PRRS 以及 PMWS 的从无到有，猪胸膜肺炎放线杆菌和猪副嗜血杆菌以及猪伪狂犬病的危害逐渐加大。而且疾病的传播途径也发生了变化，有证据表明，注射器的针头在疾病(如 PRRS，PMWS)传播和发生上起着越来越重要的作用，尤其是在注射疫苗时。

(三)不同阶段猪病特点和预防措施

养猪的不同阶段都有不同特征的疾病，有些疾病贯穿于养猪生产的各个阶段，如猪瘟、口蹄疫、繁殖与呼吸综合征、伪狂犬病、支原体肺炎等；而某些疾病在不同的阶段有不同的特征，如大肠杆菌可以引起哺乳仔猪的黄痢、白痢，也可引起断奶仔猪的腹泻，对母猪则可引起乳房炎、子宫炎和泌乳障碍综合征；伪狂犬病毒可引起母猪的流产，也可引起仔猪的腹泻、呼吸道疾病和神经症状。

1. 哺乳仔猪阶段

这个阶段主要的疾病有仔猪红痢、黄痢、白痢、轮状病毒性腹泻、仔猪球虫病等。红痢主要发生于产后3天内，以急性出血性下痢为特征，死亡率相当高。直接原因是魏氏梭菌感染，间接原因是环境卫生、消毒不彻底等，也与环境温度低有关。仔猪黄痢和仔猪白痢发生于产后的3～7天，直接原因是大肠杆菌感染，间接原因是环境温度低、母猪发生乳房炎、子宫炎和泌乳障碍综合征或采食量低导致的泌乳量减少。仔猪的腹泻与其初生重也有直接的关系。有时新的铸铁地板带有很多毛刺，可损伤关节皮肤，使关节炎的发病率提高。

母猪管理：母猪进产房前，产房的地面、猪栏一定要彻底消毒，干燥至少1周才能进猪。母猪一定要全身清洁并消毒，特别是阴部和乳房。产房的温度要适宜，夏季产房温度高，将影响母猪的采食量，导致产奶量降低。冬天如果仔猪保温区的温度低，可降低仔猪的抵抗力，使腹泻的发病率显著提高。

仔猪管理：仔猪应尽早吃上初乳，即产后6 h内吃上足够的初乳，可获得大量的母源抗体，减少腹泻以及猪瘟、五号病等其他疾病的发生。仔猪断尾、剪牙器械应消毒，减少通过伤口感染的机会，操作完后最好注射一针抗生素，可以防止链球菌等的感染。

药物预防：母猪产前产后各1周，饲料中添加支原净100 mg/kg＋金霉素400 mg/kg，将明显降低母猪子宫炎、乳房炎和泌乳障碍综合征的发生，提高泌乳量，提高哺乳仔猪的采食量，降低腹泻的发生率。如果后期的呼吸道病严重，则可在开口料中添加支原净150 mg/kg＋硫酸粘杆菌素100 mg/kg，连用2周。4～5日龄仔猪灌服百球清等抗球虫药，可以预防因为球虫感染造成的腹泻。

2. 保育阶段

此阶段是仔猪抵抗力最低的阶段，因为经过断奶、转群、换料以及高密度饲养的应激反应，仔猪的抵抗力明显降低；而且，仔猪断奶前后的母源抗体已经降低到最低，接种疫苗的主动免疫应答尚未产生。为了保温，猪舍的门窗关闭，限制了空气的流通，使空气中氨气和其他有害气体的浓度大大提高，呼吸道的抵抗力降低。因此保育仔猪阶段是最容易感染疾病的阶段，虽然有些疾病不在保育阶段发生，或发生很少，但大部分是在此阶段感染的。保育阶段容易感染的疾病很多，如断奶后腹泻、繁殖与呼吸综合征、伪狂犬病、Ⅱ型链球菌性脑膜脑炎、断奶后多系统衰弱综合征、副猪嗜血杆菌病、结肠螺旋体感染、回肠炎、猪痢疾、关节炎等，有时还会发生典型或非典型猪瘟；如果饲料中的霉菌毒素含量超标，可能使得这一阶段疾病更加复杂，像雾里看花一样模糊不清。一旦出现上述问题，保育舍很容易发生生长停滞，一般影响生长达 3～7 天，严重时有的猪可能变成僵猪。死亡率和淘汰率提高。而保育阶段频繁接种疫苗，也可影响仔猪的生长。

饲养管理：断奶时应该按体重将仔猪分开饲养，使同一栏内的仔猪保持相似的采食量，否则容易出现均匀度差，瘦弱仔猪抵抗力更低的现象。断奶仔猪的环境温度一定要控制在 28℃以上，特别是断奶后的第一周。环境温度提高，有利于提高仔猪的抵抗力，提高饲料的利用率。要确保空气质量，降低呼吸道疾病的感染机会。尽量降低保育猪的饲养密度，因为密度和生长速度成反比。创造舒适的环境，可以最大限度地发挥仔猪的生产性能。

饲料：使用质量好的饲料，或添加足够的维生素和矿物质，可降低应激反应对仔猪的不良影响。尽量刺激仔猪的食欲，提高采食量。试验证明，断奶后每天多采食 100 g，保育期结束时将多增重 1.5 kg，而且可保证免疫系统的充分发育。每 1 000 kg 饲料中添加霉菌毒素吸附剂 3 kg，可将由霉菌毒素污染造成的免疫抑制降到最低。

药物：断奶后的饲料中添加支原净 100 mg/kg＋金霉素 400 mg/kg，连用 2 周，可防止肺炎支原体、副猪嗜血杆菌、胸膜肺炎放线杆菌、猪痢疾密螺旋体、细胞内劳索尼亚菌、结肠螺旋体等的感染，提高猪的健康水平。如果断奶后的链球菌感染较严重，则可在以上配方的基础上添加阿莫西林 175 mg/kg，这样看似增加了饲料成本，但由于猪的健康状况好转，节省了注射药物成本和人力的浪费，并可加速生长，最终降低生产成本。

3. 生长育肥阶段

生长育肥猪的抵抗力相对保育猪强，正常情况下，发病率、死亡率均很低，但有些疾病仍会在这一阶段发生。如呼吸道疾病综合征、放线杆菌胸膜肺炎、猪痢疾、结肠炎、回肠炎等。这些疾病造成的急性损失不大，但由于生长缓慢，饲料转化率降低，最终大幅度增加生产成本。这些疾病大部分是在保育阶段感染的，因而如果能在保育阶段通过改善饲养管理和药物预防，生长育肥阶段的发病率将会大幅度下降。

饲养管理：猪群的密度一定要合理，实践证明，密度越高，猪群发生呼吸道疾病的可能性越大。

饲料：每 1 000 kg 饲料中添加霉菌毒素吸附剂 3 kg。

药物：根据猪场的发病情况，在发病前的 1 周，饲料中添加支原净 100 mg/kg＋金霉素 400 mg/kg 或强力霉素 150～200 mg/kg，连用 7 天，可有效预防呼吸道疾病综合征的发生，降低胸膜肺炎的发病率，而且也可防治猪痢疾、结肠炎和回肠炎。

4. 种猪阶段

后备母猪对很多疾病的免疫力还不足，因此不一定能通过初乳保护仔猪，甚至有可能将疾病传播给其后代。如后备母猪的支原体阳性率可达 70％，2～4 胎的母猪支原体阳性率只有 40％；增生性肠病（回肠炎）的发病率也明显高于经产母猪。母猪的主要问题是繁殖障碍，可由环境因素、营养、饲养管理不当引起，当然主要原因还是一些传染病，如繁殖与呼吸综合征、伪狂犬病、钩端螺旋体病、非典型猪瘟、弓形体病、附红细胞体病等。一般后备母猪需要经过 2 次选择才能合格。6～9 月份出生的仔猪性成熟的比例较其他时间出生的低 23%以上。初次选择后，在配种前应该完成第二次选种，那些注射疫苗过敏的猪、生长缓慢和贫血的猪，用冷水刺激后皮肤苍白、背毛直立并发抖的猪应该淘汰。

接种疫苗和驱虫：在配种前要完成大部分疫苗的接种工作，如猪瘟疫苗、口蹄疫疫苗、细小病毒疫苗，有时甚至包括流行性乙型脑炎疫苗等。用药物驱除后备母猪体内外的寄生虫。

饲养管理和催情：控制采食量，控制后备母猪的体形，不能过瘦，也不能过肥，否则发情不正常。

药物净化：在后备母猪饲料中添加支原净 100 mg/kg＋金霉素 400 mg/kg，配种前连用 7～10 天，可以净化支原体、回肠炎、胸膜肺炎、猪痢疾等。配种后一直到分娩，猪群的生产情况将非常平稳。

传染病引起的繁殖障碍主要依靠采取生物安全措施，结合疫苗接种。而由于环境问题导致的繁殖障碍可以通过改善环境和加强管理进行预防。如由于温度过高引起的流产，可以通过滴水降温、降低密度、增加通风等实现。母猪在配种后到胚胎着床的阶段，对高温特别敏感，此时应注意降温。严格按要求饲喂，使猪的体形保持标准。如 80 天以前限饲，后期加强营养。营养一定要平衡，注意补充维生素 A、维生素 D、维生素 E 以及生物素等。

总之，猪病很多，要有效控制不同阶段的猪病，不能只靠疫苗或药物，必须结合饲养管理的改善、生物安全的加强等。任何一种药物，只有合理使用，才能获得理想效果。对连续生产的猪场来讲，要控制传染性疾病的流行，必须在各个阶段都严格实行全进全出。防患于未然，将大大降低猪场的生产成本。

二、猪病防治原则

(一)猪传染病防治原则

(1)认真贯彻“预防为主,防重于治”的方针。集约化养猪场养猪数量多、任务大,应认真贯彻“预防为主,防重于治”的方针,建立与健全疫病防治体系,克服“重治轻防,只防不治”的消极被动错误思想;开展群防群治工作,把养猪防病工作认真落实到实处,固定专人,指导和抓好饲养管理和防疫工作,使之形成制度,坚持不懈,贯彻始终。

(2)要坚持“自繁自养”的原则。作为集约化养猪场,必须建立较完善的繁育体系,至少应建立有良种繁殖场,根据发展计划,养有一定数量的母猪,本场进行繁殖,进行饲养。实践证明,凡是坚持自繁自养的猪场很少发生或不发生传染病。

(3)坚持预防免疫注射的制度。应该采取定期预防注射与经常补针相结合的办法,争取做到头头注射,个个免疫;根据当地猪的疫病流行情况,有针对性地选择使用和按免疫程序进行预防接种,保证高的免疫密度,使猪只保持高的免疫水平。

(4)做好养猪场环境、猪舍的清洁、卫生及消毒工作。预防消化道传染病,应抓好饲料、饮水、饲养管理用具、环境及粪尿污水的管理;预防呼吸道传染病,应保持猪舍空气流通,降低饲养密度及空气消毒等;预防虫媒传染病,应改善环境卫生、驱杀蚊虫等。清圈消毒是消灭外界环境中的病原菌、切断和防治疫病发生的主要措施。猪舍地面、墙、栏杆上的粪尿要及时清除,饲槽及用具要勤加清洗。根据当地疫情和具体条件,定期对猪圈、食槽及饲养管理用具进行消毒。做好粪、尿及污水的处理,防止环境污染。

(5)加强饲养管理,增强猪的抵抗力。加强猪的饲养管理,注意环境卫生,执行严格的兽医卫生制度,增强猪体健康和对外界致病因素的抵抗力,也是积极预防猪传染病的重要条件。同时,也要重视饲料和饮水的清洁卫生，不喂腐烂、发霉和变质饲料，猪圈要经常打扫，保持清洁、干燥，冬季要注意防寒保暖工作，食槽和管理用具保持清洁等，都是预防疫病不可忽视的内容，也是保证猪只生长发育和体格健壮、抗病力强的基本条件。

(6)加强人员管理。工作人员应定期体检，取得健康合格证后方可上岗。生产人员进入生产区时应淋浴消毒，更换衣鞋。工作服应保持清洁，定期消毒。猪场兽医人员不准对外诊疗动物疾病；猪场配种人员不准对外开展猪的配种工作。非生产人员一般不允许进入生产区。特殊情况下，非生产人员须经淋浴消毒，更换防护服后方可入场，并遵守场内的一切防疫制度。

(7)加强监测和检疫工作。养猪场应进一步加强血清学、病原学监测和流行病学调查工作，切实掌握口蹄疫、猪瘟等主要动物疫病流行规律和疫情动态，及时发现和消除疫情隐患，提高重大动物疫情预警预报能力。检疫的目的是为了预防和消灭动物传染病、寄生虫病，保护畜牧业生产和人民的健康。检疫包括进出境检疫及立足于国内的产地检疫、屠宰检疫。

(二)猪寄生虫病的综合防治措施

1. 综合防治措施

由于寄生虫病和外界环境的联系如此紧密，这就大大增加了防治工作的复杂性，使防治工作必须以流行病学的研究为基础，实施综合性的防治措施，才能收到较好的效果。综合防治措施主要包括两个，一是患畜的驱虫，二是环境卫生。

驱虫是杀灭宿主身体内(或身体上)寄生虫的措施。但驱虫应当在具备一定卫生措施的条件下进行，尤其是对大多数的蠕虫更应如此。应尽可能地做到以下各点：驱虫应在专门的(有隔离条件的)场所进行；动物驱虫后应有一定的隔离时间，直至被驱出的病原物质排完为止；驱虫后排出的粪便和一切病原物质均应集中处理，使之“无害化”。粪便一般是用发酵(生物热)的方法消毒。驱虫应有适宜的时间，这是要根据寄生虫的流行病学来确定的。对于大多数蠕虫，秋冬季驱虫是最重要的，在生产实践中常把它定为一种固定实施的防治制度。“成熟前驱虫”主要应用于某些蠕虫，是趁一种蠕虫在宿主体内尚未发育成熟的时候，用药驱除之。

环境卫生是减少感染或预防感染的重要措施，包括许多方面的内容，但除去改善管理，提高清洁水平等一般性工作之外，更为重要的是依据对寄生虫生活史和流行病学的了解，制订有针对性的方案，在最适宜的地点和时间，攻破它们的流行环节。

猪寄生虫的预防工作应着重以下3个方面：要有专门的产仔间，严格消毒；怀孕母猪要驱虫，临产前要把全身彻底洗净；小猪要有专用猪舍。总之，着眼点主要放在小猪身上。

2. 集约化养猪场寄生虫控制程序

规模化猪场的主要寄生虫病包括猪蛔虫病、结节虫病、鞭虫病、疥螨病和虱等，次要寄生虫病包括肺线虫病、肾虫病和胃线虫病等。合理地用抗寄生虫药物和掌握适宜的驱虫时机，可清除寄生虫感染，防止寄生虫成熟、产卵、污染环境，避免造成经济损失。药物选择应选择高效、安全、广谱的抗寄生虫药。伊维菌素和阿维菌素的各种制剂为首选药物。常见蠕虫和外寄生虫的控制程序如下。

(1)控制模式之一：加强饲养管理，保持圈舍干燥、清洁卫生。全场猪只普遍驱虫一次，药物可用伊维菌素或虫克星，按每千克体重0.3 mg，皮下注射；也可用虫克星粉剂、片剂、胶囊剂，按每千克体重0.3 mg，一次喂服，或按每天每千克体重0.1 mg，拌料喂服，连服7天。后备母猪：配种前1～2周驱虫一次，药物用伊维菌素或虫克星，其用法用量同上；或用左旋咪唑片剂，按每千克体重8～10 mg，喂服；或左旋咪唑擦剂，按每10 kg体重1 mL，耳根部涂擦。怀孕母猪：产前1～3周内驱虫一次。哺乳母猪：断奶前1周驱虫一次。仔猪：转群前驱虫一次，以后每隔30天，用左旋咪唑片剂拌料驱虫一次。种公猪:至少每半年驱虫 1 次。新进猪:驱虫 2 次,间隔 10～14 天,并隔离饲养至少 30 天再合群饲养。螨、虱感染严重的猪场,每年用药 4～6 次,首次用药后 2 周再用药一次。猪体杀虫用伊维菌素或虫克星,同时应注意环境用药,同步杀虫。环境杀虫可用 0.01%敌杀死或 0.02%杀灭菊酯水溶液喷洒猪舍、运动场、墙壁、地面、饲槽、饮水槽等。

(2)控制模式之二:对全场猪普注一次药物。对怀孕母猪,在产前 1～2 周注射一次药物。对公猪每年至少注射 2 次,注射次数取决于猪场污染情况。对仔猪在转群时普注一次药物。对新进的种猪注射药物后再和其他猪并群。对有血虱的猪注射 2 次,间隔时间为 15 天。要注意圈舍的清洁卫生。

(3)控制模式之三:本模式是在对我国大中型猪场寄生虫危害进行大量调查基础上,筛选目前最有效、安全和广谱的药物通过多目标规划优选而成的。据应用效果统计,对寄生虫驱虫效果达 94%～100%,饲料转化率提高 5%～6%,肥猪提前 10～20 天出栏。整个猪场苍蝇数量减少 80%以上,使环境卫生大为改善。①应用药物。阿维菌素(虫克星),安全可靠,可驱除猪体内外主要危害性寄生虫(猪蛔虫、圆线虫、旋毛虫、结节线虫、类圆线虫、肺线虫、肾虫、猪鞭虫、猪血虱、猪疥螨、蠕形螨以及蝇蛆等)。特点是只需口服即可达到内驱外预、内外兼治的目的。②应用程序。每年春季和秋季对全场猪各应用一次药物,按每千克饲料拌入 1.5～2.0 g 阿维菌素(0.2%)粉剂,自由采食,连用 3 天。对怀孕母猪产前 1～2 周内应用一次药物,按 2.0 g/kg 的比例拌料;对哺乳母猪按 1.0 g/kg 的比例拌料,自由采食,连用 3 天。对种公猪,一般在春、秋两季各驱虫一次;对引进种猪先驱虫一次后再合群。每次按 2.0 g/kg 的比例拌料,自由采食,连用 3 天。对仔猪,在 20～30 日龄(乳猪补料期间)、60～70 日龄(仔猪转群期间)各驱一次,第一次按 0.5 g/kg 的比例拌料,第二次按 1.0 g/kg 的比例拌料,自由采食，连用3天。③有关说明。如猪只寄生虫病严重，可选用阿维菌素1%针剂进行注射治疗，每35 kg体重用1 mL。由于阿维菌素对疥螨的药效并非立即起作用，至少在治疗1周内，应避免病猪与健康猪接触。因虱卵的孵化期可能需要3周，有需要时可再次用药进行治疗。对20日龄以下的猪最好不用药，如一定要用，请准确计算。如有吸虫、绦虫可选用丙硫苯咪唑。猪只在用药2周后才可屠宰供人食用。

以上介绍的3种猪寄生虫控制模式，是根据我国规模化猪场中的猪寄生虫存在发生情况，以及药物的资源和作用特点制定的。但各地的猪寄生虫病流行情况、环境、综合防治措施及猪群状况等不同，因此，各地区、各猪场或养猪专业户，应根据具体情况制订适合本场的驱虫、杀虫计划，不可生搬硬套。

3.规模化猪场驱虫问题与对策

当前，规模化猪场不同程度感染寄生虫，危害猪群的虫种主要有蛔虫、鞭虫、疥螨、蚤、蚊、蝇等。大多数猪场多采用敌百虫、四咪唑、敌敌畏等已经淘汰的驱虫药，或使用阿维菌素、伊维菌素、通灭等药物。长期使用敌百虫驱杀，虫、蝇对敌百虫易产生抗药性，加大药量又怕猪只发生中毒。有些猪场使用阿福丁、伊力佳等注射液，虽然注射比口服要好，但劳动强度很高，伤口处理不当容易引起感染。有些场采取一些驱虫措施，由于投药方法、时间、药物选择等不当，收效甚微。为此，各规模猪场要针对本场的实际，有效地制定驱虫灭蝇措施，减少寄生虫带来的损失。在生产中应注意以下问题：

第一，选好时间，全群覆盖驱虫，经常阶段性、预防性用药，防止再感染，将寄生虫消灭于幼虫状态，对猪场里所有的猪进行一次驱虫。母猪在分娩前14～21天进行一次驱虫，使母猪在产仔后身体不带虫，因为仔猪会接触到母猪的粪便，跟母猪的皮肤摩擦接触，这样仔猪就不会带虫；母猪在配种前14天用一次；公猪每年至少用2次，春、秋各用一次；育肥猪最经济的办法是在35～40日龄时驱虫一次，一直到出栏；对所有引进的猪，首先要进行隔离，然后进行驱虫，最后进行合群；如果猪场虱较多，可以在间隔10天左右用第二次药，对于感染疥螨严重的病猪，可以再用药一次。怀孕的母猪在围产期的驱虫是非常重要的，因为怀孕的母猪在孕期免疫力非常低，对寄生虫的易感性增加，这时驱虫对于保证它健康产仔非常重要，更重要的是产下的仔猪对寄生虫感染会大为减少，在哺乳期仔猪和母猪的接触是非常亲密的，如果母猪感染寄生虫，很容易传染给后代，这个环节非常重要。

第二，了解性能，选好驱虫药、驱虫方法，最好选用功能全面的复方药。目前，阿维菌素国内开发的剂型主要有粉剂、片剂、注射液，新开发出来的有口服液、糊剂、浇泼剂、膏剂和胶囊。除了解产品以外，还要了解动物到底有哪些病害以及有关寄生虫病的发生、发展规律，造成多大的危害和经济损失，这些都很重要。猪场主要是疥螨病、虱和线虫，比较适用的剂型是针剂、预混剂。在选用时要考虑毒性、稳定性。猪场里一个最重要的病是疥螨病，疥螨感染率非常高，容易重复感染。严重的皮破、结痂、出血，生长停滞，我们选用伊力佳皮下注射1～2 mL，2～3周痊愈、恢复生长发育。用预混剂须阶段性给药，对育肥猪连续添加有两种办法，一种是少量连用1～2个月，适当间隔；另一种同样适用于母猪和公猪，由于限饲的问题，连续使用10～14天。两种方法因地制宜，均可显著提高饲料报酬。复方药针对的虫种、来源比较全面，同时大多注意到适口性，有些复方产品，如“虫蝇净”，充分应用现代生物技术的中草药制剂，弥补了抗生素类制剂的不足，使用方便，在饲料中加入，连续使用6天；使用安全，无药残，无须停药期；功能全面，可杀灭体内外寄生虫、苍蝇、蚊子，达到“虫净、猪宁、省料、快长”的效果。

(三)猪病预防的有关措施

众所周知,猪群的健康是经营猪场成败的关键因素。要使猪只长得快,减少疾病的发生,必须坚持“预防为主”的方针。“防”可以说是一个广泛的含义,包括防疫、检疫、消毒、免疫、驱虫、监测、诊断、管理等一系列预防疾病发生的措施,这些防的措施,既提高了猪场的管理水平、防止病原的传入,又提高了猪体自身免疫机能及抗病能力。因此,作为猪场管理人员及兽医技术人员,应把“防重于治”放在重要位置。尤其是对那些只能防不能治和无法治的疾病,更要做好预防工作。

(1)猪场应建立在相对偏僻的地方:猪场之间的距离对控制疾病有一定关系。猪场的位置应与其他场保持一段较长的距离。由于面对土地有限和环境污染问题的压力,有时只集中在某一小区养猪。从处理农场排泄物的观点看,地形集中养猪区是有益的,但是对于控制疾病却有害。

(2)猪场四周最好建立围墙:猪场过分集中且猪场周围没有明显的界线,一旦有传染病爆发是难以控制的。因为猪场之间来往的人、犬、猫或老鼠都可能是病菌传播的媒介体。很多的猪病皆可在这类密集养猪区出现。所有猪场都应该建立围墙,至少可以阻止车辆和其他动物任意进入。

(3)猪场设计要合理:不同年龄的猪群最好分隔一段距离,这样有助于减少传染病的散播。唯一无法分开的是哺乳舍,因为母猪和仔猪混在一起,因此,死亡率最高的猪舍便是哺乳舍。一般猪场配置应把种猪舍设于距出入口最远处,接着是母猪栏与分娩舍,再接着是断奶仔猪和肥育猪舍,最后到装载台。

(4)尽量减少猪场的猪只猪源:若猪场猪只来自不同地方,新猪只的引入将导致新疾病的混合感染,不但威胁到引进的新猪,对原有猪只亦构成相当大的威胁。自繁自养的农场一般病比较少。若猪只必须来自不同猪源,可调查猪源的健康状况,该场是否实施定期的免疫接种计划和防疫措施。

(5)保持适度规模:养猪密度与规模的大小亦影响疾病的传入,规模小的猪群较安全。猪场愈大,疾病发生时损失亦愈大。故兴建大型养猪场,疾病控制是首先要考虑的因素。

(6)控制外来人员入场:尽量减少参观客人,且客人进场时须先淋浴更衣。若参观者与其他猪只接触过时,必须3天后方可准其进入。对必须参观访问的客人应有基本防疫措施如提供保护外套、胶鞋并经消毒药水及紫外灯消毒,才让其进入。

(7)培训猪场的工人:使猪场工人懂得疾病控制原则并注意不接近其他猪场,避免肉食带入猪场内。猪肉食物可能含有猪瘟病毒而牛肉也可能藏有口蹄疫病毒。工人进入猪场时须换上工作服及胶鞋。

(8)引进猪只隔离检疫:公猪或母猪更新时最好有隔离舍,使新进的猪只隔离检疫3～6周后合群。猪场没有隔离开的孤立猪舍时,可将引进猪饲养于肉猪栏隔壁。隔离期间必须经常观察引进猪只的健康状况和采血检验抗体。

(9)不可忽略公猪:公猪会传染疾病给母猪群,如布氏杆菌病,新公猪应严密隔离和抽血检测,人工授精可以防止公猪接触母猪群。然而,有的疾病会感染公猪的精液,也会传播性病给母猪群。

(10)定期接种疫苗:猪场各类猪群应有一个合理的疫病免疫程序,定期接种疫苗是非常重要的。猪场免疫程序的制订和驱虫计划,应符合本场的猪群实际情况,也应考虑社会,尤其邻近地区疫病流行状况。免疫前、后应做好免疫监测,确定免疫时机,观察免疫效果。驱虫前、后要做好虫卵和虫体监测,以确定驱虫时机,观察驱虫效果。

(11)药物预防:药物防治在于预防或减少传染病或寄生虫病的发生。一个猪场可能发生疫病的种类很多,许多疾病目前已有有效的疫苗,有些疾病虽有疫苗(如大肠杆菌病、猪气喘病等),但实际应用上还存在一些问题,因此药物防治无疑是一种重要的辅助手段。在选择药物进行疾病预防时,应注意药物品种、剂量、使用对象、休药期等情况。

(12)消毒:消毒是养殖场重要且必需的环节,消毒方法的正确使用是养殖场预防疫病感染和暴发的重要措施。目前,大多数的养殖场(户)主的消毒意识都很强,此项工作也在天天进行。但是,真正能够进行科学消毒的并不是很多,很大一部分人员对消毒的基本常识不是很清楚,往往只是跟从和模仿,导致消毒的效果并不是很理想。

(13)健全兽医管理制度:猪群的健康状况是经营猪场成败的关键,因此,兽医管理制度是维护猪群健康发展的保障。需要建立经常性消毒制度、建立疫病监测制度、建立可行的免疫、驱虫制度。若猪场发生传染病,按传染病的性质,做好检疫、隔离、封闭、消毒等,及时控制和扑灭疫病,减少经济损失。

(14)抓好猪场管理:猪场管理不佳会导致许多猪病出现。营养不良、过分拥挤、寄生虫感染、疫苗注射、气温变化、怀孕、离乳和猪栏肮脏都是造成应激的因子,应激会造成猪只的免疫力下降而易受病菌感染。猪场的良好管理比用药物控制疾病重要得多。

(四)猪病治疗的有关措施

迄今为止,对病毒病的治疗还没有太大的进展。因此,药物防治主要是针对细菌性和寄生虫性的(包括驱虫药),猪场的兽医应该根据猪场现实检疫和诊断情况,选择药物,以获得最佳防治效果。猪场使用治疗药物时,应注意以下几个问题。

1. 选择适宜的药物

任何一种药物对某一器官组织的选择作用,与药物的化学结构及组织生化过程的特性有关。一般来说,一种药物在一定的剂量下对某一种疾病疗效最佳。因此,猪群发病时,应先确诊是什么病,再针对致病的原因确定用什么药物,严禁不经确诊就盲目投药。在给药前应先了解所选药物的内含成分，同时应注意药物内含成分的有效含量，避免治疗效果很差或发生中毒。

2. 考虑猪只本身因素

(1)品种差异：不同品种的猪，对同一药物的敏感性存在一定的差异。如使用敌百虫驱虫除猪蛔虫，本地猪的耐受量比外来品种猪大得多。

(2)生理差异：由于仔猪、老龄猪及母猪的药物代谢酶活性较低，所以对药物的敏感性比成年猪及公猪为高。如仔猪对痢特灵特别敏感，易发生中毒；怀孕期使用拟胆碱药、泻药易引起流产或早产；哺乳母猪用药易通过乳汁对仔猪产生药物影响，故临床选药时应加注意。

(3)个体差异：种类相同、体重大致相等的不同猪只，对药物的感受存在差异，表现为对药物的耐受性和高敏性。对某一药物具有耐受性的个体可接受甚至超过中毒剂量而不引起中毒；而具有高敏性的个体即使小剂量就能产生强烈的反应，甚至引起中毒。如使用青霉素时可引起个别猪只过敏甚至休克死亡。

(4)机体机能状态：一般来说，当机体处于异常状态时，药物作用显著，而在机体正常时，药物作用不明显或无效。如猪只在高热时对解热药氨基比林敏感，但健康时作用不明显或无效。肝肾的机能障碍常影响药物的转化和排泄，从而使药物作用加强与延长，容易出现毒性，特别是在连续用药时易发生蓄积中毒。所以，肝功能不正常时，最好配合使用保肝解毒药，如葡萄糖、维生素 C 等；当肾功能不全时，最好配合使用肾解毒药，尤其是在使用磺胺类药物时，必须同时加喂等量的碳酸氢钠。

(5)饲养管理水平：饲养管理条件的好坏，均影响药物的作用。许多药物的治疗作用必须在动物体具有抵抗力的条件下才得以发挥，如磺胺类药治疗感染性疾病时，病原体的最后消除必须靠机体的防御系统。

(6)环境因素：环境条件、饲养密度、猪舍温度、光照、通风情况等均可影响药物的效用。

3. 确定最佳用药剂量和疗程

药物要有一定的剂量，在机体吸收后达到一定的药物浓度，才出现药物的作用。要发挥药物的作用而又要避免其不良反应，必须掌握药物的剂量范围。要根据疾病的类型以及药物的性质和猪群的具体情况来确定用药疗程，一般连续用药 3～5 天，症状消失后再用 1～2 天，切忌停药过早而导致疾病复发。

4. 选择最佳给药方法

不同的给药途径不仅影响药物吸收的速度和数量，与药理作用的快慢和强弱有关，有时甚至产生性质完全不同的作用。如硫酸镁溶液内服起泻下作用，若静脉注射则起镇静作用。猪群常用给药方法有内服给药、注射给药、直肠给药、皮肤给药等，由于不同药物的吸收途径和在体内的分布浓度的差异，对基本疾病的疗效是不同的。

(1)内服给药：包括拌料和饮水，肠道感染时，应选用肠道吸收率较低或不吸收的药物拌料或饮水；全身感染时，则应选用肠道吸收较高的药物拌料或饮水。猪群发病期间，一般食欲下降，饮水给药可获得有效药量，不溶于水或微溶于水的药物以及在水中易分解降效或不耐酸、不耐酶的药物则禁止以饮水方式给药。如痢特灵微溶于水，饮水给药时沉淀下来的痢特灵颗粒极易引起中毒。

(2)注射给药：包括皮下注射、肌肉注射和静脉注射等。皮下组织血管较少、吸收较慢、刺激性较强的药物不宜作皮下注射；肌肉注射吸收较快而完全，油溶液、混悬液、乳浊液均可肌肉注射，但刺激性较强的药物作深层肌注；静脉注射无吸收过程，药效出现最快，适于急救或需输入大量液体的情况，但一般的油溶液、混悬液、乳浊液不可静脉注射以免发生栓塞，刺激性大的药物静脉注射时不可漏出血管。

(3)直肠给药:是将药物灌注至直肠深部的给药方法。这种方法在治疗便秘、补充营养等方面能发挥较好的作用。

(4)皮肤给药:通过皮肤吸收药物以达到局部药效的作用,特别适宜治疗体外寄生虫病。但脂溶性大的杀虫药可被皮肤吸收,应防中毒。

5.注意药物的不良反应

有些药物由于选择性低,作用范围广泛,当某一作用被作为用药目的时,其他作用就成为副作用。当药物用量过大或用药时间过久或机体对某一药物特别敏感时,少数病猪在应用极小量的某种药物时,会出现皮疹、发热、血管神经性水肿、血管扩张、血压下降甚至过敏性休克等过敏现象。

6.合理的用药配伍

(1)配伍用药:同时使用两种以上的药物称为配伍用药。临床上利用药物的相加作用以减少单用某一药物所产生的不良反应,如三溴合剂的总药效等于钾、钠、铵溴化物三种相加的总和;临床上利用药物之间的增强作用以提高疗效,如磺胺类药物或某些抗生素与抗菌增效剂合用,其抗菌作用大大超过各药单用时的总和。临床上还可利用药物的拮抗作用以减轻或避免某药物的副作用或解除某药物的毒性反应。

(2)重复用药:为了保持药物血中浓度,继续发挥该药的作用,往往重复用药。但重复用药可使机体对某一药物产生耐受性,而使药物作用减弱;亦可使病原体产生耐药性,而使药效下降或消失。特别是使用抗生素时,用药剂量和疗程不足,病原体的耐药性更易产生。

(3)配伍禁忌:在配伍用药中,两种或两种以上的药物相互混合后,有可能产生物理、化学反应,使药物在外观或药理性质上产生变化。相互有配伍禁忌的药物不能混合使用。如某一猪场,饲料中添加有盐霉素,在猪群发生气喘病时又使用了泰妙菌素，结果导致泰妙菌素的毒性增强，造成大批猪只的死亡。又如盐酸四环素配用碳酸氢钠注射稀释时，会析出四环素沉淀而丧失药效。

7.给药次数与间隔时间

给药次数决定于病情，一般每天 2～3 次。重复用药不见效时应改变治疗方案或更换药物，给药间隔时间取决于药物消除速度。如健胃药宜在饲喂前给药，有刺激性的药物定在饲喂后给药。

8.防止病原菌产生耐药性

许多猪场反映，用抗菌药给猪治病，给药的剂量越来越大，但疗效越来越差，其原因主要是细菌对药物耐药性增强了。许多饲料厂家在饲料中加入少量抗菌药作添加剂，猪群长期服用后产生不同程度的耐药性，以致在用同类药物治疗猪病的效果就很差了。

9.疫苗接种期内慎用药物

在接种弱毒活疫(菌)苗前后 5 天内，禁止使用对疫苗敏感的药物、抗病毒药物(如病毒灵、病毒唑等)，激素制剂(如地塞米松、氢化可的松等)，并避免用消毒剂饮水，以防将活的细菌和疫苗病毒杀死或抑制，从而造成免疫失败。在疫苗接种期可选用抗应激和提高免疫能力的药，如维生素类、高效微量元素及某些具有免疫促进作用的中药制剂等，以提高免疫效果。

(五)动物疫病病种名录

2008 年 12 月，农业部对原《一、二、三类动物疫病病种名录》进行了修订，修改后的具体名录如下。

1.一类动物疫病(17 种)

口蹄疫、猪水泡病、猪瘟、非洲猪瘟、高致病性猪蓝耳病、非洲马瘟、牛瘟、牛传染性胸膜肺炎、牛海绵状脑病、痒病、蓝舌病、小反刍兽疫、绵羊痘和山羊痘、高致病性禽流感、新城疫、鲤春病毒血症、白斑综合征。

2. 二类动物疫病(77 种)

多种动物共患病(9 种):狂犬病、布鲁氏菌病、炭疽、伪狂犬病、魏氏梭菌病、副结核病、弓形虫病、棘球蚴病、钩端螺旋体病。

牛病(8 种):牛结核病、牛传染性鼻气管炎、牛恶性卡他热、牛白血病、牛出血性败血病、牛梨形虫病(牛焦虫病)、牛锥虫病、日本血吸虫病。

绵羊和山羊病(2 种):山羊关节炎脑炎、梅迪-维斯纳病。

猪病(12 种):猪繁殖与呼吸综合征(经典猪蓝耳病)、猪乙型脑炎、猪细小病毒病、猪丹毒、猪肺疫、猪链球菌病、猪传染性萎缩性鼻炎、猪支原体肺炎、旋毛虫病、猪囊尾蚴病、猪圆环病毒病、副猪嗜血杆菌病。

马病(5 种):马传染性贫血、马流行性淋巴管炎、马鼻疽、马巴贝斯虫病、伊氏锥虫病。

禽病(18 种):鸡传染性喉气管炎、鸡传染性支气管炎、传染性法氏囊病、马立克氏病、产蛋下降综合征、禽白血病、禽痘、鸭瘟、鸭病毒性肝炎、鸭浆膜炎、小鹅瘟、禽霍乱、鸡白痢、禽伤寒、鸡败血支原体感染、鸡球虫病、低致病性禽流感、禽网状内皮组织增殖症。

兔病(4 种):兔病毒性出血病、兔黏液瘤病、野兔热、兔球虫病。

蜜蜂病(2 种):美洲幼虫腐臭病、欧洲幼虫腐臭病。

鱼类病(11 种):草鱼出血病、传染性脾肾坏死病、锦鲤疱疹病毒病、刺激隐核虫病、淡水鱼细菌性败血症、病毒性神经坏死病、流行性造血器官坏死病、斑点叉尾鮰病毒病、传染性造血器官坏死病、病毒性出血性败血症、流行性溃疡综合征。

甲壳类病(6 种):桃拉综合征、黄头病、罗氏沼虾白尾病、对虾杆状病毒病、传染性皮下和造血器官坏死病、传染性肌肉坏死病。

3.三类动物疫病(63种)

多种动物共患病(8种):大肠杆菌病、李氏杆菌病、类鼻疽、放线菌病、肝片吸虫病、丝虫病、附红细胞体病、Q热。

牛病(5种):牛流行热、牛病毒性腹泻/黏膜病、牛生殖器弯曲杆菌病、毛滴虫病、牛皮蝇蛆病。

绵羊和山羊病(6种):肺腺瘤病、传染性脓疱、羊肠毒血症、干酪性淋巴结炎、绵羊疥癣,绵羊地方性流产。

马病(5种):马流行性感冒、马腺疫、马鼻腔肺炎、溃疡性淋巴管炎、马媾疫。

猪病(4种):猪传染性胃肠炎、猪流行性感冒、猪副伤寒、猪密螺旋体痢疾。

禽病(4种):鸡病毒性关节炎、禽传染性脑脊髓炎、传染性鼻炎、禽结核病。

蚕、蜂病(7种):蚕型多角体病、蚕白僵病、蜂螨病、瓦螨病、亮热厉螨病、蜜蜂孢子虫病、白垩病。

犬猫等动物病(7种):水貂阿留申病、水貂病毒性肠炎、犬瘟热、犬细小病毒病、犬传染性肝炎、猫泛白细胞减少症、利什曼病。

鱼类病(7种):鮰类肠败血症、迟缓爱德华氏菌病、小瓜虫病、黏孢子虫病、三代虫病、指环虫病、链球菌病。

甲壳类病(2种):河蟹颤抖病、斑节对虾杆状病毒病。

贝类病(6种):鲍脓疱病、鲍立克次体病、鲍病毒性死亡病、包纳米虫病、折光马尔太虫病、奥尔森派琴虫病。

两栖与爬行类病(2种):鳖腮腺炎病、蛙脑膜炎败血金黄杆菌病。

三、猪病临床诊断

(一)猪病临床诊断的方法

(1)问诊:主要询问畜主,包括发病经过、病史、防疫及饲养管理等方面的问题。

(2)视诊:根据病猪外表,由远及近、由左至右、由上到下,边走边看,并检查鼻镜是否湿润,鼻腔有无分泌物,眼结膜、皮肤是否异常,局部是否肿胀等。

(3)触诊:用手摸猪体的各个部位以及主要器官;检查皮肤的温度、湿度,有无红色斑点及疹块,有无创伤、肿胀等;检查体表淋巴结是否肿大;触诊腹部感知肠管及内容物性状;检查脐部、阴囊等。

(4)听诊:主要是用听诊器听心脏、肺、肠的音响。在左侧胸肘窝右后方听心音和心跳次数。心音增强、减弱或出现杂音即疑似有病症。正常心跳一般大猪为 70～80 次/min,仔猪为 100～110 次/min。在猪上界距中线 4～5 cm、后界第 11 根肋骨处开始,向下、向前经坐骨结节连线交点处、肩关节线与第 7 肋间的交点而止于第 4 肋间即为猪的肺部听诊区。在胸壁两侧听肺的呼吸音及呼吸次数,正常呼吸次数为 10～20 次/min。在腹部听取肠蠕动音,正常猪的小肠音如流水声,大肠音如咕噜噜的远方雷鸣音。肠蠕动音增强,快而响亮,即有肠炎和肠痉挛等,并有下痢病症;若肠蠕动音减弱,音短促且稀少,或听不见,即有便秘,并有腹痛症状。

(5)测量体温:猪正常体温(39±0.5)℃,天热时在直线照射下可达 40℃左右,2 月龄以内的仔猪体温可达 39.3～40.8℃。测量方法是将体温表水银柱甩至 35℃以下,酒精消毒后涂上润滑剂,慢慢插入肛门,3～5 min 后取出体温表,准确读数。

(二)猪发病时的常见病理变化

(1)充血:局部组织或器官的小动脉和毛细血管发生扩张,血液增多,表现潮红,温度升高,并伴有轻度肿胀。

(2)淤血:局部组织或器官的静脉血液回流受阻或淤积。淤血部位常呈暗红色或蓝紫色,肿胀,表温下降,严重时细胞萎缩、变性,甚至坏死。

(3)出血:血液流出血管。若流出体外,即为外出血,如呕血、黑粪等;若积于体内即为内出血,如体腔积血、血肿等。若毛细血管受损,红细胞漏出管壁之外,形成出血点,称为渗出性出血。

(4)缺血:也称局部贫血,即器官或局部组织的血液供应断绝或不足。外表颜色改变(如肝呈褐色,皮肤与黏膜呈苍白色,肺呈灰白色),体积缩小,严重时变性、坏死,常发生于心、肝、肾、脑。

(5)变性:组织细胞营养供应受阻,代谢紊乱,细胞内生理化学性质发生变化。常见症状有:病变细胞体积增大,胞浆出现许多颗粒(颗粒变性),或胞浆内出现脂肪颗粒(脂肪变性),多发生于心、肝、肾中。有些胞浆内还会出现许多小空泡(水泡变性)。

(6)萎缩:因营养不良,血液供应不足或不畅等因素长期影响,发育正常的组织器官功能减退,体积缩小。

(7)坏死:局部组织或细胞发生死亡。有凝固性坏死(坏死组织干燥、硬化,呈灰黄色,与健康组织界限明显)和液化性坏死(坏死组织发生软化溶解,变为液体)两种。若坏死组织发生腐败,称为坏疽。

(8)溃疡:器官或组织发生坏死后,由表层逐渐向深层发展,呈溃烂状态,坏死组织脱落后形成缺损,即为溃疡。

(三)猪发病时的常见炎症

(1)增生性炎症:这类炎症表现为细胞或结缔组织大量增生。若为急性增生,则表现为急性传染病的淋巴结增大,如仔猪副伤寒,在肝脏内形成副伤寒结节等;若为慢性增生,则表现为寄生虫、结核杆菌、异物引起的各种组织增生,如猪胃的颚口线虫,常引起胃黏膜肥厚、硬化及伤口愈合形成的疤痕组织。

(2)渗出性炎症:主要特征为渗出性变化,有 4 种类型。①黏膜性炎:如黏膜炎症。黏膜分泌出大量黏液,又称卡他,感冒早期的鼻液就是这样类型。②浆液性炎:浆液在炎区渗出,常见于皮肤、浆膜或其他组织疏松部位。若发生在皮肤,则形成水疱;若发生在胸腔，则引起积液。③纤维素性炎：表现为大量纤维蛋白渗出。由细菌或毒物感染引起。在仔猪副伤寒、猪瘟、大叶性肺炎、腹腔粘连等疾病过程中常表现出这类炎症。多发生在黏膜、浆膜和肺部。④化脓性炎：主要特征为形成脓液，多由葡萄球菌、链球菌、大肠杆菌引起。常见于外科损伤及子宫内膜炎等。

(3)变质性炎症：主要特征是在炎区组织发生细胞变性、坏死。如在猪的急性传染病、中毒病过程中，心、肝、肾等实质器官发生变性、坏死等。

(四)怎样从外观识别病猪

规模养猪场和专业户，一般饲养的家畜数量较多，若牲畜已感染了某种疾病，如果不细心观察，发现不及时，就会造成很大的经济损失。现将简易的外观鉴别方法介绍如下。

(1)看动作：活泼的仔猪表现为尾巴左右不停地摇摆，耳朵灵活，能迅速反应外界的刺激，行动活泼；健康的成年猪贪食好睡，若给予食物即应声而来，饱食后卧地嗜睡，遇有生人接近，立即起立，举目观看，不断摇尾，或用嘴掘土觅食。若仔猪精神委靡，动作呆滞，常卧地不起，拒绝饮食，背脊发硬，行走摇、头尾下垂等，则为病猪。

(2)看眼睛：无病仔猪的眼睛一般都明亮有神，若眼睛昏暗，发红，眼屎过多等，则是病猪。

(3)看皮肤：无病仔猪的皮肤光滑圆润，肌肉丰满。如果猪皮肤粗硬而且缺乏弹性，有肿胀、溃疡、红斑、烂斑小结节等现象，均为病猪。

(4)看鼻子：鼻子干燥且有大量黏液溢出，则可能是病猪。

(5)看毛色：无病猪被毛光泽润滑，如果猪毛粗硬而缺乏弹性且杂乱无章，则是病猪。

(6)看颈、胸：仔猪的颈部和胸部若有肿胀和发硬现象，头颈动作不自如，则是病猪。

(7)看呼吸:呼吸困难,腹式呼吸过快或过慢等均为不正常现象。

(8)看肛门:留意观察猪苗肛门有无稀粪,肛门有无脱落等现象,若有则是病猪。

(9)看尾部:猪尾巴下垂不动,用手触摸尾根部,如果仔猪无任何反应,则是病猪。

(10)听声音:如果声音嘶哑发沙,则说明是病猪。

(五)猪发病后如何采集病料和送检

(1)病料采集:病料采集时要合理取材。第一,怀疑某种传染病时则采取该病常侵害的部位。第二,败血性传染病应采取心、肝、脾、肺、肾、淋巴组织结等组织。第三,专嗜性传染病或侵害某种器官为主的传染病采取该病侵害的主要器官组织。第四,怀疑寄生虫病时多采取粪便等检查虫卵。第五,疑似中毒性疾病多采取胃肠内容物、血液、肝以及粪便、尿液等。第六,检查流产病因多采取胎儿和胎衣。第七,检查血清抗体时,先采取血液,待凝固析出血清后吸出装入无菌小瓶送检。

(2)病料保存:病料采集要适量,部位要正确,还须使病料保持新鲜,如病料不能立即检查或者需送到外地检验时,应加入适量的保护剂。供微生物检验的病料应放在阴冷或低温处,以减少病料污染的机会,并保存于饱和盐水或30%甘油缓冲液中,容器加塞封固。病理组织学检验材料应放置在10%的福尔马林溶液或95%酒精中固定。固定液的用量为标本体积的10倍以上,并在24 h后换新鲜液一次。

(3)病料送检:病料送检方法应根据猪病发生的类型和送检目的的不同而不同。病料送检应在容器上编号,并详细记录,附有送检单和可能怀疑的病原的有关材料。其他病料包装要安全稳妥。对于危险材料、怕热材料和怕冻材料应分别采取措施。一般地说,微生物学检验材料都怕受热,病理检验材料都怕冻,并且应尽快送到检验单位。

(4)注意事项：第一，采取病料要及时。第二，应选择症状和病变典型的病例，最好能同时选择几种不同病程的病料，而且应是未经抗菌或杀虫药物治疗的，否则影响检测的结果。第三，剖检材料之前，应先对病情、病史加以了解和记录，并详细进行解剖前的检查。第四，除组织检验材料及胃肠等以外，其他病料均应以无菌操作采取。

第四节　免疫预防

一、猪场参考免疫程序

(一)制定免疫程序需考虑的因素

世界上没有一成不变而又广泛适用的免疫程序，因为免疫程序本身就是动态的，随着季节、气候、疫病流行状况、生产过程的变化而改变。因此，每个养殖场应根据当地实际情况制定适合本场的免疫程序，并确保能动态执行。养猪场应根据《中华人民共和国动物防疫法》及其配套法规的要求，结合当地实际情况，有选择地进行疫病的预防接种工作，并注意选择适宜的疫苗、免疫程序和免疫方法。免疫程序应根据当地的疫情、疾病的种类和性质、猪只抗体和母源抗体的高低、猪只日龄和用途，以及疫(菌)苗的性质等方面的情况制定的。在选用、制定或改进免疫程序时需要考虑以下因素。

(1)免疫要达到的目的：不同用途、不同代次的畜禽，其免疫要达到的目的不同，所选用的疫苗及免疫次数也会不同。种畜禽生产周期长，一次免疫不足以提供长期的免疫力，需要多次免疫，另外种畜禽免疫还应保证子代母源抗体水平。

(2)当地疾病流行情况：在免疫接种前，了解当地及周边地区有哪些传染病,然后制订适合本地区或本场的免疫计划。对当地没有发生可能、也没有从外地传入可能的传染病,就没有必要进行免疫接种。尤其是毒力较强和有散毒危险的弱毒疫苗,更不能轻率地使用。针对当地流行的疾病种类,决定所免疫苗的种类、时间与次数。

(3)疫病的发生规律:不同的疫病各有其发生发展规律,有的疫病对各种年龄的动物都有致病性(如猪瘟等),而有的疫病只有危害一定年龄的动物(仔猪黄痢主要危害 5 日龄以内仔猪,仔猪白痢主要危害 10～30 日龄仔猪,猪丹毒主要危害架子猪)。有的传染病一年四季均可发生(如猪瘟等),有的传染病发生有一定季节性(如日本乙型脑炎以蚊子活跃的季节最易流行等)。因此,应依据不同疫病发生的日龄、季节设计免疫程序,免疫的时间应在该病发病高峰前 1～2 周。这样,一则可以减少不必要的免疫次数,二则可以把不同疫病的免疫时间分隔开,避免疫苗间的相互干扰及免疫应激,这是免疫程序的时间设计基础。

(4)疫苗的类型:弱毒苗、灭活苗、单价苗、多价苗、联苗等不同的疫苗其免疫期、免疫途径、用途等均不相同,因此,设计免疫程序时应充分考虑运用合理的免疫途径、疫苗类型刺激机体产生坚强的免疫力。

(5)母源抗体情况:当母源抗体水平高且均匀时,推迟首免时间;当母源抗体水平低时,首免时间提前;当母源抗体水平高低不均匀时,可通过加大免疫剂量使所有动物获得良好的免疫应答。

(6)免疫间隔时间:根据免疫后抗体的维持时间决定。一般首免主要起到激活免疫系统的作用,产生的抗体低且维持时间短,与二免的间隔时间要短一些;二免作为加强免疫,产生的抗体高且维持时间长,与三免的间隔时间可以延长。猪流行性腹泻、猪流感等常在冬季流行,秋冬季节间隔时间就要短一些。

(7)疫苗间的相互干扰:两种及两种以上的疫苗不能在同一天

接种，更不能混在一起接种，最好间隔 1 周。

(8)疫苗的搭配使用：活苗的优点是抗体产生快，免疫应答全面；灭活苗的优点是抗体产生高且维持时间长，不受母源抗体干扰；二者联合使用可以使动物机体产生强大的保护力。

(9)饲养管理水平：不同规模的养殖场户，其饲养管理水平不同，传染病发生的情况及免疫程序实施情况也不一样，免疫程序设计也应有所不同。

(10)免疫效果：一个免疫程序实行一段时间后，可根据免疫效果检测和临床使用情况，及时进行调整。

(二)参考免疫程序

以下介绍的养猪场免疫程序，仅供参考。

1. 口蹄疫

(1)要求：对所有猪进行 O 型口蹄疫强制免疫。

(2)免疫程序：规模养猪场按免疫程序进行免疫，散养猪在春、秋两季各实施一次集中免疫，对新补栏的猪要及时补免。有条件的地方，可根据母源抗体和免疫抗体检测结果，制定相应的免疫程序。

仔猪 28～35 日龄时进行初免，初免后间隔 1 个月后进行一次强化免疫，以后每隔 4～6 个月免疫一次。

(3)紧急免疫：发生疫情时，对疫区、受威胁区域的全部猪进行一次强化免疫。边境地区受到境外疫情威胁时，要对距边境线 30 km 以内的所有猪进行一次强化免疫。最近 1 个月内已免疫的猪可以不进行强化免疫。

(4)使用疫苗种类：口蹄疫 O 型灭活类疫苗，口蹄疫 O 型合成肽疫苗(双抗原)。

(5)免疫方法：各种疫苗免疫接种方法及剂量按相关产品说明书规定操作。

(6)免疫效果监测：猪免疫 28 天后进行免疫效果监测。①检测方法：灭活类疫苗采用正向间接血凝试验、液相阻断 ELISA，合成肽疫苗采用 VP1 结构蛋白 ELISA。②免疫效果判定：灭活类疫苗抗体正向间接血凝试验的抗体效价≥2^5 判定为合格，液相阻断 ELISA 的抗体效价≥2^6 判定为合格，合成肽疫苗 VP1 结构蛋白抗体 ELISA 的抗体效价≥2^5 判定为合格。存栏猪免疫抗体合格率≥70％判定为合格。

2. 高致病性猪蓝耳病

(1)要求：对所有猪进行高致病性猪蓝耳病强制免疫。

(2)免疫程序：①商品猪：仔猪断奶后初免。在高致病性猪蓝耳病流行地区，可根据实际情况在初免后一个月加强免疫一次。②种母猪：70 日龄前免疫，程序同商品猪，以后每次配种前加强免疫一次。③种公猪：70 日龄前免疫，程序同商品猪，以后每隔 4～6 个月加强免疫一次。

(3)使用疫苗种类：高致病性猪蓝耳病灭活疫苗、高致病性猪蓝耳病弱毒疫苗。高致病性猪蓝耳病高发地区，根据监测情况，报经农业部兽医局批准后，可使用高致病性猪蓝耳病毒株弱毒疫苗进行免疫。

(4)免疫方法：各种疫苗免疫接种方法及剂量按相关产品说明书规定操作。

3. 猪瘟

(1)要求：对所有猪进行猪瘟强制免疫。

(2)免疫程序：①规模养猪场免疫：商品猪 25～35 日龄初免，60～70 日龄加强免疫一次；种猪 25～35 日龄初免，60～70 日龄加强免疫一次，以后每 4～6 个月免疫一次。②散养猪免疫：每年春、秋两季集中免疫，每月定期补免。

(3)紧急免疫：发生疫情时对疫区和受威胁地区所有猪进行一次强化免疫。

(4)使用疫苗种类：政府招标专用猪瘟活疫苗；传代细胞源疫

苗可在农业部指定的省份试用。

(5)免疫方法:各种疫苗免疫接种方法及剂量按相关产品说明书规定操作。

(6)免疫抗体监测:免疫 21 天后,进行免疫效果监测。猪瘟抗体阻断 ELISA 检测试验抗体阳性判定为合格,猪瘟抗体正向间接血凝试验抗体效价 $\geqslant 2^5$ 判定为合格。存栏猪抗体合格率达到 ≥70% 判定为合格。

4. 猪丹毒、猪肺疫

①种猪:春、秋两季分别用猪丹毒和猪肺疫疫苗各免疫接种一次。②仔猪:断奶后上网时分别用猪丹毒和猪肺疫菌苗免疫接种一次。70 日龄分别用猪丹毒和猪肺疫菌苗免疫接种一次。有条件的猪场也可不注射这两种菌苗。

5. 仔猪副伤寒

仔猪断奶后上网时(30～35 日龄)口服或注射一头份仔猪副伤寒弱毒冻干菌苗;对经常发生仔猪副伤寒的猪场和地区,为了加强免疫力,可在断奶前后各免疫一次,间隔 3～4 周。

6. 仔猪黄白痢

未经仔猪黄白痢疫苗免疫过的初产母猪,于开产前 30～40 天和 15～20 天各免疫接种 1 头份;经过免疫的经产母猪,开产前 15～20 天免疫接种 1 头份;产后 3～5 天再给仔猪免疫 1 次,使仔猪生后 30 天内免受猪大肠埃希氏菌的侵害。

7. 猪水肿病

仔猪出生后半个月,颈部皮下肌肉注射猪水肿病油乳剂灭活疫苗 1 头份,免疫期 6 个月。

8. 仔猪红痢

妊娠母猪初次注射仔猪红痢疫苗时,应接种 2 次,第一次在分娩前 1 个月,第二次在分娩前半个月;如妊娠母猪注射过本疫苗,分娩前半个月肌肉注射仔猪红痢疫苗 1 头份,免疫期 1 年。

9.猪细小病毒病

①种公猪、种母猪:每年用猪细小病毒疫苗免疫接种一次。②后备母猪:配种前4～5周免疫接种一次,2～3周后再加强免疫一次,免疫期可达7～12个月。

10.猪气喘病

①种猪:成年猪每年用猪气喘病弱毒菌苗免疫接种一次(右侧胸腔注射)。②妊娠母猪:怀孕2个月后免疫接种一次。③仔猪:7～15日龄免疫接种一次。④后备种猪:配种前免疫一次。

11.猪乙型脑炎

种猪、后备母猪在蚊蝇季节到来前(4～5月份)用乙型脑炎弱毒疫苗免疫接种一次。

12.猪传染性萎缩性鼻炎

①公猪、母猪:春、秋两季各注射支气管败血波氏杆菌灭活菌苗一次。②仔猪:70日龄注射一次。

13.猪流行性腹泻、猪传染性胃肠炎

①妊娠母猪:产前30天肌肉注射猪流行性腹泻和猪传染性胃肠炎油乳剂灭活苗1头份。②仔猪:7～10日龄肌肉注射1头份,免疫期半年。

14.猪伪狂犬病

①妊娠母猪:产前30天肌肉注射猪伪狂犬病灭活疫苗1头份,可使仔猪后代在生后2周内获得较强的免疫力。②育肥猪:每年接种一次。③仔猪:生后7～10日龄首次注射半头份,断乳后注射1头份,免疫期为12个月。

二、免疫接种

免疫接种是预防和治疗传染病的主要手段,也是使易感动物群转化为非易感动物群的唯一手段。有计划、有组织地进行免疫接种,是预防和控制疫病的重要措施之一,在传染病的防治措施中,免疫接种具有关键性的作用。任何部门和单位在兽医防疫工作中都必须重视免疫接种工作。

(一)免疫接种的类型

根据免疫接种的时机不同,可分为预防接种、紧急接种和临时接种。

(1)预防接种:指在经常发生某类传染病的地区、或有某类传染病潜在的地区、或受到邻近地区某类传染病威胁的地区,为了预防这类传染病发生和流行,平时有组织、有计划地给健康动物进行的免疫接种。

(2)紧急接种:指在发生传染病时,为了迅速控制和扑灭传染病的流行,而对疫区和受威胁区尚未发病的动物进行的免疫接种。紧急接种应先从安全地区开始,逐头(只)接种,以形成一个免疫隔离带。然后再到受威胁区,最后再到疫区对假定健康动物进行接种。

(3)临时接种:指在引进或运出动物时,为了避免在运输途中或到达目的地后发生某种传染病而进行的预防免疫接种。临时接种应根据运输途中和目的地传染病流行情况进行免疫接种。

(二)免疫接种的基本要求

(1)人员要求:免疫人员必须是兽医技术人员,其他协助人员应经过疫苗免疫技术、个人防护知识和防止疫病扩散知识的专门培训。

(2)动物健康状况要求:在疫苗使用前要对动物群体的健康状况进行认真检查,只有健康的动物才可以接种疫苗。畜群健康状况不佳时应暂缓用苗,这时免疫不但不能产生良好的免疫效果,而且可能会因接种应激而诱发疫病。

(3)免疫时机选择:使用疫苗最好在早晨,在使用过程中,应避免阳光照射和高温、高热环境。

(4)疫苗使用要求:活苗应现配现用,并最好在 2 h 内用完;灭活苗开封后最好当天用完。疫苗用后要注意观察畜禽情况，发现过敏反应或异常反应及时处理。

(5)免疫器械要求：接种疫苗用的器械都要事先消毒，注射器、针头要洗净并经高压或煮沸消毒后方可使用。根据动物大小，选择大小、长度合适的针头。为防止交叉感染，给家畜注射，每次注射均必须更换一个针头；给农村散养家禽注射，每注射一户必须更换一个针头；给规模饲养场家禽注射，可以一笼换一次针头，但最多不超过100只。针头数量不足时，可边煮沸边使用。

(6)免疫时尽可能避免应激：建议在注射疫苗前后3天的饲料中添加少量的镇静剂和抗应激的维生素C。

(7)对环境的要求：接种前3天搞好猪舍消毒工作，在用苗后3天内，禁用一切杀菌剂、杀虫剂，禁止喷雾消毒。免疫后要保护好猪，免受野毒的侵袭。

(8)进出养殖场(户)或猪舍要严格消毒：防疫员开始工作前要更换工作服，进出养殖场(户)或猪舍必须走人行消毒通道(紫外线灯消毒的更衣室、消毒池)或消毒盆消毒胶靴(冬季要用温水配制)。携带物品的外包装要经喷雾消毒，免疫接种人员用消毒液洗手消毒。

(9)免疫废弃物处理要求：已稀释的疫苗剩余部分应煮沸倒掉，用过的酒精棉球、碘酊棉球等废弃物，特别是活疫苗瓶应收集后焚烧或深埋处理，切忌在栏舍内乱扔乱放，防止散毒。

(10)观察动物免疫后反应：免疫接种后，在接种反应时间内，防疫人员要对被接种动物进行反应情况检查，详细观察饮食、精神、粪便等情况，并抽查体温，对副反应严重或发生过敏反应的应及时抢救、治疗，并应向畜主解释清楚。

(三)接种前的准备工作

1. 制订免疫接种工作计划

调查统计饲养户、饲养动物种类与数量；计算所需疫苗的品种、数量；确定接种途径和方法、接种日期等。

2. 免疫器具、物品的准备

(1)器械：①接种器械：根据不同方法，准备所需要的接种器械。包括：注射器、针头、镊子；刺种针；点眼(滴鼻)滴管；饮水器、玻璃棒、量筒、容量瓶；喷雾器等。②消毒器械：剪毛剪、镊子、煮沸消毒器等。③保定器械：牛鼻钳等。④其他：耳标钳、带盖搪瓷盘、疫苗冷藏箱、冰壶、体温计、听诊器等。

(2)物品：毛巾、防护服、橡胶手套、胶靴、工作帽、护目镜、口罩等。

(3)药品：①注射部位消毒：75％酒精、5％碘酊、脱脂棉等。②人员消毒：75％酒精、2％碘酊、来苏儿或新洁尔灭、肥皂等。③急救药品：0.1％盐酸肾上腺素、地塞米松磷酸钠、盐酸异丙嗪、5％葡萄糖注射液等。

(4)其他物品：免疫接种登记表、免疫证、免疫耳标、脱脂棉、纱布、冰块等。

(5)针头的选择：针头大小要适宜，针头过短、过粗，注射后拔出针头时，疫苗易顺着针孔流出，或将疫苗注入脂肪层；针头过长，易伤及骨膜、脏器。2～4 周龄猪一般用 16 号针头(2.5 cm)，4 周龄以上猪用 18 号针头(4.0 cm)。

3. 器械的消毒

(1)冲洗：将注射器、点眼滴管、刺种针等接种用具先用清水冲洗干净。玻璃注射器要将注射器针管、针芯分开，用纱布包好；金属注射器应拧松活塞调节螺丝，放松活塞，用纱布包好；针头用清水冲洗干净，成排插在多层纱布的夹层中；镊子、剪子洗净，用纱布包好。

(2)灭菌：①高压灭菌：将洗净的器械高压灭菌 15 min。②煮沸消毒：放入煮沸消毒器内，加水淹没器械 2 cm 以上，煮沸

30 min，待冷却后放入灭菌器皿中备用。煮沸消毒的器械当日使用，超过保存期或打开后需重新消毒后，方能使用。

(3)注意事项：器械清洗一定要保证清洗的洁净度；灭菌后的器械一周内不用，下次使用前应重新消毒灭菌；禁止使用化学药品消毒；使用一次性无菌塑料注射器时，要检查包装是否完好和是否在有效期内。

4. 人员消毒和防护

免疫接种人员剪短手指甲，用肥皂、消毒液(来苏儿或新洁尔灭溶液等)洗手，再用75%酒精消毒手指。穿戴工作服、胶靴，戴橡胶手套、口罩、工作帽等。在进行气雾免疫和布病免疫时应戴护目镜。

5. 检查动物健康状况

为了保证免疫接种动物安全及接种效果，接种前应了解预定接种动物的健康状况。检查动物的精神、食欲、体温，不正常的不接种或暂缓接种。检查动物是否发病、是否瘦弱，发病、瘦弱的动物不接种或暂缓接种。检查是否存在幼小的、年老的、怀孕后期的动物，这些动物应不予接种或暂缓接种。对上述动物进行登记，以便以后及时补免。

6. 疫苗的准备

(1)检查疫苗外观质量：检查疫苗外观质量，凡发现疫苗瓶破损、瓶盖或瓶塞密封不严或松动、无标签或标签不完整(包括疫苗名称、批准文号、生产批号、出厂日期、有效期、生产厂家等)、超过有效期、色泽改变、发生沉淀、破乳或超过规定量的分层、有异物、有霉变、有摇不散的凝块、有异味、无真空等，一律不得使用。

(2)仔细阅读使用说明书：使用前仔细阅读疫苗使用说明书，看清疫苗的用途、用法、用量、不良反应和注意事项等。

(3)预温疫苗：使用前从贮藏容器中取出疫苗，置于室温(15～

25℃)2 h左右,平衡疫苗温度。

(4)稀释疫苗:①稀释剂选择:按疫苗使用说明书注明的头(只)份,用规定的稀释液,按规定的稀释倍数和稀释方法稀释疫苗。用于饮水的疫苗稀释剂,最好是用蒸馏水或去离子水,也可用洁净的深井水,但不能用自来水,因为自来水中的消毒剂会杀死疫苗病毒。如果能在饮水或气雾的稀释剂中加入0.1%的脱脂奶粉,将会保护疫苗的活性。用于气雾免疫的稀释剂,应该用蒸馏水或去离子水,如果稀释水中含有盐,雾滴喷出后,由于水分蒸发,导致盐类浓度升高,会使疫苗灭活。②稀释过程:稀释时先除去稀释液和疫苗瓶封口的火漆或石蜡。用酒精棉球消毒瓶塞。用注射器先抽取少量稀释液,注入疫苗瓶中,充分振荡,使其完全溶解。补充稀释液至规定量。③注意事项:如原疫苗瓶装不下,可另换一个已消毒的大瓶,但要用稀释液冲洗疫苗瓶几次,使全部疫苗所含病毒(或细菌)都被冲洗下来。

(5)吸取疫苗:轻轻振摇,使疫苗混合均匀;排净注射器、针头内水分;用75%酒精棉球消毒疫苗瓶瓶塞;将注射器针头刺入疫苗瓶液面下,吸取疫苗。活疫苗稀释后尽量在2 h内用完,油乳剂灭活疫苗启封后应于24 h内用完。使用连续注射器时,不需抽取疫苗,把注射器软管连接的长针插至疫苗瓶底即可,同时插入另一针头供通气用。

(四)疫苗的种类、保存和运输

(1)疫苗的种类:疫苗分为活疫苗和灭活疫苗两类。凡将特定细菌、病毒等微生物毒力致弱制成的疫苗称活疫苗;用物理或化学方法将其灭活后制成的疫苗称灭活疫苗。一般而言,接种活疫苗约经过7天,接种灭活疫苗约经过14天,动物才能产生主动免疫而具有免疫力。

(2)疫苗的保存:各种疫苗应保存在低温、避光及干燥的场所。

灭活疫苗(包括油乳苗)、免疫血清、类毒素及各种诊断液等应保存在 2～10℃,防止冻结。弱毒冻干疫苗应保存在－15℃以下,冻结保存。

(3)疫苗的运输:各种疫苗要求包装完善,防止碰坏瓶子和散播活的弱毒病原体。运输途中要避免高温和日光直接照射,尽快送至保存地点或预防接种地点。弱毒疫苗应放在装有冰块的广口保温瓶内运送,以免降低或丧失其性能。

(五)免疫接种方法

1.经口免疫法

分饮水和喂饲两种方法。经口免疫应按头数计算饮水量和采食量,停饮或停喂半天,然后按实际头数的 150％～200％量加入疫苗,以保证饮、喂疫苗时每个个体都能饮用一定量水和吃入一定量料,得到充分免疫。此法目前广泛应用于集约化猪场。此法省时、省力,适宜大群免疫,但每头猪摄入的疫苗量不像其他免疫方法一样准确。另外,应注意疫苗要用冷水稀释,最好不要用城市自来水,如必须用则先接水储存一天再用,以减少氯离子对疫苗的影响。

2.注射免疫法

注射免疫法常用的有皮下接种、皮内接种、肌肉接种、静脉接种等方法。

(1)皮下接种法:接种部位在耳根后方。皮下接种的优点是操作简单,吸收较皮内快,缺点是使用疫苗剂量多。大部分常用的疫苗和高免血清均可采用皮下注射。

(2)皮内接种法:接种部位在耳根后。皮内接种的优点是使用药液少,同样的疫苗较皮下注射反应小,同量药液较皮下接种产生免疫力高;缺点是操作麻烦,技术要求高。

(3)肌肉接种法:在臀部和颈部两部位。肌肉接种的优点是药液吸收快，注射方法简便；缺点是在一个部位不能大量注射。臀部如接种不当，易引起跛行。

(4)静脉接种法：接种部位在耳静脉。兽医生物药品中的免疫血清除了皮下和肌肉注射，均可静脉注射，特别是在紧急治疗传染病时。疫苗、诊断液一般不做静脉注射。静脉接种的优点是可使用大剂量，奏效快，可及时抢救患畜；缺点是要求一定的设备和技术条件。此外，如为异种动物血清，可能引起过敏反应(血清病)。

(六)畜禽标志与养殖档案

1. 畜禽标志

养猪场应当向当地县级动物疫病预防控制机构申领畜禽标志，并按照下列规定对畜禽加施畜禽标志：新出生仔猪，在出生后30天内加施畜禽标志；30天内离开饲养地的，在离开饲养地前加施畜禽标志；从国外引进种猪，在种猪到达目的地10天内加施畜禽标志。猪在左耳中部加施畜禽标志，需要再次加施畜禽标志的，在右耳中部加施。畜禽标志不得重复使用。

2. 养殖档案

养猪场应当建立养殖档案，载明以下内容：品种、数量、繁殖记录、标志情况、来源和进出场日期；饲料、饲料添加剂等投入品和兽药的来源、名称、使用对象、时间和用量等有关情况；检疫、免疫、监测、消毒情况；发病、诊疗、死亡和无害化处理情况；畜禽养殖代码；农业部规定的其他内容。养猪场应当依法向所在地县级人民政府畜牧兽医行政主管部门备案，取得畜禽养殖代码。饲养种猪应当建立个体养殖档案，注明标志编码、性别、出生日期、父系和母系品种类型、母本的标志编码等信息。种猪调运时应当在个体养殖档案上注明调出和调入地，个体养殖档案应当随同调运。养殖档案保存时间：商品猪为2年，种猪长期保存。

3. 动物标志及疫病可追溯体系

当前，我国动物标志及疫病可追溯体系建设工作正从试点阶段转入全面推开阶段，从普遍佩戴二维码耳标阶段转入应用识读设备实施追溯工作操作阶段。动物标志及疫病可追溯体系由畜禽标志申购与发放管理系统、动物生命周期全程监管系统、动物产品质量安全追溯系统组成。三大系统既紧密衔接，又相互独立，构成从耳标生产、配发，到动物饲养、流通，再到动物屠宰、动物产品销售全程监管追溯体系。

二维码畜禽标志(简称耳标)是动物标志及疫病可追溯体系的基本信息载体，贯穿牲畜从出生到屠宰历经的防疫、检疫、监督环节，通过可移动智能识读器等终端设备把生产管理和动物卫生执法监督数据汇总到数据中心，实现从牲畜出生到屠宰全过程的数据网上记录，是追溯体系三大业务系统的数据轴心。

动物生命周期全程监管系统是动物标志及疫病可追溯体系建设的重要组成部分，是重大动物疫病和动物产品质量安全的监管新的手段和先进技术举措。通过将饲养信息、防疫档案、检疫证明和监督数据传输到中央数据库，实现在发生重大动物疫病和动物产品安全事件时，利用牲畜唯一编码标志追溯原产地和同群畜，以实现快速、准确控制动物疫病的目的。动物生命周期全程监管系统主要使用移动智能识读器来进行相关信息的采集和传输，在戴标防疫、产地检疫、运输监督、屠宰检疫等几个环节进行相关信息的监管。

(七)免疫效果的评价

免疫接种后是否达到了预期的效果，这是疫病预防中的一个非常重要的问题。要回答这个问题，就必须通过一定方法对免疫效果进行评价，一般可采用以下几种方法。

(1)抗体监测：大部分疫苗接种猪体后可使猪体产生特异性的抗体，通过抗体来发挥免疫保护作用。因此，通过监测猪接种疫苗后是否产生了抗体以及抗体水平的高低，就可评价免疫接种的效果。

(2)细胞免疫检测：有些疫苗接种动物后，主要通过激发动物机体的细胞免疫功能来发挥预防疾病的作用。因此，这类疫苗接种动物后是否产生了免疫效果，可以通过检测细胞免疫的一些指标来衡量。

(3)攻毒保护试验：如无法进行免疫监测时，可选用攻毒保护试验来评价免疫接种的效果。一般是从免疫猪群中抽取一定数量的猪，用对应于疫苗的强毒性病原微生物进行人工感染，若试验猪能很好地保护强毒攻击，则说明免疫效果良好。

(4)流行病学评价：可通过流行病学调查，用发病率、病死率、成活率、生长发育与生产性能等指标，与免疫接种前的或同期未免疫接种猪群的相应指标进行对比，初步评价免疫接种效果。

(八)免疫反应的处理

给猪预防接种后，要注意观察被接种猪的局部或全身反应。局部反应是接种局部出现一般的红、肿、热、痛等炎症变化；全身反应则是呈现体温升高，精神不振，食欲减少。这些反应一般属于正常现象，只要给予适当的休息和加强饲养管理，几天后就可以恢复；但如果反应严重，则应进行适当的对症治疗。

(九)影响免疫效果的因素

在实际应用中，疫苗免疫受到多种因素的影响，如疫苗的内在质量、类型及保存、运输条件，猪的品种、营养、饲养管理、环境、应激、母源抗体，以及免疫程序和免疫抑制因子的存在，等等。这些因素可通过不同的机制干扰疫苗的免疫效果，从而造成猪机体免疫力不足甚至免疫失败，导致个体或一定群体的疫病发生或流行。临床上疫苗免疫力低下或失败的表现是多种多样的，但主要有以下几种：①疫苗接种猪后仍发生相应的疾病。②猪接种后虽不发生相应的疾病，但机体抵抗力降低，使其发生混合感染的疾病增多。③群体接种疫苗后虽未发生明显的疾病,但引起群体生产性能降低,如生长缓慢、饲料转化率降低等现象。④注射接种后猪很快发生疾病死亡,或虽不死亡,也不表现临床症状,但体内检测不到抗体。⑤临床上广泛存在着隐性感染、持续感染和带毒猪及垂直感染现象。因此,只有充分了解影响免疫接种效果的因素,科学地开展疫苗免疫接种,才能充分发挥疫苗的作用,保护养殖业健康发展。

1. 疫苗因素

(1)疫苗的质量:

①疫苗的质量主要取决于生产采用的菌(毒)株和血清型,高质量疫苗使用标准的菌(毒)株,抗原性好、抗原含量高。由于许多病原微生物如大肠杆菌、口蹄疫、链球菌病、蓝耳病等有多个血清型,易发生抗原变异或出现超强毒力变异株。因此,疫苗菌(毒)株血清型为当前传染病流行的主导型、抗原的代表性强、覆盖面广,才能产生良好的免疫保护。如疫苗菌(毒)株的血清型与当前流行的毒株之间存在差异,就不可能产生良好的免疫保护,甚至造成免疫失败。例如,口蹄疫病毒有 7 个血清型,其中我国流行的口蹄疫以 O 型和亚洲Ⅰ型为主;而链球菌的血清型有脑炎型、败血型、关节炎性及淋巴结型等。疫苗使用应选择疫苗毒株与当地流行的病毒株的抗原型越近的免疫保护越好,如果选用的疫苗毒株与当地流行的病毒株的抗原型差异性较大,或不属于同一血清型,不能产生交叉免疫性,这样免疫效果就很差,甚至起不到免疫保护作用。如不能用 O 型口蹄疫疫苗来预防 A、C 及其他型口蹄疫。

②疫苗的质量与生产工艺有关。油苗的质量受油佐剂、乳化剂、稳定剂质量和乳化工艺的影响,弱毒活疫苗质量与疫苗保护剂、SPF 鸡胚、细胞的洁净度等有关。目前,市场上疫苗种类繁多,但由于各厂家生产工艺的差异,不同厂家甚至不同批次,疫苗质量也存在一定差异,需选择使用。

③选择正规厂家的疫苗。非正规疫苗厂家生产的疫苗，使用的毒种和菌种不是标准菌毒株，免疫原性或代表性差，不能达到保护水平；抗原量可能不够，产生特异性免疫反应低，免疫有效期短；如果毒种和菌种毒力过强或污染野毒，可能诱导疫病的发生。要在动物防疫部门或生物药厂购买，选择有信誉厂家生产的、有批准文号的疫苗。不使用非法生产、非法经营的疫苗。

(2)疫苗的类型：疫苗主要分为灭活苗和活苗，疫苗的种类不同，其免疫功能不同，免疫效果也不一样，因此应根据传染病流行情况、免疫目的选择低、中、强毒力弱毒株或灭活疫苗。

①灭活疫苗安全性好，免疫力维持时间长，但产生免疫应答速度慢，一般免疫接种后 2～3 周可产生免疫力，且以体液免疫应答为主，细胞免疫应答弱，必须逐头(只)接种。

②弱毒苗使用方便，免疫方法灵活，既能引起体液免疫应答，又能引起细胞免疫应答，还可激发局部免疫。接种后产生免疫力快，接种 5～7 天可产生免疫力。特别适合首次免疫，作为基础免疫，可以启动全部免疫系统。但弱毒苗易受母源抗体的干扰，同时有散毒和毒力返强的危险。

③有些疫病还应根据其病原感染途径选择疫苗。如呼吸道是病毒入侵的门户，以黏膜免疫为主，则应考虑用活疫苗进行免疫。

(3)疫苗的保存及运输条件：活苗一般在 −20℃以下保存，灭活苗在 2～8℃保存。活苗大量运输时应采用冷藏车，少量运送可以采用冷藏箱(包)或保温桶加冰块。灭活苗大量运输时应采用恒温车运输，冬季要防冻，夏季要防阳光照射，少量运送可以使用冷藏箱(包)。

2.病原的因素

特别是在某些疫病严重流行的地区，环境中可能出现超强毒株、变异毒株或野毒含量过高，在一定条件下，病原突破免疫保护，造成感染发病。另外，即便是再成功的免疫接种，也会因种种原因总有一部分个体不能产生良好的免疫应答，如果消毒不彻底，生物安全措施不到位，环境中存在大量野毒的情况下，这部分猪就会感染，成为传染源，造成猪群持续带毒，病毒在猪群积聚，引起流行。因此，要加强疫苗免疫后的隔离消毒工作。

3.免疫操作的因素

在疫苗免疫接种的实际操作程中，往往会出现诸多不规范行为，而影响免疫效果。

(1)疫苗稀释不当：疫苗稀释时，每种疫苗对使用的稀释剂、稀释倍数及稀释方法都有要求，有的有专用稀释液，必须严格按规定处理，否则影响免疫效果。饮水和气雾免疫时，稀释液应该用蒸馏水或去离子水，不能使用自来水，加入0.1%的脱脂奶粉会保护疫苗的活性。疫苗专用稀释液一般常温保存，夏季存放高温环境时间过长，可能变质，一旦变色不能再用。活疫苗在稀释过程中，由于温度的影响，疫苗活力可能会受到不同程度的负面影响(活力降低)，疫苗免疫效果将减弱。因此，在夏天进行活疫苗免疫时，宜在早晨气温低的时候进行，也可把稀释好的疫苗放在冰块上，尽量在2 h内用完。

(2)免疫途径不当：不同的疫苗，接种的方法和途径不同，使用不当会影响免疫效果。如口蹄疫疫苗要求肌肉注射，可能注射于皮下；有的疫苗要求肌肉注射，但为了操作方便，改成了饮水免疫。另外，针头过短或倾斜注射使注射深度不够，深部肌肉注射可能注射于皮下脂肪中，这样疫苗不能很好地吸收，达不到应有的免疫效果。

(3)免疫剂量过大：不少养猪场为了提高免疫效果，采取加大剂量的办法，在一定剂量范围内，免疫力产生和接种剂量成正比，即疫苗接种剂量越大，产生的免疫应答越强，免疫效果越好。适度加大剂量，可以弥补疫苗注射操作中的免疫剂量不足、抵抗体内抗体干扰，确保免疫效果，如猪瘟采用2～3倍免疫剂量，可以取得较好的免疫效果。但是,目前有的养猪场猪瘟免疫采用 5～8 倍量,免疫效果仍然不佳的原因就是剂量过大,剂量过大同样可以引起免疫麻痹或耐受,影响免疫的效果,剂量过大还容易出现疫苗的副反应。

(4)免疫剂量不足:在实际生产过程中,有很多操作都会使疫苗的免疫剂量不足,影响免疫效果。如接种数量较多时,操作忙乱,漏注,或接种部位不准确;注射疫苗时混合不均匀,抗原量不准确;打"飞针",注射剂量不正确;针头过短、过粗,注射后注射液从针眼流出来,使注射剂量不足;疫苗溶解和稀释方法不当;疫苗稀释后超过规定时限,疫苗效价降低;饮水免疫时,水中没有加脱脂奶粉或水中含氯及其他消毒剂或酸碱度不适宜,或饮水器含有金属离子(特别是铁离子),残留消毒液等,使疫苗效力降低;饮水器少,分布不均匀,饮水不均,免疫效果不一致;或饮水时间过长,阳光直射,疫苗效果降低。

4. 免疫程序的因素

没有一个能够适合所有地区或养猪场的标准免疫程序,不同地区或猪场应根据当地疫病流行情况和生产实际,制定科学合理的免疫程序。但目前许多养猪场并没有充分认识到这一点,盲目照搬其他养猪场的免疫程序,使得免疫程序多年一成不变,有的养猪场仍然使用 10 多年前制定的免疫程序,导致疫苗免疫没有达到应有的效果,甚至发病。

(1)首免过早:动物体内的抗体一类是先天所得,即母源抗体,另一类是通过后天免疫后产生的抗体。新生动物可以从母体、初乳中获得一定量的母源抗体,这是最早抵抗微生物感染的有生力量。新生仔猪吸吮初乳后 24～35 h,免疫球蛋白水平达到高峰并接近母体水平,随后开始降解而滴度逐渐下降。虽然母源抗体对新生仔猪有一定的保护能力,但也会不同程度地干扰弱毒疫苗的免疫效果。如果在母源抗体水平还比较高的情况下接种疫苗,就会使疫苗与抗体发生中和反应，既消耗了母源抗体，又损失了疫苗数量，无法刺激机体产生足够的抗体，使免疫效果下降，甚至导致免疫失败。因此，仔猪免疫接种前，应进行母源抗体检测，当母源抗体水平下降到临界值时，进行免疫接种，效果最好。

但近年来对猪瘟疫苗超前免疫或零时免疫的报道较多，在实践中也取得了令人满意的效果，仔猪在出生后未吸吮初乳之前接种猪瘟疫苗，使其产生主动免疫。其机理是新生仔猪吸吮初乳后血清中抗体需要 6～12 h 才能到高峰，仔猪在吸吮初乳前 2～3 h 接种猪瘟疫苗，有足够时间让病毒在仔猪体内扩散、定居和增殖，从而不会被母源抗体所中和。猪瘟的超前免疫，在未吸吮初乳之前，避开母源抗体的干扰抢先站位，属于抢先占位免疫。注意事项：免疫后 2 h 内不能吃乳；另外，产生免疫力需要一定的时间，要搞好隔离饲养，防止野毒早期感染。

(2)免疫次数过多：出于对疫病的害怕心理，总是认为免疫越勤越好，不但浪费了疫苗、增加了免疫应激，而且多次免疫接种还可能引起免疫麻痹或耐受，影响免疫效果。

(3)接种间隔时间不合理：弱毒疫苗免疫后能在动物体内得到繁殖，免疫接种 5～7 天可产生免疫力，免疫力强、免疫效果好，但消失快，如不进行加强免疫，常常达不到免疫效果。首次免疫时，动物的应答能力低，重复免疫接种才能产生更强的再次免疫应答，所以一般疫苗首次免疫后，需要再加强免疫一次。接种间隔时间不合理，免疫时间过迟，抗体水平过低或消失，容易受到感染，必须及时进行加强免疫，保证免疫效果。猪瘟疫苗，如果仔猪出生后 20 天左右首免，则在 70 日龄左右进行二免。猪口蹄疫疫苗在 20～30 日龄首免后 25 天左右进行二次免疫，而常年饲养成年猪、种猪的再免应在免疫期将至的前 1 个月内提前加强免疫，即二免后的 4～5 个月进行三免，只有这样才能保证免疫质量。

(4)疫苗联用的干扰：由于一定地区、一定季节内某种动物流行的疫病种类较多，往往在同一时间采用疫苗联用，给猪接种两种或两种以上的疫苗，以分别刺激机体产生保护性抗体。但疫苗联合使用不当，容易造成两种毒株比例配合不当、相互干扰而影响免疫效果。

近年来的研究表明，灭活苗联合使用时似乎很少出现相互影响的现象，甚至某些疫苗还具有促进其他疫苗产生免疫力的作用。但考虑到机体的承受能力、疫病危害程度和疫苗生产工艺等因素，常规灭活苗的无限制联合使用也会影响疫病的免疫效果。其原因是，机体对多种外界因素刺激的反应性是有限的，同时接种疫苗的种类或数量过多时，不仅妨碍机体免疫力的产生，而且可能出现较剧烈的不良反应而减弱抗病能力。因此，对主要疫病免疫预防时，应尽量使用单独的疫苗或联合较少的疫苗进行免疫接种，以达到预期的免疫效果。选择疫苗联合接种时，应根据研究结果和实验数据确定哪些疫苗可以联合使用，哪些疫苗在使用时应有一定的时间间隔，以及接种的先后顺序等。

5.动物方面的因素

疫苗免疫后能否产生免疫保护力，以及产生保护力的高低与机体免疫应答能力有直接的关系。影响应答状态的因素很多，品种、年龄、营养、健康等都将影响免疫效果。

(1)品种：疫苗接种的免疫反应在一定程度上受遗传因素的影响，同一品种不同个体之间，对疫苗的免疫应答也有差异。

(2)日龄：不同的发育阶段对免疫原的敏感性不同，在正常情况下，初生仔猪体内免疫器官尚未发育成熟，免疫应答能力也不完全，因此，过早免疫效果不好。另外，早期免疫还存在母源抗体的干扰。

(3)健康状况：只有健康的猪接种疫苗才能产生坚强的保护力，猪越健康，免疫的效果越好。幼小、体弱、生长发育差以及怀孕的猪，接种疫苗不但不能产生良好的免疫保护力，还可能会出现明显的注射应激反应。

疾病对免疫接种效果的影响是不可忽视的因素，免疫抑制性疾病、中毒病、代谢病等都会影响机体对疫苗的免疫应答能力。特别是免疫抑制性疾病，主要侵害免疫系统，如猪瘟病毒、圆环病毒、伪狂犬病毒、猪繁殖呼吸综合征病毒等病原体，在猪体内都可通过不同的机制破坏机体的免疫系统，导致免疫应答功能受到不同程度的抑制。在免疫抑制状态下，常发生后续感染和多病原混合感染的综合征，病原可能是一种或两种以上的细菌、病毒，或者是病毒和细菌共同感染引起的。

中毒特别是霉菌毒素中毒也严重影响疫苗接种的效果。霉菌毒素可影响细胞免疫反应，减少抗体产生。长期饲喂霉变饲料，特别是少量不易发现有霉变的玉米，会对免疫系统产生影响，使猪很容易感染疾病，导致生产性能降低，或因并发症而死亡。饲料在收获、运输、储藏过程中防止霉变，发霉变质的饲料禁喂。

接种前，向饲养人员询问动物近期饮食等状况，必要时可测量体温和进行临床检查，凡精神、食欲、体温不正常的，有病的、体弱的，怀孕后期的，不予接种或暂缓接种。

(4)营养状况：任何营养物质的缺乏都会给免疫功能带来危害，增加机体对疾病的易感性。例如缺乏蛋白质和氨基酸，影响免疫球蛋白的合成；维生素 A 缺乏时，会降低局部黏膜免疫；维生素 E 缺乏，会增加机体对疫病的易感性；维生素 C 可以增加机体的抗应激能力；微量元素铁、锌、铜、硒缺乏，会导致免疫器官的萎缩，体液免疫和细胞免疫功能下降。饲料要合理搭配，营养要全面，注意能量、蛋白质、氨基酸、维生素、微量元素等水平；在饲料中添加一些酶制剂可提高免疫力。

6. 环境因素

动物的免疫应答能力与环境有着密切关系，当受到不良环境因素的影响时，产生应激，会发生生理状态的改变，引起动物神经系统、内分泌系统、免疫系统等一系列应答反应，造成机体免疫力和抵抗力低下，对猪的生长发育、生产性能带来不同程度的影响，严重时会引起死亡。高湿高热，猪处于热应激之中；寒冷季节，猪舍通风换气条件差，灰尘颗粒、氨气等有害气体积聚，损害上呼吸道黏膜健康，影响猪对疫苗的应答能力。注意冬季保暖，夏季防暑；做好圈舍的通风换气，保证空气质量。

7. 饲养管理的因素

免疫接种前后出现的各种不良应激因素，都会扰乱机体的正常代谢，影响抗体产生的速度和数量。如转群、抓捕、去势、断尾等，这些操作常常引起应激。在应激条件下，免疫系统功能处于低水平状态，此时进行免疫接种，机体不能产生良好的免疫力，甚至适得其反，诱发疾病。因此，免疫接种前后一定要加强饲养管理，用具和环境定期消毒，保持圈舍的干燥、清洁、卫生；搞好饲料更换工作；保持圈舍安静，尽量避免出现严重的噪声和突然的惊吓；按照不同日龄的要求，增减猪群的饲养密度。另外，由于人工主动免疫不能立即产生免疫力，需要一定的诱导期，因而在免疫防治中应着重考虑到这一特点，免疫后要隔离饲养，防止早期感染。

8. 药物使用的因素

在免疫接种前后 1 周，不要用肾上腺皮质酮类等抑制免疫应答的药物；使用弱毒苗免疫前后 1 周，不要使用抗菌类药物；饮水免疫前后 3 天内不能进行消毒。

9. 防疫意识的因素

对一些非重大动物疫病（圆环病毒病等免疫抑制性疾病）认识不足，没有纳入日常的防疫计划，群体中存在一些疾病，影响重大动物疫病的防疫效果。

（十）造成猪场免疫失败的因素

随着我国养猪业的飞速发展，我国猪场的免疫失败问题日益严重。免疫接种只能抑制病原微生物并不能杀灭病原微生物，因而只能避免或减少动物疫病发生，不能保证绝对不发生动物疫病。接种疫苗的猪群仍然发病的主要原因有：某些因素造成疫苗免疫失败；接种时猪群处于该病的潜伏期；猪群生理状况不佳，使它对疫苗注射无应答或应答过度；猪只受到过致病力较强的感染因子作用等。在免疫接种过程中，任何一个环节做不好都会导致免疫效果下降，甚至造成免疫失败。

（1）免疫剂量不足，疫苗中病毒株免疫原性差：由于疫苗中病毒含量不足，活苗中病毒发生失活等原因导致的免疫失败，在目前均较常见。如果不正确地保存、运输、使用疫苗，就可能导致免疫剂量不足，免疫失败。

（2）疫苗毒株（或菌株）的血清型未包括当地流行病原的血清型或亚型：由于有的病原含有多个血清型，防治口蹄疫、流感、胸膜肺炎放线杆菌、副猪嗜血杆菌病、链球菌病等疫苗或菌苗中应包含当地流行的血清型。如果不含，则引起免疫失败。

（3）佐剂的应用不合理，忽视黏膜免疫：通过给猪群皮下或肌肉注射不含佐剂或含一般佐剂的灭活苗，可刺激机体免疫系统产生 IgM 和 IgG 类抗体，但引起的细胞免疫较弱，很少产生保护黏膜表面的 IgA，不能控制肠道、呼吸道、乳腺、生殖道等黏膜表面感染。控制黏膜表面感染，需要依靠细胞免疫、分泌 IgA 的作用。使用弱毒苗或高效佐剂的死苗则可引起细胞免疫、黏膜免疫。例如，现在一些国外公司所生产的猪喘气病灭活菌苗就可引起细胞免疫，起到保护作用。

（4）疫苗存在污染：目前已发现有些病是通过接种疫苗途径爆发的。使用牛病毒性腹泻病毒污染的小牛血清制作的弱毒苗，可导致猪群的牛病毒性腹泻病毒感染。牛病毒性腹泻病毒污染了猪瘟疫苗，可抑制猪体内猪瘟病毒中和抗体的产生。

（5）野外强毒株流行，持续性感染猪长期带毒、排毒，病原发生变异：野外强毒株流行，持续性感染猪长期带毒、排毒是免疫失败的重要原因之一，例如猪瘟野外强毒株导致猪场的猪瘟免疫失败。怀孕母猪感染猪瘟强毒株、野毒株后，可通过胎盘，造成乳猪在出生前即被感染，发生乳猪猪瘟。猪流感病毒易发生变异。由于动物群体免疫压力，动物群中流行毒株为逃脱中和抗体的作用可发生抗原漂移。

(6)猪体的免疫机能受到抑制：主要包括自身的免疫抑制、营养性免疫抑制、毒物与毒素所引起的免疫抑制、药物所引起的免疫抑制、环境应激所引起的免疫抑制、病原体感染所引起的免疫抑制等。

(7)免疫干扰：包括已有抗体和细胞免疫的干扰、病原微生物之间的干扰作用和药物的作用。

(8)免疫耐受：发生特异性免疫耐受后，对疫苗病毒感染不产生免疫反应。但是，受到野毒感染后可发病。如仔猪胚胎在妊娠早期发生先天性感染，仔猪产后对猪瘟病毒具有免疫耐受现象，嗣后遭到猪瘟强毒感染后发生猪瘟。

(9)免疫麻痹：使用疫苗的免疫剂量过大，机体免疫应答就会受到抑制，发生免疫麻痹。超大剂量活疫苗感染在免疫抑制的情况下甚至可导致猪只发生临床疾病。

总之，猪群的免疫效果受疫苗、猪群、病原、环境等多种因素的影响，导致猪群免疫失败的因素很多。防治猪病不能期望单纯依赖疫苗提供100%保护率，只有结合其他防治措施，才能充分发挥疫苗的作用，避免免疫失败。

第五节　猪的保定

一、保定方法

猪的保定是对猪打针、用药必须实行的方法和手段，在实施保定之前，诊者进入猪舍时必须保持安静，避免对猪产生刺激。小心地从猪后方或后侧方接近，用手轻挠猪背部、腹部、腹侧或耳根，使其安静，接受诊疗。从母猪舍捕捉哺乳仔猪时，应预先用木板或栏杆将仔猪与母猪隔离，以防母猪攻击。

(一)提起保定

(1)正提保定：①适用范围：适用于仔猪的耳根部、颈部做肌肉注射等。②操作方法：保定者在正面用两手分别握住猪的两耳，向上提起猪头部，使猪的前肢悬空。

(2)倒提保定：①适用范围：适用于仔猪的腹腔注射。②操作方法：保定者用两手紧握猪的两后肢胫部，用力提举，使其腹部向前，同时用两腿夹住猪的背部，以防止猪摆动。

(二)站立保定

保定者用手抓紧猪的尾巴或两手分别抓住两后肢，使猪保持站立的姿势。

(三)绳套(钢丝绳、三角带)保定

把绳一端做一个活套，在猪张口时，用绳套套住上腭，位置在犬齿的后方，拉紧或将绳的一端拴在栏杆或木桩上，这时，猪呈现用力后退姿势，可保持安全站立状态。这种方法适用于中、大猪注射、胃管投药及其他疗法。

(四)保定架保定

用专用的保定架进行保定。

(五)倒卧保定

(1)侧卧保定：①适用范围：适用于猪的注射、去势等。②操作方法：一人抓住一后肢，另一人抓住耳朵，使猪失去平衡，侧卧倒下，固定头部，根据需要固定四肢。

(2)仰卧保定：①适用范围：适用于前腔静脉采血、灌药等。②操作方法：将猪放倒，使猪保持仰卧的姿势，固定四肢。

(六)大群猪注射时的保定方法

对健康猪群进行预防注射时,可用一挡板将猪拦在一角,由于猪互相挤在一起,不能动弹,即可逐头进行注射。最好是注完一头后马上用颜色水液标记,以免重注。

二、保定时应注意的事项

(1)要了解动物的习性,动物有无恶癖,并应在畜主的协助下完成。

(2)保定动物时应根据动物大小选择适宜场地,地面要平整,没有碎石、瓦砾等,以防动物损伤。

(3)无论是接近单个动物或畜群,都应适当限制参与人数,切忌一哄而上,以防惊吓动物。

(4)接近牛、马时禁止从后方靠近,以防被踢伤,要从前面或侧面接近。

(5)对待动物应有爱心,不要粗暴对待动物。

(6)保定时应根据实际情况选择适宜的保定方法,做到可靠和简便易行。

(7)保定动物时所选用具如绳索等应结实,粗细适宜,而且所有绳结应为活结,以便在危急时刻可迅速解开。

(8)注意个人安全防护。

第六节　猪场疫病监测与控制

养猪场应根据《中华人民共和国动物防疫法》及其配套法规,以及当地兽医行政管理部门有关要求,结合当地疫病流行的实际情况,制订疫病监测方案并实施,并应及时将监测结果报告当地兽医行政管理部门。根据国家规定和当地及周边地区疫病流行状况,养猪场应选择以下动物疫病进行常规监测:口蹄疫、猪水泡病、猪瘟、猪繁殖与呼吸障碍综合征、乙型脑炎、猪丹毒、猪囊尾蚴病、猪旋毛虫病、猪链球菌病、伪狂犬病、布鲁氏菌病、结核病。养猪场应接受并配合当地动物防疫监督机构定期或不定期的疫病监督抽查、普查、监测等工作。

养猪场应根据监测结果，制订场内疫病控制计划，隔离并淘汰病猪，逐步消灭疫病。养猪场发生疫病或怀疑发生疫病时，应依据《中华人民共和国动物防疫法》，立即向当地兽医行政管理部门报告疫情。确诊发生国家或地方政府规定应采取扑杀措施的疾病时，养猪场必须配合当地兽医行政管理部门，对发病猪群采取严格的隔离、扑杀措施。发生传染病时，养猪场应对发病猪群及饲养场所实施净化措施，对全场进行彻底的清洗消毒，病死或淘汰猪的尸体按 GB 16548 进行无害化处理，消毒按 GB/T 16569 进行。

一、疫情报告

当养猪场突然发现猪死亡或怀疑为发生传染病时，应马上报告当地基层兽医站或防疫机构，兽医防疫人员则应及时赶到现场。若怀疑为口蹄疫、炭疽、猪瘟、猪传染性水泡病等重要传染病，一定要立即向上级有关机关报告。上级机关接到疫情报告后，除及时派人到现场协助诊断和紧急处理之外，还要视具体情况通知附近有关单位、部门做好预防工作，并逐级上报。若为紧急疫情，则应以最迅速方式上报有关部门。上报疫情的内容应包括：发病时间、地点；发病动物种类；发病头数和死亡头数；有代表性的主要症状及病变特征；初步诊断结果或怀疑为什么传染病；已采取的措施及效果等。

二、隔离

隔离患病猪和可疑感染猪是扑灭传染病的重要措施之一。在发生传染病时，应认真逐头进行临诊检查，必要时进行血清学或变态反应检查，根据检查结果，将全部受检猪分为患病猪、可疑感染猪和假定健康猪三类，分别对待。

（1）患病猪：包括有典型症状或类似症状，或其他特殊检查阳性反应的猪。这些猪是最危险的传染源，应选择不易散播病原体、消毒处理方便的地方隔离，有条件的可移入病猪隔离舍。被隔离的病猪应有专人饲养，严加看管，及时治疗或按规定处理，加强对隔离场所消毒及粪便处理，严禁人、畜、禽随意出入。

（2）可疑感染猪：无任何症状，但与病猪及其污染的环境有过明显接触的猪，称为可疑感染猪。如与病猪同群、同圈舍或共同使用同一水源、用具等的猪均属可疑感染猪。对可疑感染猪，应将其隔离饲养，限制活动，经常消毒，仔细观察，对出现症状者按患病猪处理。有条件时应对该类猪进行紧急免疫接种或用适当药物进行预防性治疗。隔离时间视传染病潜伏期长短等具体情况而定，经过一定时间无病例出现时，可取消其限制。

（3）假定健康猪：疫区内除上述两类猪之外的易感猪均属此类。对其应严加看管，禁止该类猪与前两类猪接触，以防被传染。除加强卫生、消毒等措施外，应立即对该类猪进行紧急免疫接种，必要时可将其分散或转移至偏僻处饲养。

三、封锁

当发生某些烈性传染病时，必须采取行政命令的手段，将疫区和周围的受威胁区隔绝开来，以防传染病扩大蔓延，将疫情就地扑灭，这种措施叫做封锁。

1. 封锁的目的和原则

根据《中华人民共和国动物防疫法》的规定，当发生第一类传染病（口蹄疫、非洲猪瘟、猪瘟、猪传染性水泡病等）或当地新发现的猪传染病时，要追查疫源，由农牧部门报请当地县级或县级以上人民政府批准，划定疫区，实行封锁。执行封锁应遵循“早、快、严、小”的原则，即报告疫情、执行封锁要早，行动要快，封锁要严，范围要小。在具体划分疫区、疫点和受威胁区时，要坚持防疫观点、生产观点和群众观点，由有关农牧部门所属防疫检疫机构根据各种传染病的特点、猪的分布、地理环境、居民点位置以及交通等条件划定，报请县或县以上人民政府批准后，由人民政府发布疫区封锁令。

2. 执行封锁必须采取的具体措施

一定要坚持把疫点封死、疫区封严。

(1)封锁疫点必须采取的措施。严禁人、猪、车辆出入和猪产品及可能污染的物品运出。对必须出入的人员需经有关兽医人员许可，经严格消毒后出入。对病、死猪及其同群猪，县级以上农牧部门有权采取扑灭、销毁或无害化处理等措施，畜主不得拒绝。疫点出入口必须设有消毒设施，疫点内用具、圈舍、场地必须进行严格消毒，疫点内的猪粪便、垫草、受污染的草料必须在兽医人员监督下进行无害化处理。

(2)封锁疫区必须采取的措施。交通要道必须建立临时性检疫消毒哨卡，配备专人消毒设备，监视猪及其产品的移动，严禁易感动物通过封锁线，对出入人员、车辆进行消毒。未污染的猪产品必须运出疫区时，需经县级以上农牧部门批准，在兽医防疫人员监督下经包装消毒后运出。对患病动物应在严加隔离的条件下，根据具体情况分别进行治疗、急宰或扑杀等处理；对污染的饲料(草)、垫料、粪便、用具、圈舍及运动场地等严格消毒；病死猪尸体应深埋或销毁；并做好杀虫、灭鼠工作。暂停集市和各种猪集聚性活动；禁止从疫区输出易感动物及其产品和被污染的饲料、用具等。对疫区内的易感动物应及时进行紧急免疫接种。在最后一头病猪痊愈、急宰或扑杀后，经过一定的封锁期(该病的最长潜伏期)无新病例出现时，再经过一次全面、彻底的终末消毒后，方可解除封锁。封锁令的解除由发布封锁令的人民政府宣布并公告。有些患病动物痊愈后,在一定时期内仍可带菌(毒)和排(毒),成为传染源,故应根据具体情况,在一定时间内限制其活动范围,尤其不能到非疫区去。

(3)对受威胁区必须采取的措施。对受威胁区内的易感动物及时进行紧急免疫接种。禁止本地区内易感动物出入疫区,避免使用从疫区流来的水源做猪饮水,加强饲养管理,进行消毒等防御措施。禁止从疫区购进猪及其产品和饲料等。若解除封锁后不久的地区引进猪,必须注意隔离观察一定时间。对设在受威胁区内的屠宰加工厂(场)及畜产品仓库等,要进行兽医卫生监督,拒绝接受来自疫区的活猪及其产品。注意随时监测猪动态。

四、扑杀

对于一些烈性传染病或烈性人、畜共患病的患病动物要立即扑杀,并按有关规定严格处理。在一个地区或一个国家,新发生某种传染病时,为了迅速消灭疫情,应将最初发生的疫点内患病与可疑患病动物统统扑杀。在疫区解除封锁前,或某地区、某国消灭某种传染病时,为了尽快拔除疫点,也可将带病原的或检疫阳性的动物进行扑杀。

尸体运送前,工作人员应穿戴工作服、口罩、风镜、胶鞋及手套。运送尸体应用特制的运尸车(车的内壁衬钉铁皮,以防漏水)。装车前应将尸体各天然孔用蘸有消毒液的湿纱布、棉花严密填塞,小动物和禽类可用塑料袋盛装,以免流出粪便、分泌物、血液等污染周围环境。在尸体躺过的地方,应用消毒液喷洒消毒,如为土壤地面,应铲去表层土,连同尸体一起运走。运送过尸体的用具、车辆应严加消毒,工作人员用过的手套、衣物及胶鞋等亦应进行消毒。

第七节 病害猪及其产品无害化处理

一、运送

运送动物尸体和病害动物产品应采用密闭、不渗水的容器，装前、卸后必须消毒。

二、销毁

1.适用对象

(1)确认为口蹄疫、猪水泡病、猪瘟、非洲猪瘟、猪密螺旋体痢疾、猪囊尾蚴、急性猪丹毒、钩端螺旋体病(已黄染肉尸)的染疫动物以及其他严重危害人畜健康的病害动物及其产品。

(2)病死、毒死或不明死因动物的尸体。

(3)经检验对人畜有毒有害的、需销毁的病害动物和动物产品。

(4)从动物体割除下来的病变部分。

(5)人工接种病原微生物或进行药物试验的病害动物和病害动物产品。

(6)国家规定的其他应该销毁的动物和动物产品。

2.操作方法

(1)焚毁：将病害动物尸体、病害动物产品投入焚化炉或用其他方式烧毁碳化。

(2)掩埋：本法不适用于患有炭疽等芽孢杆菌类疫病，以及牛海绵状脑病、痒病的染疫动物及产品、组织的处理。具体掩埋要求如下：掩埋地应远离学校、公共场所、居民住宅区、村庄、动物饲养鸡和屠宰场所、饮用水源、河流等地区；掩埋前应对需要掩埋的病害动物尸体和病害动物产品实施焚烧处理；掩埋坑底铺 2 cm 厚生石灰；掩埋后需将掩埋土夯实，病害动物尸体和病害动物产品上层应距地表 1.5 m 以上；焚烧后的病害动物尸体和病害动物产品表面，以及掩埋后的地表环境应使用有效消毒药喷、洒消毒。

三、无害化处理

（一）化制

1. 适用对象

除销毁适用对象规定的动物疫病以外的其他疫病的染疫动物，以及病变严重、肌肉发生退行性变化的动物的整个尸体或胴体、内脏。

2. 操作方法

利用干化、湿化机，将原料分类、分别投入化制。

（二）消毒

1. 适用对象

除销毁适用对象规定的动物疫病以外的其他疫病的染疫动物的生皮、原毛以及未经加工的蹄骨。

2. 操作方法

（1）高温处理法：适用于染疫动物蹄、骨的处理。将肉尸作高温处理时剔出的骨、蹄放入高压锅内蒸煮至骨脱胶或脱脂时止。

（2）盐酸食盐溶液消毒法：适用于被病原微生物污染或可疑被污染和一般染疫动物的皮毛消毒。用 2.5%盐酸溶液和 15%食盐水溶液等量混合，将皮张浸泡在此溶液中，并使溶液温度保持在 30℃左右，浸泡 40 h，1 m^2 皮张用 10 L 消毒液，浸泡后捞出沥干，放入 2%氢氧化钠溶液中，以中和皮张上的酸，再用水冲洗后晾干。也可按 100 mL 25%食盐水溶液中加入盐酸 1 mL 配制消毒液，在室温 15℃条件下浸泡 48 h，皮张与消毒液之比为 1∶4。浸泡后捞出沥干，再放入 1%氢氧化钠溶液中浸泡，以中和皮张上的酸，再用水冲洗后晾干。

(3)过氧乙酸消毒法:适用于任何染疫动物的皮毛消毒。将皮毛放入新鲜配制的2%过氧乙酸溶液中浸泡30 min,捞出,用水冲洗后晾干。

(4)碱盐液浸泡消毒法:适用于被病原微生物污染的皮毛消毒。将皮毛浸入5%碱盐液(饱和盐水内加5%氢氧化钠)中,室温(18~25℃)浸泡24 h,并随时加以搅拌,然后取出挂起,待碱盐液流净,放入5%盐酸液内浸泡,使皮上的酸碱中和,捞出,用水冲洗后晾干。

(5)煮沸消毒法:适用于染疫动物鬃毛的处理。将鬃毛于沸水中煮沸2~2.5 h。

思考题:

1. 怎样选择、配制与使用常用消毒剂?
2. 影响消毒效果的因素有哪些?
3. 预防用药的原则和方法是什么?
4. 允许使用的兽药和禁止使用的药物有哪些?
5. 使用药物应注意哪些事项?
6. 猪病预防和治疗的原则是什么?
7. 不同阶段猪病的流行特点如何?
8. 如何进行猪病的临床诊断?
9. 制定猪场免疫程序应考虑哪些因素?
10. 如何进行猪的免疫接种?
11. 影响免疫效果的因素有哪些?
12. 猪场如何进行疫病监测?
13. 猪场如何控制和扑灭疫病?
14. 病害猪及其产品怎样进行无害化处理?

第七章　猪的饲养管理

导读　本章主要介绍了生猪的标准化饲养与管理，分别介绍了后备猪、种公猪、种母猪、哺乳仔猪、断奶仔猪、生长育肥猪的饲养与管理技术及应注意的问题，以便能为实际生产提供一些帮助。

第一节　后备猪的饲养管理

一、后备猪的选择标准

为了使养猪生产持续地保持较高的生产水平，养猪场每年必须选留和培育出占种猪群25%左右的后备猪，来补充和替代年老体弱、繁殖性能降低的种猪。因此，选择后备猪既是养猪生产的基础，又是提高生产性能的关键，必须加以重视。后备猪的选择就是按照育种计划的要求，对从断奶到6月龄的幼猪进行选择和组群。挑选后备猪必须认真评估其外貌特征、繁殖性能、生产特征和胴体性状。

（一）外貌特征

(1)身体健康、无遗传疾病：后备猪要挑选生长发育正常、精神活泼、身体健康、强壮、结实、无病的个体。淘汰那些腿脚有毛病，影响正常配种、产仔和哺乳的小母猪。猪有多种遗传病，常见的有疝气、隐睾、偏睾、副乳头等。要对其系谱进行认真分析研究，后备猪一定要来自无任何遗传疾病的家系。

(2)体型外貌：后备猪的体型外貌应具有品种特征，如毛色、耳型、头型、背腰长短、体躯宽窄、四肢粗细、高矮等均要符合品种的要求。

(3)外生殖器发育正常:后备公猪应选择睾丸发育良好,左右对称且松紧适度,阴筒包皮正常,性欲高,精液品质良好的个体。那些单睾、隐睾、疝气和包皮肥大的公猪绝不能留作种用。母猪5月龄时通过检查阴道来确定外阴是否正常,应该淘汰那些外阴未发育成熟或发育不正常的小母猪。

(4)乳房结实:后备小母猪每边应具有至少6个功能正常的乳头且间距合理。不应保留那些乳头内翻或乳头有疤的母猪。

(二)繁殖性能

繁殖性能是种猪非常重要的性能,应从产仔数、初生重及初生窝重、泌乳力、哺育率、断奶窝重去考虑。后备猪应选自那些产仔数多、哺育能力强、断奶窝重大等繁殖力高的家系。后备母猪应具有的繁殖特征包括:较早达到初情期,理想的小母猪应于6～7月龄时达到初情期;产仔数多;哺育能力强;出生仔猪的大小均匀;断奶窝重大;发情周期正常,正常的发情周期为21天,发情征状明显;断奶后第一次发情期受孕能力强,发情期与怀孕之间时间长的母猪应淘汰。

(三)生产特征

采用选择小母猪的办法来改善生产性能,比改善繁殖性能更有效和更直接。生产特征可通过有选择性的交配来改善,包括日增重、胴体质量和饲料转化率。所以,对种猪生产性能的鉴定,不能单看繁殖力指标,而且要重视肥育力指标。生长发育或肥育性状包括生长速度和饲料利用率两方面。平均日增重为由始重至末重的总增重与饲养天数之比,而饲料利用率为单位增重的饲料消耗量。

(四)胴体性状

后备猪本身的背膘和瘦肉的生长情况,只能以6月龄时用仪器测得的背膘厚度和眼肌面积来表示。胴体品质一般用屠宰率、背膘厚、眼肌面积、瘦肉率、脂肪率和肉的品质等多项来表示,后备猪应选自那些胴体品质良好的家系,这对于父系品种尤为重要。

二、后备猪的选择时期

在一年当中,主要实行春选和秋选,以春选为主,实行春季选留、秋季配种、来年春季产仔的方式,不仅小猪发育好,死胎也少;而秋季选留、来年春配秋产,会使小猪越冬发育差,并且是母猪带胎过夏,苍蝇蚊子多,易感染乙型脑炎等疾病。在后备猪的生长发育过程中,主要在以下几个月龄进行选择。

(1)2 月龄选择:主要是窝选,就是选留大窝中的好个体。窝选是在父母都是优良个体的相同条件下,从产仔头数多、哺育率高、断奶和育成窝重大的窝中选留发育良好的公母仔猪。初次选留后备猪的头数要多,以后再逐渐淘汰不良个体。

(2)4 月龄选择:主要是淘汰那些生长发育不良或者是有突出缺欠的个体。

(3)6 月龄选择:根据体型外貌、生长发育、性成熟表现、外生殖器官的好坏、背膘厚薄等性状进行严格的选择,淘汰量较大。

(4)配种前选择:后备母猪在初配前进行最后一次挑选。淘汰个别性器官发育不良、性欲低下、精液品质差的后备公猪和发情周期不规律、发情征状不明显的后备母猪。

三、后备猪的饲养管理

(一)后备猪的饲养

按照后备猪不同的生长发育阶段配合饲料。注意能量和蛋白质的比例,特别是矿物质、维生素和必需氨基酸的补充。一般采取前高后低的营养水平。配合饲料的原料要多样化,而且原料的种类尽可能稳定不变。倘若变更时也要采取逐渐变换的方法,防止引起食欲不振或消化器官疾病。有条件的种猪场可饲喂些优质的青绿饲料。后备猪最好采用限量饲喂，育成阶段饲料的日喂量占其体重的2.5％～3.0％，体重达到80 kg以后占体重的2.0％～2.5％。

(二)后备猪的管理

(1)分群：可按性别、体重大小分成小群饲养，每圈可养4～6头，饲养密度适当。

(2)运动：为了促进后备猪筋骨发达，体质健康，猪体发育匀称均衡，特别是四肢灵活坚实，就要有适度的运动。尤其是放牧运动可呼吸新鲜空气和接受日光浴，拱食鲜土和青绿饲料，对促进生长发育和抗病力有良好的作用。为此国外有些国家又开始提倡放牧运动和自由运动。

(3)调教：后备猪从小要加强调教管理，建立人与猪的和睦关系，训练良好的生活规律，对耳根、腹侧和乳房等敏感部位触摸训练，这样既便于以后的管理、疫苗注射，还可促进乳房的发育。

(4)定期称重：通过后备猪各月龄体重变化可比较生长发育的优劣，适时调整饲料的饲养水平和饲喂量，达到品种发育要求。

(5)日常管理：后备猪同样需要防寒保温、防暑降温、清洁卫生等环境条件的管理。后备公猪达到性成熟后实行单圈饲养，合群运动，除自由运动以外，还要进行放牧或驱赶运动，这样既可保证食欲，增强体质，又可避免造成自淫的恶癖。

四、后备猪的利用

(一)性成熟

后备猪达到性成熟的月龄和体重，随品种类型、饲养管理水平和气候条件等而不同。我国地方品种特别是南方地方品种猪性成熟早，培育品种和国外引进良种性成熟晚；后备公猪比后备母猪性成熟早；营养水平高、气候温暖的地区性成熟早，相反则较晚。后备公猪，地方早熟品种2～3月龄达到性成熟；培育品种和引进品种生后 4～5 月龄达到性成熟。后备母猪，地方早熟品种 3～4 月龄、体重 30～50 kg 即可达到性成熟，而培育等大型品种要到 5～6 月龄、体重 60～80 kg 才能性成熟。

(二)初配月龄和体重

如果过早配种利用，不仅影响第一胎的繁殖成绩，还将影响身体的生长发育，常会降低成年体重和终身的繁殖力。后备猪配种过晚，体内会沉积大量脂肪，身躯肥胖，体内及生殖器官周围蓄积脂肪过多，会造成内分泌失调等一系列繁殖障碍。后备公猪，地方早熟品种 6～7 月龄、60～70 kg 开始使用；晚熟的培育品种 8～10 月龄、110～130 kg 时开始配种使用。后备母猪，早熟的地方品种 6～8 月龄、50～60 kg 配种较合适；晚熟的大型品种及其杂种 8～9 月龄、100～120 kg 配种为好。最好是使繁殖年龄和体重同时达到适合的要求标准。

第二节　种公猪的饲养管理

饲养种公猪的目的是用来配种，以此提高母猪受胎率，并获得数量多、质量好的仔猪。猪场内种公猪的数量很少，但作用很大。本交时，一头种公猪每年可配母猪 40～60 头，如采用人工授精技术，一头种公猪年配母猪 600～1 000 头。俗话说“母好好一窝，公好好一坡”很有道理。为此，必须对种公猪进行科学的饲养管理与合理使用，应保持营养、科学管理与合理利用三者之间的相对平衡，如三者间失去平衡会产生不良后果。

一、公猪的繁殖特点

公猪的适配年龄随品种、个体、气候、饲养管理等条件的不同而有差异。公猪的适配年龄，不能简单地根据年龄来推算，更重要的应该根据其精液品质来确定，只有精液品质达到了交配或输精的要求，才能确定其适配年龄。公猪 7～12 月龄时，精液体积和精子数目都有很大的提高，但小于 9 个月时精液品质较差，而公猪在 2～3 岁时精液的品质最好。由此看来公猪的适配年龄至少不应小于 9 个月，我国地方品种具有早熟的特点，适配年龄可以适当提前，但在开始使用时应注意不要强度过大。

二、种公猪的饲养

为使种公猪保持较好的膘情（7～8 成膘），健康结实，精力充沛，性欲旺盛，能产生量多质优的精液，应进行正确的饲养。瘦肉型猪有生长速度快、饲料报酬高的突出优点，但对饲料的营养水平和各种营养成分的比例要求较高，稍有不慎就会出现营养缺乏症。

猪精液中的大部分物质是蛋白质，所以，猪特别需要氨基酸平衡的动物性蛋白质。形成精液的必需氨基酸有赖氨酸、色氨酸、胱氨酸、组氨酸、蛋氨酸等，尤其是赖氨酸更为重要。种公猪的营养水平和饲料喂量，与其品种类型、体重大小、配种利用强度等因素有关。实行季节性产仔的地区或猪场，种公猪的饲养管理分为配种期和非配种期。配种期饲料的营养水平和饲料喂量均高于非配种期。在配种季节前 1 个月至配种结束，在原日粮的基础上，加喂鱼粉、鸡蛋、多种维生素和青饲料，使种公猪在配种期内保持旺盛的性欲和良好的精液品质，提高受胎率和产仔头数。在常年均衡产仔的猪场，种公猪常年配种使用，按配种期的营养水平和饲料给量饲养。种公猪的饲料严禁有发霉变质和有毒饲料混入，另外饲料要有良好的适口性，保持每天的进食量，还要注意日粮的体积不能过大，防止公猪腹大影响配种。饲喂方式以潮拌料日喂 3 次为宜。

三、种公猪的管理

种公猪除与其他猪一样应该生活在清洁、干燥、空气新鲜、舒适的生活环境条件中以外，还应作好以下工作。

(1)形成良好的生活习惯：要妥善为种公猪安排喂饲、饮水、运动、休息、配种(或采精)、刷拭、洗浴等活动日程，形成制度化，不要轻易变动，使公猪养成良好的习惯。配种(或采精)宜在早、晚饲喂前进行。配种后不得立即饮水、洗浴和喂饲。

(2)分群：种公猪可分为单圈和小群两种饲养方式。最好单圈养，单槽喂，日喂 3 次，以喂生湿料另饮水为好，不要喂稀料。小群饲养种公猪必须是从小合群，一般 2 头一圈，最多不能超过 3 头，小群饲养合群运动，可充分利用圈舍、节省人力，但利用年限较短。

(3)运动：加强种公猪的运动，可以促进食欲、增强体质、避免肥胖、提高性欲和精液品质。种公猪除在运动场自由运动外，每天还应进行驱赶运动，上、下午各运动一次，每次行程 2 km，夏季可在早、晚凉爽时进行，冬季可在中午运动一次，速度不可太快。瘦肉型种公猪成年体重大，一般为 300 kg 左右，有的品种四肢细而软弱，容易发生肢蹄病。为此，饲养瘦肉型种公猪除严格按其饲养标准饲养外，还应进行自由或驱赶运动，使其保持良好的种用体况。

(4)刷拭和修蹄：每天定时用刷子刷拭猪体，热天结合淋浴冲洗，可保持皮肤健康，促进血液循环，防止皮肤病和外寄生虫病。要注意保护猪的肢蹄，对不良的蹄形进行修蹄，蹄不正常会影响活动和配种。

(5)定期检查精液品质：种公猪无论是本交还是人工授精，都要定期检查精液品质，特别在配种期和配种准备期，应每 10 天检查一次，以便调整营养、运动和配种强度。

(6)防止公猪咬架：公猪好斗，如偶尔相遇就会咬架。公猪咬架时应迅速放出发情母猪将公猪引走，或者用木板将公猪隔离开，也可用水猛冲公猪眼部将其撵走。

(7)防寒防暑：种公猪最适宜的温度为 18～20℃。冬季猪舍要防寒保温，以减少饲料的消耗和疾病发生。夏季高温时要防暑降温，高温对种公猪的影响尤为严重，轻者食欲下降、性欲降低，重者精液品质下降，甚至会中暑死亡。

(8)定期称重：种公猪应定期称量体重，了解其生长发育和体况，以便调整日粮营养水平和饲料喂量。成年公猪应维持体重相对稳定，幼龄公猪应逐渐增加。

(9)防止自淫和性兴奋：公猪到了7～8月龄就要开始配种或采精，如不利用会造成自淫，影响采精量和精液品质。如有此现象出现，必须加强运动，改善猪栏环境，定期采精和改变猪栏高度。集中饲养的公猪易发生性兴奋，症状是体温不高，食欲减退或停食，兴奋不安。公猪一旦发生性兴奋，必须将其调离原栏，迁到偏僻的地方去，并用溴化剂药物治疗。要尽量减少对公猪的性刺激，除配种时间外，尽量做到种公猪嗅不到母猪味、听不到母猪声、看不见母猪样，不准把母猪赶到公猪圈配种。

(10)防止应激：瘦肉型种公猪要求稳定优越的饲养管理条件，常因突然的变化刺激发生应激反应，如精液品质下降、死精等，严重的可危害生命。公猪发生无精或死精时，可采用丙酸睾丸素进行治疗，同时查找原因，对症处置。常见造成公猪突然无精或死精的原因有环境气温过高、睾丸炎、使用过度、饲养水平过低、日粮营养不全等。

四、种公猪的利用

种公猪的配种要有计划性，特别是在配种高峰季节，更应合理使用种公猪。种公猪配种能力及精液品质优劣和使用年限的长短，不仅与饲养管理有关，而且取决于初配年龄和利用强度。如果公猪利用过度，不仅会明显地降低精液品质，而且还会影响公猪的体质，使其失去种用价值。公猪若长期不配种，得不到异性刺激，会导致性欲减退，精液品质下降，甚至性器官萎缩。①后备公猪开始参加配种的适宜年龄：培育品种不早于 8～9 月龄，体重不低于 100 kg；北方地方猪种 8 月龄，体重 80 kg 左右；南方早熟猪种 6～7 月龄，体重 65 kg 左右。②种公猪的利用强度：本交时，成年公猪高强度利用可每天配种 2 次，间隔 8～10 h，连配 4～6 天休息一天；中强度利用每天配种 1 次，连配 2 天休息一天。青年公猪高强度利用每天配种 1～2 次，连配 2～3 天休息一天；中强度利用每 2 天配种 1 次。5 岁以上的种公猪，每隔 1～2 天使用 1 次。喂前、喂后 1 h 不应配种，配后严禁立即饮水或洗澡。在整个配种季节，一定要注意种公猪的营养，以保持身体强壮。

人工授精时，成年公猪高强度利用可每天采精一次；中强度利用每 2 天采精一次；青年公猪高强度利用每 2 天采精一次，中强度利用每 3 天采精一次。如果种公猪是初次使用，或有一段时间没有使用，第一次采集的精液应废弃不用，因为长期储存的精子活力较低，精液品质也差。老龄公猪应及时淘汰更换。公猪本交配种或采精，不应超过上述高强度利用指标，否则精液量减少、品质降低，影响母猪受胎率和产仔数，还会造成种公猪早衰报废。瘦肉型青年猪性成熟和开始配种利用的时间均晚于我国猪种，使用过早会影响成年猪的种用价值。

第三节　种母猪的饲养管理

一、母猪的繁殖特点

(一)初情期

母猪的初情期一般为 5～8 月龄，平均为 7 月龄，但我国的一些地方品种可以早到 3 月龄。母猪达到初情期已经初步具备了繁殖力，但由于下丘脑-垂体-性腺轴的反馈系统不够稳定，表现为初情期后的几个发情周期往往时间变化较大，同时母猪身体发育还未成熟，体重为成熟体重的60%～70%，如果此时配种，可能会导致母体负担加重，不仅窝产仔少，初生重低，同时还可能影响母猪今后的繁殖。因此，不应在此时配种。

(二)适配年龄

由于初情期受品种、管理方式等诸多因素影响而出现较大的差异，因此，一般以初情期后隔1个或2个发情期配种为宜，即初情期后1.5～2个月时的年龄称为适配年龄。一般认为，地方品种猪的初配年龄为6～8月龄，体重达50～60 kg以上，最好是75 kg以上，外来品种、培育品种及杂交种的初配年龄为8～10月龄，体重达80 kg以上，最好在100 kg以上。

(三)发情征状

种用母猪发情征状的强弱随品种类型而异。我国许多地方品种发情征状明显，高度培育品种和它们的杂种母猪发情征状不如地方良种明显。在发情的最初阶段，母猪可能吸引公猪，并对公猪产生兴趣，但拒绝与公猪交配。阴门肿胀，变为粉红色，并排出有云雾状的少量黏液，随着发情的持续母猪主动寻找公猪，表现出兴奋、极度不安，对外界的刺激十分敏感。当母猪进入发情盛期时，在圈舍内来回走动、爬圈，除阴门红肿外，背部僵硬，并发出特征性的鸣叫。在没有公猪时，母猪也接受其他母猪的爬跨；当有公猪时立刻站立不动。若按压其背腰部时，出现"静立反射"或"压背反射"，这是准确判定母猪发情的一种方法。

(四)发情周期

通常将从上一次发情的开始至下一次发情开始之间的时间间隔作为一个发情周期。母猪刚达性成熟时发情不太规律，经几次发情后就比较有规律了。母猪的一个正常发情周期为20～22天，平均为21天，但有些特殊品种又有差异，如我国的小香猪一个发情周期仅为19天。一个发情周期又分为发情持续期和休情期两个阶段。

1.发情持续期

指从发情开始到本次发情结束所持续的时间。母猪的发情持续期一般从外阴唇出现红肿至完全消退有 60～72 h,而排卵的时间则出现在有发情表现后的 24～36 h。当然,在营养状况不好时或初情期时发情持续期相对短些。母猪发情持续期为 2～5 天,平均 2.5 天。但发情持续期因季节、品种、年龄而有所不同。一般春季发情持续期稍短,秋季则稍长;外来品种发情持续期稍短(但长白猪稍长),地方品种稍长;老年母猪发情持续期稍短,青年母猪则稍长。母猪在哺乳期发情一般不太规律,发情不明显,持续期也短,因此在生产中,母猪在哺乳期间即使发情也不配种。但在仔猪断奶后,多数母猪在 3～10 天内就出现发情。

(1)发情前期:从母猪出现神经征状或外阴部开始肿胀,到接受公猪爬跨为止,但不包括接受公猪爬跨。外阴部肿胀且阴道黏膜由浅红变深红,出现神经征状。

(2)发情期(发情中期):从接受公猪爬跨开始到拒绝公猪爬跨时为止。此阶段是母猪发情的高潮阶段,是发情征状最明显的时期。外阴部肿胀到高峰,充血发红,阴道黏膜颜色呈深红色。追找公猪,精神发呆,站立不动,接受公猪爬跨并允许交配。

(3)发情后期:从拒绝公猪爬跨到发情征状完全消失。此时期母猪性欲减退,有时仍走动不安、爬跨其他母猪,但拒绝公猪爬跨和交配。生殖器官逐渐恢复到正常状态。

2.休情期

指本次发情结束至下次发情开始之间的一段时间。在休情期内,母猪发情征状完全消失,恢复到正常状态。

(五)发情鉴定

由于母猪发情行为十分明显,一般采用直接观察法,即根据阴门及阴道的红肿程度、对公猪的反应等可检出。一般地方品种或杂种母猪发情表现比高度选育品种更加明显。在规模化养猪场常采用有经验的试情公猪进行试情，如果发现母猪呆立不动，可对该母猪的阴门进行检查并根据“压背反射”的情况确定其是否真正发情。外激素法是近年来发达国家养猪场用来进行母猪发情鉴定的一种新方法。采用人工合成的雄性外激素，直接喷洒在被测母猪鼻子上，如果母猪出现呆立、压背反射等发情特征，则确定为发情。这种方法简单，避免了驱赶试情公猪的麻烦，特别适用于规模化养猪场使用。此外，还可以采用播放公猪鸣叫录音，观察母猪对声音的反应等方法。

(六)排卵时间

母猪排卵时间一般在发情开始后的 24～36 h(有的长达 70 h)，外国资料介绍为 36～42 h，排卵持续时间为 10～15 h(有的长达 45 h)。由于母猪是多胎动物，在一次发情中多次排卵，因此，排卵最多时是出现在母猪开始接受公猪交配后 30～36 h，如果从开始发情即外阴唇红肿算起，在发情 38～40 h 之后。母猪排卵时间受年龄的影响较大。一般老年母猪在发情的当天就能排卵，中年母猪的排卵时间在发情开始后的第 2 天，小母猪的排卵时间在发情开始后的第 3 天。“老配早，少配晚，不老不少配中间”是很有道理的。母猪排卵时间受品种的影响也较大。一般我国地方品种母猪排卵时间在发情开始后的第 2 天到第 3 天，培育品种母猪排卵时间在发情开始后的第 2 天；杂种母猪排卵时间在发情开始后的第 2 天下午到第 3 天上午。母猪的排卵数与品种也有着密切的关系，一般在 10～25 枚。我国的太湖猪是世界著名的多胎品种，平均窝产仔为 15 头，如果按排卵成活率为 60%计算，则每次发情排卵在 25 枚以上，而一般引进品种的窝产仔在 9～12 头。排卵数不仅与品种有关，而且还受胎次、营养状况、环境因素及产后哺乳时间长短等影响。据报道，从初情期起，头 7 个情期，每个情期大约可以提高一个排卵数，而营养状况好有利于增加排卵数，产后哺乳期适当且产后第一次配种时间长也有利于增加排卵数。

(七)交配适期

精子在母猪生殖道中能存活 20～30 h,卵子能存活 6～18 h。精子存活时间比卵子长,这就决定了只能让精子等着卵子,而不能让卵子等着精子,因此必须提前配种,即在排卵前的 2～4 h 配种,也就是发情后的 22～34 h 为交配适期。在生产中,人们并不能观察到排卵情况,但可用下列方法判断交配适期:饲养人员用手压发情母猪的背部或臀部,母猪呆立不动;或用公猪来爬跨母猪,母猪站立不动,即为交配适期。发情母猪在接受公猪爬跨后 24～36 h 排卵高峰阶段的排卵数占排卵总数的 65.57%。目前最好采取一个发情期内配种或者输精两次为好,这样会使母猪在同一发情期内先排的卵和后排的卵都有受精的机会。一个发情期内的两次配种或输精的准确时间,因猪的品种类型、年龄和饲养管理条件不同而稍有变化。一般认为母猪在接受公猪爬跨后 8～12 h 第一次配种,隔 12 h 进行第二次配种,受胎率和产仔成绩都比较好。

二、空怀母猪的饲养管理

(一)空怀母猪的饲养

在正常的饲养管理条件下的哺乳母猪,仔猪断奶时母猪应有七八成膘,断奶后 7～10 天就能再发情配种,开始下一个繁殖周期。有些人错误地认为空怀母猪既不妊娠又不带仔,随便喂喂就可以了。其实不然,许多试验证明,对空怀母猪配种前的短期优饲,有促进发情排卵和容易受胎的良好作用。空怀母猪的饲养方法为:为了防止断奶后母猪得乳房炎,在断奶前后各 3 天要减少配合饲料喂量,给一些青粗饲料充饥,使母猪尽快干乳。断奶母猪干乳后,多供给营养丰富的饲料和保证充分休息,营养水平和给量要和妊娠后期相同,如能增喂动物性饲料和优质青绿饲料更好,可促进空怀母猪发情排卵,为提高受胎率和产仔数奠定物质基础。对那些哺乳后期膘情不好,过度消瘦的母猪,由于它们泌乳期间消耗很多营养，体重减轻很多，特别是那些泌乳力高的个体减重更多。这些母猪在断奶前已经相当消瘦，奶量不多，断奶前后可少减料或不减料，干乳后适当多增加营养，使其尽快恢复体况，及时发情配种。有些母猪断奶前膘情相当好，在泌乳期间减重少，对这类母猪断奶前后都要少喂配合饲料，多喂青粗饲料，加强运动，使其恢复到适度膘情，及时发情配种。

（二）空怀母猪的管理

空怀母猪有单栏饲养和群养两种方式。单栏饲养空怀母猪是工厂化养猪生产中采用的一种形式，即将母猪固定在栏内实行禁闭式饲养，活动范围很小，母猪后侧（尾侧）养种公猪，以促进发情。小群饲养就是将 4～6 头同时（或相近）断奶的母猪养在同一栏（圈）内，可以自由运动，特别是设有舍外运动场的圈舍，运动的范围较大。实践证明群饲空怀母猪可促进发情，特别是群内出现发情母猪后，由于爬跨和外激素的刺激，可以诱导其他空怀母猪发情，同时便于管理人员观察和发现发情母猪，也方便用试情公猪试情。空怀母猪同样需要干燥、清洁、温湿度适宜、空气新鲜等环境条件。空怀母猪如果得不到良好的饲养管理条件，将影响发情排卵和配种受胎。

（三）产后发情和发情异常

产后发情是指母猪在分娩后的第一次发情。母猪一般在分娩后的 3～6 天内出现发情，但发情征状不规则，并不排卵。在仔猪断奶后的 1 周左右，母猪再次出现发情，这次为正常发情，可以配种受孕。在因母猪所哺育的仔猪死亡或寄养给其他母猪哺育而提前断奶时，母猪亦可在断奶后的数天内正常发情。

母猪多见的异常发情是安静发情和孕后发情。安静发情又称隐性发情，这种个体在引入的外国品种和杂种母猪中多见。所谓安静发情是指母猪在一个发情周期内，卵泡能正常发育而排卵，但无发情征状或发情征状不明显，而失掉配种机会。对隐性发情的母猪,加强在日常饲养管理中的观察、凭借经验亦可观察,或借助试情公猪试情鉴定。孕后发情是指母猪在妊娠后的相当于一个发情周期的时间内又发情,这种发情的征状不规则,亦不排卵,故又称"假发情"。假发情的母猪一般不接受交配,如果强行配种,可造成早期流产。

(四)促进母猪发情的措施

在配种前加强母猪的饲养管理,使其保持七八成膘度;对断奶后体况瘦弱的母猪,进行"短期优饲",提高饲粮中粗蛋白质水平,供给充足的维生素、钙、磷和其他矿物质,使其体况迅速恢复,这是促进母猪正常发情的基本措施。为使母猪达到多胎高产或使不发情的母猪和屡配不孕的母猪正常发情,还可以采取以下措施。

(1)仔猪提前断奶:如果采取提前断奶的措施,可使母猪在断奶后的 1 周左右出现正常发情,使母猪早配种,缩短繁殖周期。

(2)并窝和控制哺乳时间:并窝是将产仔少的母猪所产仔猪并为一窝,让一头哺育力强的母猪哺育,其余不哺育仔猪的母猪可以提前发情配种。控制哺乳时间的方法是在仔猪开食后,采取母仔隔离措施,控制哺乳次数,可使母猪提前发情。

(3)公猪诱导:用试情公猪去追爬不发情的空怀母猪,通过公猪分泌的外激素气味和接触刺激,促使母猪发情排卵。此法简便易行,是一种有效方法。另一种简便有效的方法是,播放公猪求偶声录音磁带,利用条件反射作用连日试情,这种生物模拟的作用效果也很好。

(4)合群并圈:把不发情的空怀母猪合并到有发情母猪的圈内饲养,通过爬跨等刺激,促进空怀母猪发情排卵。

(5)按摩乳房:对不发情的母猪,可采用按摩乳房促进发情。每天早晨喂食后,表层按摩每个乳房共 10 min 左右,经过几天母猪有了发情征状后,再每天表层和深层按摩乳房各 5 min,配种当天深层按摩 10 min。表层按摩的作用是促进发情。深层按摩是用手指尖端放在乳头周围皮肤上，不要触到乳头，作圆周运动，按摩乳腺层，依次按摩每个乳房，促进排卵。

(6)加强运动：对不发情母猪进行驱赶运动，可促进新陈代谢，改善膘情，接受日光的照射，呼吸新鲜空气，能促进母猪发情排卵。如能与放牧结合则效果会更好。

(7)利用激素催情：给不发情母猪按每 10 kg 体重注射孕马血清(PMSG)1 mL(每头肌肉注射 800～1 000 IU)，有促进母猪发情排卵的效果。

(8)同期发情：同期发情的方法，一是对一群经产母猪在同一时间内断奶，造成天然的同期发情；二是在使一群母猪在同期断奶后，同时给每头母猪注射孕马血清 750～1 500 IU，可以提高效果。另外，在仔猪断奶当天对母猪肌肉注射孕马血清 1 200～2 000 IU，3～5 天内发情率可达 90%。

三、妊娠母猪的饲养管理

(一)早期妊娠诊断

母猪配种后，应及早诊断其是否妊娠，如果诊断已妊娠，应按妊娠母猪的要求搞好饲养管理工作；如果诊断未妊娠，应注意观察其再次发情，及时补配，以防空怀。

(1)根据发情周期和妊娠征状诊断：如果母猪配种后约经过 3 周没再出现发情，并且有食欲渐增、被毛光亮、增膘明显、性情温驯、行动稳重、贪睡、尾巴自然下垂、阴户缩成一条线、驱赶时夹着尾巴走路等现象，则初步断定已经妊娠。采用此种方法诊断妊娠需要具有一定的生产经验。

(2)直肠检查法：一般是指体型较大的经产母猪，通过直肠用手触摸子宫动脉，如果有明显波动则认为已妊娠，一般妊娠后 30 天可以检出。但由于该方法只适用于体型较大的母猪，有一定的局限性，所以使用不多。

(3)超声波测定法：采用超声波妊娠诊断仪对母猪腹部进行扫描，观察胚胞液或心动的变化，这种方法28天时有较高的检出率，可直接观察到胎儿的心动。因此，不仅可确定妊娠，而且还可以确定胎儿的数目以及胎儿的性别。实验证明配种后20～29天诊断的准确率约为80%，40天以后的准确率为100%。

(4)激素测定法：母畜妊娠后尿中雌激素含量增加，特别是猪和马更明显。孕酮与硫酸接触会出现美观豆绿色荧光化合物，此种反应随妊娠期延长而增强。这种方法准确率可高达95%，对母猪无任何危害。测定母猪血浆中孕酮或胎膜中硫酸雌酮的浓度来判断母猪是否妊娠，一般血样可在19～23天采集测定，如果测定的值较低则说明没有妊娠，如果明显高则说明已经妊娠。

(二)妊娠母猪预产期的推算

母猪的妊娠期为110～120天，平均为114天，而不同的品种可能略有差异。推算母猪预产期均按114天进行，目前有以下3种方法推算。

(1)三三三法：为了便于记忆，可把母猪的妊娠期记为3个月3个星期零3天。

(2)配种月加3，配种日加20法：即在母猪配种月份上加3，在配种日子上加20，所得日期就是母猪的预产期。

(3)查表法：因为月份有大有小，天数不等，为了把预产期推算得更准确，把月份大小的误差排除掉，同时也为了应用方便，减少临时推算的错误，可查预产期推算表。

(三)妊娠母猪体重变化及胚胎生长发育规律

(1)妊娠母猪体重变化：母猪在妊娠期间，由于胚胎的生长发育，子宫与其他器官的发育，以及为产后泌乳进行必要的营养物质储备，体重增加很快。在正常饲养管理情况下，整个妊娠期经产母猪可增重40～50 kg，初产母猪可增重50～60 kg，母猪增重中15%是蛋白质，25%是脂肪。

(2)胚胎生长发育:在妊娠初期,胚胎重量很轻,绝对增重不高,从60天以后增重速度逐渐加快,从90天以后胎儿增重十分迅速,60%是在这一时期增重的。第一个关键时期是在母猪妊娠后的20天左右,第二个关键时期是在母猪妊娠期的90天到产前的3～5天。

(四)妊娠母猪的饲养

(1)抓两头带中间:这种方式适合配种时较瘦弱的经产母猪。妊娠前期一般在妊娠后的20～40天,可适当增加含蛋白质较多的精饲料,使母猪尽快恢复体力与膘情。妊娠中期由于胚胎的生长发育和母猪的体重增加都较慢,适当增加一些品质好的青绿多汁饲料与粗饲料不会有什么影响。妊娠后期胎儿生长十分迅速,母猪体重也增加较快,此时应把精料量加到最大。这样,在整个妊娠期形成了一个"高－低－高"的营养水平。精料给量为:妊娠前期(1～40天)每天每头给精料1.25 kg,妊娠中期(41～90天)给精料1 kg,妊娠后期(91～114天)给精料2 kg。

(2)前粗后精方式:这种方式主要适合于配种前膘情较好的经产母猪。因为妊娠前期胚胎发育较慢母猪膘情又好,就不需要另外增加营养,可按一般的饲养水平来饲喂,青粗饲料可适当多些。妊娠后期为了满足胎儿生长发育的需要,再适当增加部分精料。精料给量为:妊娠前期(1～60天)每天每头给精料0.75 kg,妊娠后期(61～114天)给精料1.25～1.5 kg。

(3)步步登高方式:这种方式适合于初产母猪与繁殖力特别高的母猪,因为初产母猪不仅需要维持胚胎生长发育的营养,而且还要供给本身生长发育的营养需要。另外,繁殖力特别高的母猪不仅胚胎需要营养较多,而且还要为泌乳作必要的储备。为此,整个妊娠期内的营养水平,是根据胚胎增重与母猪体重的增长而逐步提高的,到妊娠后期增加到最高水平。精料给量为:妊娠前期(1～60天)每日每头给精料1.25 kg,妊娠中期(61～90天)给精料

1.5 kg，妊娠后期（90～114 天）给精料 2 kg。

这 3 种饲养方式有一个共同的基本原则是，饲养妊娠母猪要根据母猪的膘情与生理特点以及胚胎的生长发育给予区别对待，决不能按统一模式来饲养。

目前在养猪营养水平比较高、饲料丰富的地区采用母猪妊娠期适量饲喂、哺乳期充分饲喂的饲养体制。妊娠期营养过于丰富，体脂肪储备过多，则母猪泌乳期食欲不旺，影响泌乳力发挥；增重多，对断奶后发情配种不利。妊娠母猪的营养水平，因猪的品种、地区、产仔多少等因素而不同。配合饲料的营养水平整个妊娠期可采用同一水平。饲料喂量通常采用妊娠前期（从配种至妊娠 80 天）喂量少，妊娠后期（从妊娠 80 天到产仔前 3 天）饲喂量多。近年来随着养猪科学的发展，对妊娠母猪的饲喂量有些新的尝试，并取得了初步效果，就是母猪空怀期和妊娠初期（从配种到妊娠 21 天）与妊娠后期饲喂同样多的饲料量。

（五）母猪妊娠期营养障碍

母猪妊娠期营养障碍表现产死胎、木乃伊胎、各种畸形仔猪及低活力仔猪，在一般情况下，并非由于能量和蛋白质不足所致。最常发生、最主要的原因是妊娠期日粮矿物质和维生素缺乏或不足，例如，许多试验和生产实践证明，妊娠母猪日粮缺钙会造成产死胎、弱仔，并且逐代加重，母猪多患缺乳症和瘫痪。在严重缺硒地区，妊娠母猪如不补硒，则初生仔猪会发生缺硒症。又如，母猪日粮缺少胡萝卜素或维生素 A，则表现不发情或发情不正常。猪必需的十几种维生素缺乏任何一种，都会引起妊娠和产仔异常。因此，在传统养猪场，务必重视为妊娠母猪配合日粮时，不可缺少石粉（或贝粉）、骨粉等补充钙磷和易缺微量元素的矿物质饲料；更需注意多用一些富含维生素的青饲料、青贮料，优质草粉和叶粉等，保证母猪群长年不断青饲料。在工厂化养猪场，在缺少优质草粉和青饲料的情况下，应特别重视向妊娠母猪饲粮补充矿物质、微量元素和复合维生素添加剂，确保母猪必需的各种无机元素和维生素得到满足。

(六)妊娠母猪的管理

(1)饲养方式：日粮必须具有一定体积，即含一定量的青粗饲料，使母猪吃后有饱感，也不会压迫胎儿。适当增加轻泻性饲料如麸皮，以防便秘，因为便秘会引起母猪流产；日粮必须营养全面、多样化且适口性好，妊娠3个月后就应该限制青粗饲料的给量，否则压迫胎儿容易引起流产；提倡喂稠粥料，也可喂干粉料，但必须供给充足的饮水。

(2)良好的环境条件：保持猪舍的清洁卫生，注意防寒防暑，有良好的通风换气设备，坡度不要太陡。

(3)保证饲料质量：妊娠母猪不能吃冰冻、发霉变质和有毒的饲料，供给清洁饮水。后期可适当增加饲喂次数，减少每次喂量。

(4)耐心的管理：饲养人员要加强责任心，耐心、细心照顾，切不可粗暴对待。注意保持猪体清洁卫生，防治猪虱与皮肤病，以免母猪因奇痒经常蹭痒而导致流产。每天要仔细观察母猪吃食、饮水、粪尿和精神状态等。要防止母猪由于挤撞、咬架、追赶、鞭打等造成死胎或流产。

(5)单圈饲养：妊娠母猪最好单圈饲养。在工厂化养猪场，采用单圈饲养或限位栏饲养的是少数；多数场采用小群饲养，但每头母猪的体重、年龄、性情与妊娠期要大致相同，尽量减少伤残损失，保持足够槽位，防止强夺弱食现象发生；到产前一个月还是以单圈饲养为好。

(6)运动：妊娠后的第一个月，为了恢复体力与膘情，要少运动。母猪妊娠中后期应适当运动，有利于增强体质，有利于胎儿正常生长发育。产前1周应停止运动。

(7)防止发生应激反应：对妊娠初期和临产母猪，在盛夏酷暑季节必须采取防暑降温措施，防止热应激造成胚胎死亡或临产死胎，提高产活仔数。冬季要搞好防寒越冬，防止母猪受贼风侵袭发生瘫痪或感冒发烧造成胚胎死亡或流产。

四、分娩母猪的饲养管理

(一)母猪分娩前的准备与护理

结合母猪的预产期和临产征状综合预测产期，在产前 3～5 天做好准备工作。首先准备好产房，将待产母猪移入产房内待产。产房要求宽敞，清洁干燥，光线充足，冬暖夏凉，安静无噪声。产房内温度以 22～25℃为宜，相对湿度在 65%～75%。产房打扫干净后，用 3%～5%的石炭酸、2%～5%的来苏儿或 3%的火碱水消毒，围墙用 20%石灰乳粉刷。地面铺以垫草。在寒冷地区，冬季和早春做好防风保暖工作。产房内准备好接生时所需药品、器械及用品，如来苏儿、酒精、碘酊、剪刀、秤、耳号钳，以及灯、仔猪保姆箱(窝)、火炉等。母猪进入产房前，将其腹部、乳房及阴户附近的污泥清洗干净，再用 2%～5%来苏儿溶液消毒，然后清洗干净进入产房待产。产房内昼夜均应有专人值班，防止意外事故发生。对膘情与乳房发育良好的母猪，产前 3～5 天应减料 1/2 或 1/3，并停喂青绿多汁饲料。对于那些膘情与乳房发育不好的母猪，产前不仅不应减料，还应加喂一些含蛋白质较多的饼类饲料或动物性饲料。

(二)母猪临产前征状

(1)乳房的变化：母猪在产前 15～20 天，乳房由后向前逐渐下垂，接近临产期乳房前后膨大，乳头呈“八”字形分开并挺直，乳房的皮肤发紧而发红发亮。产前 3 天左右，可以在中部两对乳头挤出少量清亮液体；产前 1 天，可以挤出 1～2 滴初乳；产前半天，可以从前部乳头挤出 1～2 滴初乳。如果能从后部乳头挤出 1～2 滴初乳，而能在中、前部挤出更多的初乳，则表示在 6 h 左右即将分娩。

(2)外阴部的变化：母猪临产前 3～5 天，外阴部开始红肿下垂，其阴唇逐渐柔软、肿胀增大、皱褶逐渐消失，阴户充血而发红，骨盆韧带松弛变软，尾根两侧出现凹陷，这是骨盆开张的标志。临产前，子宫栓塞软化，从阴道流出。

(3)神经征状：临产前母猪神经敏感，行动不安，在圈内来回走动，起卧不定，但其行动谨慎缓慢。待吃食不好，叼草絮窝，性情急躁，频频排粪排尿等情况，说明即将产仔。

(三)分娩过程

分娩过程分为三期，一般在第一期、第二期之间没有明显的界限。在助产之中，重要的应该掌握住在正常分娩情况下，第一期和第二期母猪的表现和两期各所需的时间，以便确定是否发生难产。一般来说，在分娩未超过正常所需时间之前，不需人工帮助，但在超过正常分娩所需时间之后，则需采取助产措施，帮助母猪将胎儿排出。开口期所需时间为 3～4 h，胎儿娩出期的时间为 1～4 h，胎衣排出期的时间为 0.5～1 h。

(四)分娩的接助产

母猪一般是侧卧分娩，少数为伏卧或站立分娩。仔猪娩出时，正生和倒生均属正常，一般无需帮助，让其自然娩出。临产前先用千分之一的高锰酸钾水溶液擦洗乳房及外阴部。接产人员的手臂应洗净，可用 2%的来苏儿消毒。

(1)当仔猪娩出时，接产人员用一手捉住仔猪肩部、另一手迅速将仔猪口鼻腔内的黏液掏出，并用毛巾擦净，以免仔猪呼吸时黏液阻塞呼吸道或进入气管和肺，引起病变；然后再擦干全身，如天气较冷立即将仔猪放入保温箱烤干。如果发现胎儿包在胎衣内产出应立即撕破胎衣，再抢救仔猪。

(2)仔猪脐带停止波动即可断脐，方法是先使仔猪躺卧，把脐带中的血反复向猪腹部方向挤压，在距仔猪腹部 5～6 cm 处剪断。断面用 5%的碘酒消毒。如果断脐后流血较多，可以用手指捏住断端，直至不流血为止，或用线结扎断端。

(3)母猪分娩后 3 天内的乳称为初乳，初乳内营养丰富，其蛋白质、维生素、矿物质等均超过常乳，同时还含有抗体、酶类和激素等物质，对提高仔猪抵抗力，促进生长发育均有良好作用。初乳中还含有较多的镁盐，可以软化胎粪，促进胎粪的排出。所以，尽早第一次哺乳在新生仔猪养育中很有意义。在母猪产仔结束时即可哺乳，对产期过长(2 h 以上)的母猪，可以在分娩结束之前，让先出生的仔猪吮乳。哺乳之前，先用湿热毛巾将母猪乳房、乳头擦拭干净，挤掉前几滴初乳，即可将初生仔猪放在母猪身旁哺乳。

(4)在新生仔猪第一次哺乳之前称量仔猪初生重，全窝仔猪初生重的总和为初生窝重。对初生仔猪编号，便于记载和鉴定。将称得的初生重、初生窝重以及仔猪个体特征等进行登记。

(5)接产过程中，有时会遇到新生仔猪全身发软，不呼吸，但心脏和脐带基部仍有波动，这样的仔猪称为假死仔猪。假死仔猪救助的关键是尽早发现，及时采取救助措施。救助后的假死仔猪一般较弱，需要进行人工哺乳和特殊护理，直到仔猪恢复正常。对于假死仔猪必须立即采取措施使其呼吸才能成活，可采取如下的救活方法：

①迅速用毛巾或拭布将仔猪鼻端、口腔内的黏液擦去，对准仔猪的鼻孔吹气，或往口中灌点水，以破坏黏液在鼻口中形成黏膜，使仔猪呼吸道变得通畅。

②倒提仔猪后腿，促使黏液从鼻腔和口中排出，并用双手连续拍打仔猪胸部，直到仔猪发出叫声为止。

③使仔猪仰卧，用手拉住前肢令其前后伸屈，一紧一松地压迫两侧肋部，进行人工呼吸。

④接产人员左、右手分别托住假死仔猪肩部和臀部，将其腹部朝上，然后两手向腹中心方向回折，并迅速复位，反复进行，手指同时按压胸肋。一般经过几个来回，可以听到仔猪猛然发出声音，表

示肺脏开始呼吸。再徐徐重做，直至呼吸正常为止；也可连续屈伸仔猪的身体，每分钟 25～30 次，直到仔猪正常呼吸。

⑤将仔猪浸在 40℃的温水中，口鼻和脐带断头端露在水面上，约 30 min 也能救活仔猪，或在温水中按摩仔猪胸部，使其尽快恢复呼吸，仔猪呼吸后立即擦干皮肤，放在温暖处。

⑥被胎衣包裹的仔猪，应立即撕开胎衣，以免死亡。如果为假死，可立即采用上面的方法进行救助。

⑦用酒精刺激假死猪鼻部或针刺其人中穴，或向假死仔猪鼻端吹气等方法，促使呼吸恢复。

⑧在紧急情况时，可以注射尼可刹米或用 0.1％肾上腺素 1 mL，直接注入假死仔猪心脏急救。

(6)母猪产仔完毕休息一段时间后，阵缩和努责又起，预示胎衣将排出。当胎衣排出时，立即拿开，不能让母猪吃掉胎衣，否则在以后的胎次中，养成母猪吃仔猪的恶癖。对排出的胎衣进行检查，如果胎衣完整，胎衣上残留的脐带数与仔猪数相符，表明胎衣全部排出，否则胎衣未完全排出，应及时处理。检查后的胎衣可以洗净后煮熟喂给母猪，既补充了蛋白质，又有催乳之作用。

(五)母猪分娩后的护理

在母猪分娩过程中一般不喂食，如果分娩时间过长，可喂些稀的热麸皮盐水，这样可增强体力，有利于分娩，又可防止母猪因过于口渴而发生吃仔猪的恶癖。母猪分娩后，身体极度疲乏，往往感到十分口渴，没有食欲，也不愿活动，这时不要急于喂平时的饲料，只喂给稀的热麸皮盐水即可，千万不可马上喂给大量浓厚的混合精料。母猪产后 3～5 天可根据其食欲与膘情逐渐增加精料量，产后 1 周左右可转入哺乳期的正常饲养水平。母猪分娩后 3～4 天内，只能让它在圈内休息与活动。产后 4 天后如天气好而无风，可让母猪到运动场去自由活动。

母猪在分娩过程中和产后的一段时期内，机体的消耗很大，抵抗力降低，而且生殖器官须经 2～8 天才能恢复正常，在 3～8 天内阴道内排出恶露，容易因饲养管理不当招致疾病。产后对母猪精心护理，可使母猪尽快恢复正常。在母猪分娩结束时，结合第一次哺乳，对母猪乳房、后躯和外阴清洗，尤其是尾根和外阴周围应清洗干净。圈内勤打扫，做到清洁卫生，舍内通风良好，冷暖适宜、安静无干扰。在饲养和日粮结构上，给予适当照顾，逐步过渡到哺乳期的饲养。母猪产后可能出现一些病理现象，如胎衣不下、子宫或阴道脱出、产道感染、缺乳少乳、瘫痪、乳房炎等病变。因此，在产后头几天的日常管理中，注意观察母猪状况，一旦出现异常，应立即采取相应措施加以解决。

五、哺乳母猪的饲养管理

(一)母猪的泌乳规律

(1)泌乳量：产仔后，前期是增加趋势，至 21 天时达到顶峰。21 天以后逐渐下降。母猪乳头前边的 4 对比后边的 4 对泌乳量多。一般带仔 10 头的母猪，在整个泌乳期约可分泌乳汁 250 kg 以上，平均每天产奶 4 kg 多。我国猪种母猪的泌乳高峰来得较早些。

(2)泌乳次数：由于母猪的乳房没有乳池，每次放奶的时间又短，所以每天的哺乳次数多。前期泌乳次数多、间隔时间短，后期泌乳次数少、间隔时间长，白天泌乳次数多，夜间泌乳次数少。母猪的泌乳次数与猪的品种、泌乳性能的高低、泌乳期的长短和饲养管理条件等因素有关。

(二)影响泌乳力的因素

(1)年龄(胎次)：在通常情况下，初产母猪泌乳量低于经产母猪。从第 2 胎开始泌乳量上升，第 6～7 胎以后泌乳量下降。母猪胎次与泌乳量一般存在如下关系：以各胎次泌乳量的总平均作为 100，那么初产泌乳量为 30，2 胎时泌乳量为 95，3～6 胎为 100～

120,6～7 胎以后逐渐下降。因此,产仔 8～10 胎以后的母猪应该淘汰。

(2)品种:品种不同泌乳力也不同,大型肉用型猪和兼用型猪泌乳力较高,小型脂用型猪泌乳力较低。瘦肉型品种长白猪和大约克夏猪产仔数较多,泌乳能力也很强大。巴克夏和中约克夏猪泌乳力较差。

(3)产仔数:母猪带仔头数与泌乳量有密切关系,一般情况下,窝仔数多的母猪其产乳量高,窝仔数少的母猪产乳量较低。

(4)饲养管理:哺乳母猪饲料的营养水平、饲喂量、环境条件和管理措施均可影响其泌乳量。所以,给予哺乳母猪良好而适度的饲养管理条件,才能充分发挥泌乳潜力。

(三)提高泌乳量的措施

对初产母猪在产前 15 天进行乳房按摩,或产后用 40℃左右温水浸湿抹布,按摩乳房 1 个月左右,可收到良好效果。多喂青绿多汁饲料,在饲料搭配上,对哺乳期母猪应多喂些青绿多汁饲料及根茎类饲料,以增加泌乳量并防止便秘。要为哺乳母猪供给充足、清洁的饮水。要使哺乳母猪适当增加运动和多晒太阳,母猪在产后 3～4 天,如果天气良好,就可让它每天运动几十分钟,半个月以后可让它带仔猪一起运动。要使环境保持清洁、安静。每天应把圈内的积粪和被污染的垫草加以清除,并打扫干净,定期消毒。食槽也必须经常清洗和消毒。充分利用母猪乳头,如母猪产仔较少,可安排寄养。

(四)哺乳母猪的饲养

对于泌乳量高的母猪,应千方百计的增加营养物质的摄取量,否则母猪减重过多,体耗过大,造成极度衰弱,营养不良。轻者会影响下次发情配种,重者会生病死亡。哺乳母猪的饲料应按其饲养标准配合,保证适宜的营养水平。母猪刚分娩后体力消耗很大,处于高度的疲劳状态,消化机能较弱,所以,开始应给稀料,2～3

天后饲料喂量逐渐增多。5～7天改喂潮拌料，饲料量可达到饲养标准规定量。哺乳母猪要饲喂优质饲料，在配合日粮时原料要多样化，尽量选择营养丰富、保存良好、无毒的饲料。还要注意配合饲料的体积不能太大，适口性好，这样可增加采食量。哺乳母猪应增加饲喂次数，每次要少喂勤添，一般日喂3～4次，每次间隔时间要均匀，做到定时、定量。除了喂精料外，有条件的场可加喂一些优质青绿饲料，特别是有胡萝卜更好。

（五）哺乳母猪的管理

对哺乳母猪实行正确的管理，可保证母猪健康，对提高泌乳量极为重要。应注意以下几点：保持良好的环境条件，粪便要随时清扫，保持清洁干燥和良好的通风。冬季应注意防寒保温，夏季应注意防暑。保护母猪的乳房和乳头，一定要使所有的乳头都能均匀利用，以免未被吸吮利用的乳房发育不好，影响泌乳量。圈栏应平坦，特别是产床要去掉突出的尖物，防止损伤乳头。保持猪身和乳房清洁。保证充足的饮水，产房内最好设置自动饮水器和储水装置，保证母猪随时都能喝到充足清洁的饮水。注意观察，观察母猪吃食、粪便、精神状态及仔猪的生长发育，以便判断母猪的健康状态。

六、猪的繁殖障碍及提高母猪繁殖力的措施

（一）不发情

后备母猪到配种适龄而不发情，对因先天性生殖器官发育不良、畸形、激素分泌失调等予以淘汰；对因饲养管理不良，失去机体平衡的母猪，改善饲养条件，供给青饲料或添加维生素和矿物质等可以得到改变。如果妊娠期和哺乳期饲养管理正常，母猪断奶后3～7天大部分母猪即可发情，配种后就能受胎，但有的母猪不发情。不发情的原因主要是仔猪哺乳期间母猪营养不良。因此，在母猪泌乳期要加强饲养，保证营养充足和全面。如果母猪断奶15

天后还不发情，应考虑用激素诱发。

(二)交配后不受胎

发情母猪与繁殖功能正常的公猪交配后，一般受胎率为80％～95％。不受胎的母猪，虽然卵泡正常发育，表现发情，允许公猪爬跨，但不排卵，这是因为卵泡消失或者转为水肿和囊肿，或者子宫有炎症，受精卵不着床。另外，后备母猪生殖器官异常也可能不受胎。母猪断奶后3～7天发情，配种受胎率高，产仔数多。因此，对于疾病造成的不孕，应及时治疗。

(三)异常分娩和死胎

秋天分娩多发生一种叫做木乃伊的死胎，其原因主要是由于乙型脑炎等病原体感染所致。高温、高湿的环境易造成死胎。流产和早产是由于母猪腹部受到打击、咬架、跌倒、饲料中毒、感冒、热性病等各种原因引起；特别是妊娠20～40天最易引起流产，在管理上要特别细致。

(四)造成低繁殖力的因素

(1)热应激：尽管公母猪对热有一定的耐受能力，但高温往往引起公母猪的体温上升，抑制了促性腺激素的分泌。此外对公猪来说由于高温还会造成精液量和质量明显下降，消除这些影响往往需要2～3周的时间，这也是夏季猪群受胎率较低的一个原因。热应激对母猪也有影响，特别是妊娠40天内的母猪影响更大，往往造成胚胎死亡率上升，妊娠率下降。

(2)交配频率：对初情期刚过的公猪可每周2～3次，而成年公猪以每周3～4次为宜。由于公猪间的个体差异，公猪的使用应与精液的监测结合起来，一般发现畸形精子或未成熟精子数量增加，应立刻停止采精。

(3)管理：近交系数的增加往往会对生殖、窝产仔数甚至后代的正常性活动产生不利影响，一般要求近交系数不应超过10％。此外，母猪过分拥挤，也会产生应激，抑制繁殖力，特别是妊娠早期的母猪会因拥挤而出现流产。另外，若处于早期妊娠的母猪与公猪接触也易出现胚胎死亡。

(4)营养水平：公猪对铜、锌、锰、硒和铁等矿物质缺乏十分敏感，而且维生素A及维生素E对维持公猪的繁殖力也有重要作用。对于母猪来说有时改变日粮也会造成刺激或抑制卵泡发育、发情行为以及卵巢的活性。因此，在给予猪只饲料时，应该考虑猪的生理状态及营养的需要，以保证猪群具有较高的繁殖力。

(5)年龄：一般认为母猪从初情期后4～5胎随年龄增加窝产仔数也增加，此后逐渐下降。有时母猪随年龄的增长，排卵数继续增加，但由于老龄母猪排出的卵有些活力较弱，或者老龄母猪子宫不适宜胚胎存活，使产活仔数下降，这样的母猪应淘汰，以保证繁殖群的母猪处在旺盛的繁殖期内。

(五)提高母猪繁殖力的措施

(1)选择优良母猪：不同品种的猪繁殖力存在着较大的差异，如我国太湖猪平均产仔可高达每窝15头，而引进品种仅为9～12头。此外近交系数大于10%时，胚胎的死亡率较高，且胎儿的初生重也较轻，一些遗传畸形也会引起死亡率上升，而杂交有利于提高窝产仔及初生重。

(2)保持适度膘情：俗话说："空怀母猪七八成膘，容易怀胎产仔高"，如果母猪太瘦会出现不发情，排卵少，卵子活力弱，易造成空怀；如果母猪太肥，也会造成同样的后果。同时要重视蛋白质、维生素A、维生素D、维生素E的供给。应适当控制母猪妊娠期的能量进食，而在泌乳期适当增加营养对维持产奶量十分必要，而且也有利于下一次的繁殖。泌乳期蛋白质水平可能比能量限制的影响更大。此外，一些维生素如生物素、胆碱、叶酸、β-胡萝卜素、维生素E、维生素B_2等对母猪最大限度发挥繁殖潜力极为重要。因此，在出现死胎增多或者受胎率突然下降，应首先考虑营养的影响因素，特别是矿物质及维生素的影响。

(3)注意选好公猪：务必选用品种纯正、体质壮实、精力充沛、性欲旺盛、精液品质好的公猪配种。

(4)注意适时配种：即在母猪开始发情后的 20～30 h 配种较适时。同时要记住："老配早，小配晚，不老不小配中间"。就猪种来说，培育品种早配，本地猪种晚配，杂种猪居中间。

(5)采用重复配种和双重配种：重复配种即母猪在一个发情期内，用同一头公猪先后配种 2 次，一般在发情开始后 20～30 h 配一次，间隔 12～18 h 再配一次；双重配种即母猪在一个发情期内，用不同品种的两头公猪或同一品种的两头公猪先后间隔 5～10 min 各配一次，可明显提高受胎率和产子数。

(6)采用人工催情：为使母猪多胎高产，或促使不发情母猪和屡配不孕的母猪正常发情排卵，在加强饲养管理的基础上，可采取以下人工催情措施：用试情公猪诱情，在母猪断奶后，引入性成熟的公猪或用公猪外激素喷洒母猪鼻子，有利于母猪恢复发情，及提高排卵率；仔猪早期断奶；并窝控制哺乳时间；激素催情；皮下注射孕马血清 5 mL 或肌肉注射绒毛膜促性腺激素 1 000 单位。

(7)加强管理

①卫生是保证猪只良好体况的重要环节，要经常根据需要进行传染病的预防和接种工作，特别是要防止子宫疾病及烈性传染病的发生。搞好畜舍及输精用具的消毒和卫生工作。

②加强饲养人员的责任心，培养良好的职业道德。人对猪是友善还是粗暴，直接影响到猪的繁殖力。

③建立好母猪个体的繁殖登记制度，及时掌握猪群的繁殖情况，及时淘汰有病或繁殖力较低的老龄母猪，使猪群总保持在良好的繁殖水平上。

④将妊娠后期的母猪单独饲养，产房设备要适宜、卫生清洁、通风良好，仔猪产出前配备加热灯及保温设备。有报道在母猪妊娠的第三周内每天给母猪注射 25 mg 孕酮和 12.5 μg 雌酮有利于

保胎,此外,母猪在配种前注射 β-胡萝卜素,或补充维生素 E 和硒,有利于提高窝产仔数。

⑤搞好发情鉴定,适时输精。

⑥在妊娠的头 3～4 周内,温度应保持在 21～28℃,当环境温度超过 29℃时胎儿死亡率明显上升。

⑦要掌握好断奶至交配的时间间隔,不适宜的断奶间隔对窝产仔的影响很大。

⑧有报道在母猪妊娠的第 15 天注射 1 500 IU 的 PMSG(孕马血清促性腺激素)可以提高存活的胚胎数目。

⑨改进产房设备,防止母猪压死仔猪。

⑩猪群的密度及空间明显影响青年母猪的正常周期、配种和妊娠。空间太小会使母猪配种率下降,而青年母猪群太小如少于 4 头则发情表现减弱。另外,仔猪在 10 kg 时将公母分开,有利于公猪性欲及母猪的交配行为。在母猪达到初情期之前引入公猪可以刺激母猪初情期的提前,而公母猪从小混圈没有明显提前母猪初情期的作用。母猪交配后应留在原圈 4 周以上才能转圈,这样有利于减少环境应激对胚胎早期死亡的影响,可以获得更多发育的胚胎,有利于提高窝产仔数。

⑪让母猪白天产仔。母猪一般在夜间产仔,由于不能及时接产护理,常造成仔猪非正常死亡。在母猪临产前 1～2 天(怀孕 112 天左右)的上午 8:00～9:00 时,给母猪肌肉注射氯前列烯醇注射液 1～2 mL,可促使母猪在白天产仔。

第四节　哺乳仔猪的饲养管理

哺乳和断奶后的仔猪是生长发育最快、饲料利用效率最高的阶段,加快仔猪的增重,提高哺育率和成活率是提高养猪生产水平和降低生产成本的关键。

一、哺乳仔猪饲养管理的要点

一般分娩过程和哺乳期损失活产仔猪2～3头。死亡时期85%以上是在头30天，而生后1周内的死亡占60%，死亡的主要原因是冻死、压死、饿死和下痢死亡。因此，仔猪生后1周内的主要管理工作是保温防压，使仔猪吃足初乳，固定奶头，补铁，寄养与并窝等，其中保温是关键性措施。仔猪刚出生后，需立即擦干全身，清除口腔和鼻腔中的黏液，使仔猪能自由呼吸，然后放入温暖、干燥的地方。对母猪难产或分娩时间过长的，应给母猪以适当助产，以减少胎儿死亡。

（一）防寒保温

初生仔猪调节体温适应环境冷应激能力差。仔猪的体温调节机能从第9天起才得到改善，20日龄时才接近完善，所以，保温是提高仔猪育成率的关键性措施。仔猪最适宜的环境温度是，1～7日龄28～32℃，8～30日龄25～28℃，31～60日龄23～25℃。为了满足这个温度要求，可用红外线灯泡对育仔箱或育仔室进行加温，或在仔猪箱内铺一块仔猪保温板（电热板）。育仔箱可用木制，育仔室可用砖和水泥等修建。育仔箱（室）靠母猪的一侧开个仔猪出入口。仔猪出生后放在箱（室）内，每隔1 h放出哺乳一次。经几次训练，仔猪就会自行出入，并选择在适宜温度下休息。

（二）吃足初乳

初乳含有大量免疫球蛋白，产后3天内初乳中免疫球蛋白从每100 mL含7～8 g降到0.5 g。此外，初乳酸度较高，含有较多的镁盐（有轻泻作用），其他营养成分也比常乳高。仔猪随产出随放到母猪身边吃初乳，能刺激消化器官的活动，促进胎便排出，增加营养产热，提高对寒冷的抵抗能力。因此，仔猪出生后应尽早吃到初乳，吃足初乳。

(三)固定奶头

母猪产后 40 天大体每隔 45～60 min 给仔猪哺乳一次，随泌乳期进展间隔加长，40～60 天为 60～80 min 哺乳一次，每次哺乳历时 3～5 min，但母猪真正放奶时间只有 10～20 s。初生仔猪有抢占多乳奶头并固定为己有的习性。如果乳头不固定，则势必发生强夺弱食，也干扰母猪正常放奶，造成仔猪发育不齐，死亡率高。为避免发生这种现象，仔猪出生后 2～3 天内必须人工辅助固定奶头。其方法如下：

(1)人工辅助固定：当仔猪个体间差异不大，有效奶头足够时，生后 2～3 天绝大多数仔猪自行固定奶头吮乳，不必干涉。如果个体间体重差异大，应把个体小的放在前 3 对乳头吮乳，因为前面的奶头泌乳量高。方法是把母猪后躯垫高些，使前躯低些，因为初生仔猪有“向高性”，这样体大的仔猪先去占领后躯的几对乳头，人工辅助个体小的仔猪在前几对乳头吮乳，这样 2 天后就能固定好。

(2)完全人工固定：从仔猪出生后第一次吮奶就开始人工固定。用橡皮膏贴到仔猪身上，写上它所固定的奶头顺序号，仔猪吮奶时人为控制，不允许串位，并把多余奶头用胶布贴住封严。这样仔猪很快按固定奶头吃奶，不抢奶。这种方法效果好，但比较费事。

(四)寄养

仔猪寄养就是给仔猪找奶妈，在有多头母猪同期产仔时，对于那些产仔头数过多、无奶或少奶、母猪产后因病死亡的仔猪采取寄养，是提高仔猪成活率的有效措施。当母猪产仔头数过少需要并窝合养、使另一头母猪尽早发情配种时，也需要进行仔猪寄养。仔猪寄养时要注意以下几方面的问题：

(1)实行寄养时母猪产期应尽量接近，最好不超过 3～4 天。后产的仔猪向先产的窝里寄养时，要挑体重大的寄养，而先产的仔猪向后产的窝里寄养时，则要挑体重小的寄养，以避免仔猪体重相差较大，影响体重小的仔猪发育。

(2)被寄养的仔猪一定要吃初乳。吃到初乳才易成活，如因特殊原因仔猪没吃到生母的初乳时，可吃养母的初乳。这时必须将先产的仔猪向后产的窝里寄养，称为顺寄。

(3)寄养母猪必须是泌乳量高、性情温顺、哺育性能强的母猪，只有这样的母猪才能哺育好多头仔猪。

(4)使被寄养仔猪与养母仔猪有相同的气味。猪的嗅觉特别灵敏，母仔相认主要靠嗅觉来识别。多数母猪追咬别窝仔猪(严重的可将仔猪咬死)，不给哺乳。为了使寄养顺利，可将被寄养的仔猪涂抹上寄养母猪的奶或尿，也可将被寄养仔猪和养母所生仔猪合关在同一个仔猪箱内，经过一定时间后同时放到母猪身边，使母猪分不出被寄养仔猪的气味。

(5)寄养时常发生寄养仔猪不认“妈妈”而拒绝吃奶的情况，要用饥饿和强制训练的办法才能成功。

(五)补铁

为防止仔猪贫血给生产造成损失，仔猪生后 3～4 日龄时补铁，补铁的方法有口服和肌肉注射两类。把 2.5 g 硫酸亚铁和 1 g 硫酸铜溶于 100 mL 水装入奶瓶中，当仔猪吸乳时滴于母猪乳头上令其吸食，也可用奶瓶直接滴喂，每天 1～2 次，每头每天约 10 mL。在仔猪生后 2～3 天内颈部肌肉注射右旋糖苷铁、血多素、牲血素、右旋糖铁钴合剂等 100～150 mg，2 周龄时再注射一次。尽早给仔猪开食，可从饲料中得到铁的补充。有条件的地方可让仔猪从土壤中获得铁及其他微量元素。

(六)仔猪人工乳喂养

母猪产后死亡，仔猪无过哺寄养可能，可配制人工乳喂养。人工乳配方为：鲜牛奶或 10%奶粉液 1 000 mL，鲜鸡蛋 1 个，葡萄糖 20 g，微量元素盐溶液 5 mL($FeSO_4 \cdot 7H_2O$ 49.8 g、$CuSO_4 \cdot 5H_2O$ 3.9 g、$ZnSO_4 \cdot 7H_2O$ 9.0 g、$MnSO_4 \cdot 4H_2O$ 3.6 g、KI 0.26 g、

$CoCl_2$ 0.2 g 加水 1 000 mL 配成)，鱼肝油适量，复合维生素适量。先将牛奶煮沸消毒，待凉至 40℃时，加入葡萄糖和鲜鸡蛋、复合维生素、微量元素盐溶液和母猪血清(占人工乳 10%～20%)。1～3 日龄日喂 200 mL(20 次)，4～5 日龄日喂 270 mL(18 次)，6～8 日龄日喂 360 mL(16 次)，9～11 日龄日喂 430 mL(15 次)，以后加喂糕干粉，两次饲喂间隔饮水。

(七)补硒

我国大部分地区饲料中硒的含量均较低，而仔猪对硒的日需要量约为 0.03～0.23 mg，因此仔猪的补硒也非常重要。可在仔猪出生后 3～5 天肌肉注射 0.1%亚硒酸钠溶液或硒 E 合剂 0.5 mL，断乳前后再注射 1 mL。对已开料的仔猪可在每千克饲料中添加 0.1 mg 的硒补给。注意，硒是剧毒元素，过量使用极易引起中毒，用时应谨慎小心。

(八)补水

哺乳仔猪新陈代谢旺盛，生长发育迅速，母猪奶的含脂率高，所需水量较大，若不及时补水，会因口渴喝脏水而造成下痢。如果没有自动饮水装置，一般产后 3 天开始补给清洁的饮水，水槽要常刷洗，水要勤更换，冬季可供给温热水。

(九)称重、打耳号

仔猪初生体重的大小不仅是衡量母猪繁殖力的重要指标，而且也是仔猪健康程度的重要标志。种猪场必须称量初生仔猪的个体重，商品猪场可称量窝重。为了随时查找猪只的血缘关系和便于管理记录，必须给每头猪进行编号，在称量初生体重的同时进行，编号的方法很多，以剪耳法最简便易行。

(十)剪掉獠牙

仔猪生后就有成对的上下门齿和犬齿(俗称獠牙)共 8 枚，这些牙齿对猪哺乳没有不良影响，但哺乳时由于争抢乳头而咬痛母猪乳头或同窝仔猪的颊部，造成母猪起卧不安，容易压死仔猪。所以，在仔猪生后打耳号的同时用锐利的钳子从根部切除这些牙，注意断面要剪平整。

（十一）防止压踩

初生仔猪被压踩致死的比例相当大，防压措施有以下几方面：使用母猪限位架，限制母猪大范围的运动和躺卧方式，以免仔猪被母猪压死。保持环境安静，防止母猪烦躁不安、起卧不定，可减少压踩仔猪的机会。饲养员对母猪和仔猪要进行耐心细微的饲养管理。

（十二）去势

商品猪场的小公猪、种猪场不能做种用的小公猪，都在哺乳期间进行去势，如采用30～35日龄断奶，则在20～25日龄去势。哺乳期间去势，一来猪小容易操作，二来容易恢复。

（十三）防病

对初生仔猪危害较大的有仔猪红痢、仔猪黄痢、仔猪白痢和传染性胃肠炎等腹泻病。为了防止哺乳仔猪发病，应采取以下几项措施进行预防：加强妊娠母猪和哺乳母猪的饲养管理，保证胎儿的正常生长发育，产出体重大、健康的仔猪，母猪产后有良好的泌乳性能。哺乳母猪饲料稳定，不吃发霉变质和有毒的饲料，保证乳汁的质量。产房最好采取全进全出，前批母猪仔猪转走后，地面、栏杆、网床、空间要进行彻底的清洗、严格消毒。妊娠母猪进产房时对体表要进行喷淋刷洗消毒，临产前用0.1％高锰酸钾溶液擦洗乳房和外阴部。产房的地面和网床上不能有粪便存留，随时清扫。产房应保持适宜的温度、湿度，控制有害气体的含量，防止或减少仔猪的腹泻等疾病的发生。在母猪妊娠后期注射K88、K99、K987P等菌苗，但必须根据大肠杆菌的结构注射相对应的菌苗才会有效，当然也可注射多价苗。

二、哺乳仔猪的开食与补料

(一)早期开食

哺乳仔猪提早开食补料,不仅可以满足生长发育对营养物质的需要,提高日增重,且还可以锻炼仔猪的消化器官,早分泌胃酸,促进胃肠蠕动,防止下痢,为安全断乳打下基础。仔猪的补料应根据其不同时期的特点采取不同的方法,一般可分为调教期、适应期和旺食期3个阶段。

1. 调教期

此阶段主要是诱引仔猪采食,让仔猪早接触饲料。仔猪在出生后7～10日龄时,可开始诱食,从开始训练到仔猪认料,一般约需要1周。仔猪的采食量与饲料的适口性有很大的关系,因此2周后饲粮配合的重点是适口性,而不只是从营养的角度来考虑。根据仔猪的习性,诱饲料宜用具有甜味或香味的颗粒状饲料,如用炒制的玉米、黄豆或豌豆等打碎成米粒大小的颗粒,或用配合的全价颗粒料。根据仔猪采食的习性,可分别采用以下几种不同的诱饲方法:

(1)自由采食。仔猪一般有喜食甜、香饲料的特性。开始补料时,可将诱饲料如炒香的玉米、小麦、大米或黄豆等颗粒饲料撒在仔猪经常出入的地方,任仔猪自由采食,让仔猪学会吃料。

(2)饥饿诱食法。让仔猪与母猪分开,待仔猪饥饿时,先供给饲料诱食,待吃料后再让其吃奶,采用此法,一般只要1～3天仔猪就能学会吃料。

(3)强制诱食法。这种方法是将仔猪与母猪分开,用强制的方法诱使仔猪吃料。可用水将饲料调成糊状,挑少许涂抹在仔猪的嘴中,反复几次后仔猪就能学会吃料。也可每天数次将仔猪关进补料栏,限制吃奶,强制吃饲料,装设自动饮水器,可自由饮用清洁水。

(4)以大带小法。仔猪有模仿和争食的习性。这种方法是将已学会吃料的仔猪和刚开食补料的仔猪放在一起,小猪经过模仿和争食可学会吃料。也可将饲料撒在干净的地面上,仔猪会模仿母猪而学会采食。

2.适应期

从仔猪认料到能正式吃料的过程,一般需要10天左右,即仔猪生后15~30日龄。此阶段的训练仍然是强迫性的。此时仔猪对植物性饲料已有了一定的消化能力,可利用食入饲料中的营养来弥补母乳的不足,使消化器官逐渐适应植物性饲料,为旺食期奠定基础。在饲料的种类上应尽量选用仔猪喜爱的全价颗粒料或干粉料。在每个哺乳母猪圈都装设仔猪补料栏,内设自动食槽和自动饮水器,强制补料时可短时间关闭限制仔猪的自由出入,平时仔猪可随意出入,任其自由采食。

3.旺食期

从仔猪开始正式吃料到断奶为止称为旺食期。一般仔猪在30日龄左右进入旺食期。此阶段仔猪已能大量采食和消化植物性饲料。为提高仔猪的断奶重,应尽量让仔猪多吃饲料,并且要补给接近母乳营养水平的全价饲料。每千克饲料中含消化能不应低于13.81 MJ,粗蛋白的含量一般不应低于18%。赖氨酸的含量应占粗蛋白的4.5%或日粮总量的1.0%以上。因此仔猪的日粮不能单靠植物性饲料,而应给以一定量的高品质鱼粉、肉骨粉等动物性饲料。饲料应以生干喂为好,因为生干料比生稀料喂养效果提高15%左右,比熟料提高17%~34%。哺乳仔猪的补料应少喂多餐,让仔猪能常吃到新鲜饲料,一般每天补5~6次为宜。补料的多少与仔猪体质的强弱、认料的早晚、饲料的调制方法以及饲料的适口性等有密切关系。补料成功的标志就是仔猪吃料多,生长快,增重高。此外,因为仔猪的抵抗力弱,还必须注意饲料、食槽和饮水的清洁卫生,尽量减少胃肠道疾病。

(二)补饲全价配合饲料

从仔猪认食开始,就应改用全价配合饲料,饲料应是高营养水平的全价饲料,尽量选择营养丰富、容易消化、适口性强的原料配制。配合饲料时需要良好的加工工艺,粉碎要细、搅拌均匀,最好制成经膨化处理的颗粒饲料,保证松脆、香甜等良好的适口性。对仔猪用的全价配合饲料,要求高能量、优质蛋白、矿物质和维生素营养齐全,还要掺入各种添加剂。在具体制定哺乳仔猪补饲饲粮配方时,可根据各地具体情况而定。

近年对早期断奶饲粮的完善做了大量研究,涉及加酶、酸化剂、调味剂、乳制品、加油脂等。在早期断奶仔猪饲粮添加复合酶,对改善仔猪生长和饲料利用率有一定效果,提高幅度在6%左右。常用的有机酸是延胡索酸(富马酸),添加量1.5%~2%;柠檬酸,添加量1%~3%;甲酸钙,添加量1%~1.5%。有机酸或甲酸钙、酶制剂、碳酸氢钠同时使用具有累加效果,比单独使用其中任何一种效果都好。调味剂一般在早期断奶仔猪断奶后2~3周内使用,使采食量增加而提高增重,不影响饲料利用率。乳清粉主要含乳糖(占60%~70%)和乳清蛋白,乳糖甜度很高,很容易被仔猪消化,适宜添加量为15%~20%。早期断奶仔猪对短链不饱和脂肪酸消化率高,对早期断奶仔猪椰子油最好,其次是玉米油和豆油,猪油和牛油最差。

仔猪以颗粒料为好,所有养分能均匀食入,料损也少。采用自动饲槽补饲,宜采用粉料型。用槽子饲喂则以半干粉料(干粉料∶水=1∶0.5,拌匀)为好,也可喂干粉料。不宜用稀料和熟粥料喂仔猪。在按顿用槽饲喂仔猪时,一日至少喂5~6次。无论按顿饲喂还是自由采食,都必须保证充分饮水,并保持饮水卫生。饮水是否充足是采食量的限制因素,保持饮水清洁是防止或减少腹泻的重要措施。

三、造成哺乳仔猪死亡的主要原因及防止措施

哺乳期仔猪的死亡主要是由于压死、饥饿死亡、咬死、冻死和病死等原因造成的。据统计，压死的占死亡总数的40％～45％，饥饿死亡的占死亡总数的25％～30％。从时间上看，仔猪死亡大多发生在分娩后7天内，特别是分娩后3天内仔猪死亡率最高，约占哺乳期仔猪死亡总数的60％。因此，必须从哺乳母猪的饲养管理抓起，提高初生仔猪的管理水平，才能获得满意的育成率和断奶重。

(一)压死仔猪的原因及预防措施

压死仔猪多发生于外来品种的母猪，因其护仔性能较差，且反应也慢，常压死仔猪；母猪年老体弱，反应比较迟钝，行动不便，易压死仔猪；寒冬季节或阴雨天，仔猪愿挤在母猪的前腿后部取暖熟睡，一旦母猪自动换位或突然受惊而猛然翻身，易压死仔猪；仔猪吃奶常发生争抢乳头的现象，若突然误伤母猪乳房，母猪因疼痛而骤然翻身，易压死仔猪；圈内所铺的褥草太多或太长，仔猪常钻于草下，母猪没有发现，易被压死；群饲哺乳母猪，母猪常因仔猪太多互相干扰而感到烦躁，易把仔猪压死；圈内地面不平整，母猪往往喜卧于凹处，仔猪也喜在凹处熟睡，母猪翻身易将仔猪压死。可采用护仔箱或筐把母、仔隔开，每隔1.5～2 h定时哺乳一次。使用母猪限位架，限制母猪大范围的运动和躺卧方式，以免仔猪被母猪压死。有条件的猪场可设专用产房，派专人护理仔猪。圈内地面要保持平整，所垫褥草要短，保持圈内安静，注意淘汰年龄过老的母猪等。

(二)饥饿死亡的原因及预防措施

因缺奶而导致饥饿死亡是哺乳期仔猪死亡的另一主要原因。如遇到高产母猪所产仔猪超过乳头数，或因哺乳猪缺奶、死亡等，均可导致仔猪饥饿死亡。此时应将没有奶吃的仔猪寄养给产仔较

少的母猪。

(三)咬死仔猪的原因及预防措施

仔猪误入其他母猪圈内时常被咬死;母猪无奶或死亡,将其仔猪寄养给另一头母猪时,如果措施不当,易被寄养母猪咬伤或咬死;个别母猪有食仔的恶癖,常自食仔猪;母猪严重缺乏营养,尤其是缺乏某种氨基酸、维生素和矿物质,也常自食仔猪。预防措施是:防止仔猪串圈,淘汰有食仔恶癖的母猪,供给哺乳母猪营养全面的饲料。

(四)冻死仔猪的原因及预防措施

冻死仔猪的原因主要是猪舍的保温条件差,对仔猪特别是5日龄内的仔猪护理不当。预防措施是:避开最寒冷季节产仔,把产仔季节安排在春、秋两季;在冬季设专用产房或改建塑料大棚,使圈内温度达10℃以上;圈内防贼风、防潮湿,设置保温箱等。

(五)仔猪拉稀的原因及预防措施

(1)体弱,抵抗力差:体重小、体质瘦弱的初生仔猪,对外界环境的适应能力差,易发生感冒,发烧口渴。如不及时补给清洁的饮水,仔猪饮了脏水就会拉稀。胃肠消化、吸收功能发生障碍的仔猪也会拉稀。遇有上述情况要尽快诊治,并尽量消除病因。

(2)饮水不足:仔猪生长发育快,需水多,如果给水不足,仔猪就会寻找脏水喝,引起拉稀。因此,要供给仔猪充足的饮水,还可以定期在饮水中加入少量稀盐酸溶液。

(3)营养不足:某些营养物质缺乏,尤其是维生素A和B族维生素缺乏,可导致仔猪胃肠功能下降,引起拉稀。为预防这种情况的发生,就要按标准供给营养丰富、易消化的饲料。

(4)营养过剩:饲料营养浓度太高或采食过多,易使仔猪消化不完全而引起拉稀。遇到这种情况,可减少饲料给量,必要时可停喂1~2次。

(5)圈舍卫生状况差:母猪的乳房和乳头会被玷污,仔猪吮乳时会将带着细菌的污物吃进，这也是常见的拉稀原因。如果地面潮湿寒冷，垫草又不足，仔猪会因着凉而拉稀。圈舍脏又不严格消毒，极易发生传染性胃肠病，而使仔猪拉稀。所以，要使圈舍保持干净、干燥，多铺褥草，坚持定期消毒，可避免由此而引起的拉稀现象。

(6)母猪过肥：过肥的母猪产奶量少，奶中所含的脂肪多。仔猪尤其是10日龄以内的仔猪吃了含脂肪多的乳汁，易发生消化不良而下痢。所以，对过肥的母猪要实行定量饲喂。

(7)母猪过瘦：母猪过瘦说明营养不良，泌乳量必然不足，会使哺乳仔猪四处觅食。如果自寻的食物不干净或难以消化，会引起仔猪拉稀。所以，预防的办法就是对过瘦的产仔母猪适当增加精料给量，同时及早给仔猪补料。

(8)突然变换饲料或饲料变质：这样做影响母猪乳汁的质量，仔猪吃后不适而引起拉稀。所以，防治措施就是不用发霉变质的饲料喂母猪，也不要突然变换饲料种类。

(9)母猪患病：母猪患病(如乳房炎)会影响乳汁质量而引起仔猪拉稀。乳汁变酸或便秘的母猪，由于有害物质会随乳排出，引起仔猪拉稀。所以母猪便秘时，要多喂些根茎类或糠麸类饲料。对患乳房炎的母猪要对症治疗，消除炎症。

四、如何提高哺乳仔猪的成活率

(一)加强母猪的饲养管理，增加初生重和泌乳量

研究表明，仔猪初生重既影响成活率和育成率，又影响断奶重及断奶后的生长。因此，提高仔猪初生重具有重要意义。加强妊娠后期母猪的饲养管理是获得适宜初生重的关键。另外，影响仔猪初生重的因素，除与妊娠母猪的饲养有关外，还受品种及胎次的影响。因此，应选择母性好、产仔多、泌乳力高的品种作母本，适时淘汰胎次过高母猪。提高母猪泌乳力，一是要避免妊娠期母猪过

肥，妊娠期投料过量、母猪过肥，则泌乳期食欲不佳，采食量减少；二是泌乳期采取高营养水平饲粮、敞开饲喂，让母猪尽量多吃料，为此，应增加饲喂次数或自由采食，喂湿料，保证充足饮水，防暑降温，夏季泌乳料可加油脂。

（二）加强分娩看护，减少分娩死亡

研究表明，分娩死亡的比例可占总死亡率的16%～20%，这是十分不利的。出生时每损失1头仔猪，约相当于损失63 kg饲料。因此，应尽量减少这一阶段的损失。

（三）吃足初乳，固定乳头

初乳是仔猪早期获得抗病力的最主要的来源，因此仔猪出生后必须保证吃足初乳。初生仔猪有抢占多乳奶头、并固定为己有的习性。如果乳头不固定，则势必发生强夺弱食，也干扰母猪正常放奶，仔猪发育不齐，死亡率高。为了使同窝仔猪发育均匀，必须在仔猪出生后2～3天内，采取人工辅助的方法，促使仔猪尽快形成固定吸吮某个乳头的习惯。固定乳头时，通常将弱小的仔猪固定在前边的几对乳头，将初生重较大、健壮的仔猪固定在后边的几对乳头。

（四）加强保温，防冻防压

仔猪对环境温度的要求较高，为了保证仔猪适宜的培育温度，较为经济的方法是采用3～5月份和9～10月份分娩的季节产仔制度，以避免在严寒或酷暑季节产仔。若全年产仔，则应设产房。新生仔猪的防压也是非常重要的，生产上应针对有关情况采取防压措施。仔猪适宜的环境温度：1～7日龄为28～32℃，8～30日龄为25～28℃，31～60日龄为23～25℃，可采用电热板或红外线灯给仔猪加温。

（五）寄养与并窝

在生产中，有些母猪的产仔数较多，但限于母猪的体质、泌乳力和乳头数，不能哺育所有的仔猪；也有的母猪产仔数较少，若仅哺育少数几头仔猪，经济上不合算；另有一些母猪产后无乳或产后死亡，新生仔猪若不处理就会死亡。解决这些问题可采用寄养或并窝的方法。在规模较大的猪场，并窝是必须要做的工作，特别是对早期可判定泌乳不足的母猪，宜及早将其全部仔猪分散到其他母猪的有效乳头上，以免形成整窝"奶僵"。

(六)补铁补硒

大量实践证明，仔猪生后第 2～3 天，每头肌注补铁 100～150 mg，平均每窝断奶育活仔猪数可增加 0.5～1 头，60 日龄体重可提高 1～2 kg。在缺硒地区，还应同时注射 0.1%亚硒酸钠与维生素 E 合剂，每头 0.5 mL，10 日龄每头再注 1 mL。

(七)克服仔猪早期断奶应激综合征

仔猪早期断奶会发生腹泻、生长停滞、消瘦，甚至发病死亡，即所谓仔猪早期断奶应激综合征。究其原因，主要是应激因素所致，包括心理因素、环境因素和营养因素等，主要是营养因素。据此，可采取以下对策：

(1)早期补饲，仔猪生后 5～7 天即应开始训练，断奶前仔猪必须吃够 600 g 饲料，才能使其消化系统适应非乳饲料，不发生免疫反应，减轻断奶后腹泻。

(2)采用膨化大豆代替豆粕配制仔猪料，普通加工的大豆粕、大豆饼仍含有较多的抗营养因子，而经短时高压高温加工的膨化大豆，不仅具备高能量、优蛋白的优点，而且抗营养因子活性明显降低，是代替豆粕制作仔猪诱食料与开食料的理想原料。

(3)适当降低仔猪料的蛋白质水平，减轻腹泻和水肿病。

(4)添加以蛋白酶为主体的复合酶制剂，能减轻仔猪腹泻，改善生长与饲料效率。对饲料进行酸化，可添加富马酸 1.5%～2%，柠檬酸 1%～3%，甲酸钙 1%～5%，还有各种复合酸化剂。添加调味剂，增加采食量，提高增重。添加乳清粉，可用到 8%～20%。断奶前后仔猪料加油脂，油脂饲用效果：椰子油＞玉米油、豆油＞牛油、猪油。合理使用抗生素、益生素、中草药等抗菌促长剂，保持电解质平衡。

（八）严格实行"全进全出"管理方式

临产母猪进产房、断奶母猪和仔猪出产房、断奶仔猪转入保育舍等过程，都必须是"全进全出"，只有这样才能做到圈舍的彻底清扫、冲洗、消毒和空栏一定时间，确保圈舍环境卫生。进猪后的圈舍要保持干燥、温暖、舒适、空气新鲜，还要做到定期带猪消毒。

（九）对常见主要传染病要按程序免疫接种

在不同地区和猪群，可能涉及猪瘟、猪肺疫、猪丹毒、仔猪副伤寒、细小病毒病、乙型脑炎、繁殖呼吸综合征、伪狂犬病、大肠杆菌病、传染性胸膜肺炎、喘气病等，哪些要接种，哪些不必接种，视具体情况而定。

（十）僵猪对策与仔猪腹泻的抢救

僵猪可采取驱除体内外寄生虫，食疗，注射维生素 B_1、维生素 B_2 和肌苷等治疗。简便的办法是奶疗：将僵猪集中，找奶量充足的保姆猪（刚刚提前断奶者）哺乳 1 周，可获康复。仔猪腹泻，不论是病原性或非病原性的，导致死亡的直接原因都是脱水。因此最简便有效的抢救方法是用口服补液盐补液，配方是：氯化钠 3.5 g、碳酸氢钠 2.5 g、氯化钾 1.5 g、葡萄糖 20 g，加水 1 000 mL，让仔猪饮服，配合抗菌药物效果更好。

第五节 断奶仔猪的饲养管理

一、仔猪的早期断奶

仔猪早期断奶是指仔猪生后 3～5 周龄离开哺乳母猪，开始独立生活。仔猪生后 2 周龄以内离开哺乳母猪的称为超早期断奶。

在养猪生产发达国家，仔猪早期断奶早已普遍推广，在养猪生产中多数国家推广 4～5 周龄断奶。仔猪早期断奶的优点是：提高母猪繁殖力，充分利用母猪；提高饲料利用效率；有利于仔猪的生长发育；提高分娩猪舍和设备的利用率。试验证明，仔猪生后 3～5 周龄断奶一般不会引起母猪的繁殖力下降。

(一)早期断奶需注意的问题

要抓好仔猪早期开食训练，使其尽早适应独立采食。早期断奶仔猪日粮要高能量、优质蛋白，并有较高的全价性。断奶后第一周要适当控制采食量，以免引起消化不良而患下痢。断奶仔猪留原圈饲养，并注意保温及圈舍卫生。在断奶前 3～4 天，减少母猪饲料喂量，降低母猪泌乳量，防止母猪乳房胀痛，引起不安，或发生乳房炎。断奶后 20 天内不要去势。此外，仔猪圈应保持温暖、干燥和通风良好。

(二)断奶方法

断奶前几天，母猪如果膘情好，可适当减少精料量、青料量并控制饮水，以免断奶后发生乳房炎。如果母猪膘情不好，则不减精料量，适当控制青料量和饮水，以免母猪过分消瘦，影响断奶后发情配种。断奶方法有以下几种：

(1)逐渐断奶法：断奶前 3～4 天减少母猪和仔猪的接触与哺乳次数，并减少母猪饲粮的日喂量，使仔猪由少哺乳到不哺乳有一个适应过程，以减轻断奶应激对仔猪的影响。但此种断奶方法较麻烦而费人力。

(2)分批断奶法：是将一窝中体重较大的仔猪先断奶，使弱小仔猪继续哺乳一段时间，以便提高其断奶体重，但此种方法会延长哺乳期，影响母猪的繁殖成绩，目前一般不采用。

(3)一次断奶法：断奶前 3 天减少哺乳母猪饲粮的日喂量，到断奶日龄一次将仔猪与母猪全部分开。此种断奶方法来得突然，会引起仔猪应激和母猪的烦躁不安。但此种断奶方法省工省时，便于操作，所以，多被工厂化养猪生产所采用。

二、断奶仔猪的饲养管理

（一）饲料的过渡

饲料过渡：仔猪断奶2周之内应保持饲料不变，并添加适量的维生素和氨基酸等，以减轻应激反应，2周之后逐渐过渡到吃断奶仔猪饲料。饲喂方法的过渡：仔猪断奶后2～5天最好限量饲喂，防止消化不良而下痢，5天后实行自由采食。

（二）保证充足清洁的饮水

断奶仔猪栏内最好安装自动饮水器，保证随时供给仔猪清洁饮水。断奶仔猪采食大量干饲料，常会感到口渴，需要饮用较多的水，如供水不足不仅影响仔猪正常的生长发育，还会因饮用污水造成拉痢等病。

（三）不换圈不混群

为了稳定仔猪断奶的不安情绪，减轻应激损失，最好采取不调离原圈、不混群并窝的“原圈培育法”。把母猪从产栏调出另圈饲养，仔猪留原圈饲养，待仔猪适应后再转入仔猪培育舍。不要在断奶同时把几窝仔猪混群饲养，以免仔猪受断奶、咬架双重刺激。此种方法缺点是降低了产房的利用率。工厂化养猪生产采取全年均衡生产方式，实行全进全出的流水作业方式。断奶仔猪转群时一般采取原窝培育，即将原窝仔猪（剔除个别发育不良个体）转入培育舍关入同一栏内饲养。如果原窝仔猪过多或过少时，需要重新分群，可按其体重大小、强弱进行并群分栏，将各窝中的弱小仔猪合并分成小群进行单独饲养。分群仔猪会有争斗位次现象，可进行适当看管，防止咬伤。

（四）温度

断奶幼猪适宜的环境温度是30～40日龄为21～22℃，41～60日龄为21℃，60～90日龄为20℃。冬季要注意房舍防风保温，最好安装取暖设备。在炎热的夏季则要防暑降温,可采取喷雾、淋浴、通风等降温方法。

(五)湿度

仔猪培育舍内湿度过大可增加寒冷和炎热对仔猪的不良影响。潮湿有利于病原微生物的滋生繁殖,可引起仔猪多种疾病。断奶幼猪猪舍适宜的相对湿度为65%～75%。

(六)清洁卫生

猪舍内外要经常清扫,定期消毒,杀灭病菌,防止传染病。

(七)保持空气新鲜

对舍栏内粪尿等有机物及时清除处理,减少氨气、硫化氢等有害气体的产生,控制通风换气量,排除舍内污浊的空气,保持空气清新。

(八)调教管理

新断奶转群的仔猪吃食、躺卧、饮水、排泄区尚未形成固定位置,所以,要加强调教训练,使其形成理想的睡卧和排泄区。

(九)设铁环等玩具

刚断奶仔猪常出现咬尾和吮吸耳朵等现象,防止的办法是在改善饲养管理条件的同时,为仔猪设立玩具,分散注意力,这不仅可预防仔猪咬尾等恶癖的发生,也满足了仔猪好动玩耍的需求。

(十)预防注射

仔猪60日龄注射猪瘟、猪丹毒、猪肺疫和仔猪副伤寒等疫苗,并在转群前驱除内外寄生虫。

(十一)饲喂次数

断奶仔猪一昼夜宜喂6～8次,以后逐渐减少饲喂次数,至3月龄改为日喂4次。

三、仔猪网床培育

利用网床培育哺乳和断奶仔猪有许多优点:一是仔猪离开地

面，减少冬季地面传导散热损失，提高饲养温度；二是提高仔猪成活率；三是仔猪断奶后在网上培育生长速度快，饲料转化率高；四是占地面积少，增加了单位面积的饲养数量；五是清洁卫生，便于清除粪便。通过试验研究表明，在相同的营养与环境条件下，断奶仔猪 35～70 日龄网床培育比在地面上养育平均日增重、日采食量、育成率、个体重等都得到了很大提高。

第六节　生长育肥猪的饲养管理

一、育肥猪的生长发育规律

生长育肥阶段是肉猪体重增长中最关键的时期，肉猪体重的 75％要在 110 天内完成，平均日增重需保持 700～750 g。25～60 kg 体重阶段日增重应为 600～700 g，60～100 kg 阶段应为800～900 g。瘦肉型猪种骨骼、皮、肌肉、脂肪的生长是有一定规律。随着年龄的增长，体组织的生长趋势是骨骼＜皮＜肌肉＜脂肪，而地方品种是骨骼＜肌肉＜皮＜脂肪，说明脂肪是发育最晚的组织。瘦肉型猪在 30～100 kg 体重时期，骨骼、肌肉和皮肤组织随体重的增长呈逐渐下降的趋势，而脂肪组织呈强度沉积态势。利用这个规律，生长肉猪前期给予高营养水平，注意日粮中氨基酸的含量及其生物学价值，促进骨骼和肌肉的快速发育，后期适当限饲减少脂肪的沉积，既可防止饲料的浪费，又可提高胴体品质和肉质。

二、育肥猪的饲养

瘦肉型猪的日粮营养水平、饲养方式和饲料质量，直接影响肥育期的增重速度、饲料利用率和胴体品质。营养水平不同，尤其是日粮能量、蛋白质水平的高低对胴体品质影响很大。实践证明，在品种和环境条件相同的情况下，控制日粮营养水平和采用合理的饲养方式，能提高增重速度和饲料利用率，改善胴体品质，生产出较多的瘦肉。

对瘦肉型猪应在体重 50～60 kg 后限制能量水平，限制幅度为自由采食量的 80%～85%，相应地可提高瘦肉率。在日粮能量水平一定的条件下，瘦肉率随日粮蛋白质水平的提高而增加，脂肪含量则随日粮蛋白质水平的提高而降低。为了增加瘦肉率，粗蛋白质水平应在 14%～18%之间。在肉猪日粮中，供给合理的蛋白质营养时，要注意各种氨基酸的给量和配比合适。赖氨酸一般为猪的第一限制性氨基酸，对猪的日增重、饲料转化率及胴体瘦肉率的提高有重要作用。矿物质中某些微量元素不足时，会导致肉猪物质代谢紊乱，轻者使肉猪增重速度缓慢，饲料消耗增多，重者能引发疾病或死亡。猪对维生素的需要量随其体重的增加而增多，必须添加一定数量的维生素。现代化养猪生产中的肉猪，要求强度生长，日粮粗纤维含量不能过高。在日粮消化能和粗蛋白质水平正常的情况下，体重 20～35 kg 阶段粗纤维含量为 5%～6%，35～100 kg 阶段为 7%～8%。肉猪缺水或长期饮水不足，会使肉猪健康受到损害，当肉猪体内水分减少 8%时，即会出现严重的干渴感觉，食欲丧失，消化物质作用减缓，抵抗力下降。水分减少 10%时就会导致严重的代谢失调，水分减少 20%以上时即可引起死亡。高温季节的缺水要比低温时更为严重。

(一)饲养方式

在体重 50～60 kg 以前，给予高能量、高蛋白质的日粮，尽快使猪多长瘦肉，并得到高的日增重和饲料利用率；而在体重 50～60 kg 以后，在不影响日增重的情况下，适当限制日粮能量水平，这样才能控制脂肪大量沉积，获得瘦肉率高的胴体。在生产中，可采用前敞后限的饲养方式，体重 60 kg 以前，让猪自由采食或者不限量按顿饲喂(食后稍有剩料)，以促进增重和肌肉充分生长；体重 60 kg 以后，限量饲喂，让猪吃到自由采食量的 80%～85%，不能让猪想吃多少就吃多少，而是让它吃到八成饱左右，这样既不影响增重，又能减少体脂肪的沉积量。

快速育肥法又叫直线育肥法或“一条龙”饲养法。该法采取了强制生产，快速增重，是一种比较科学的养猪方法。其主要特点就是没有“吊架子”期，在整个育肥期中没有明显的阶段性，猪的饲料是按照各个生理阶段的营养需要调配的。随着生长的进行，饲料中的能量水平逐渐上升，蛋白质水平逐渐降低。在肥育猪的生长过程中，并不因为增加精料而放弃青粗料的饲喂，这样可以调节日粮的适口性，增加猪的采食量；并且，饲料中的各种营养成分均能满足肥育猪的生长需要，其生长速度直线上升。饲养周期短，节约了猪用维持饲料，提高了饲料利用率和圈舍的周转率，同时肥育猪的出栏率和商品质量比较高，能获得较好的养猪经济效益。

(二)饲料调制

全价配合饲料的加工调制分为颗粒料、干粉料和湿拌料 3 种饲料形态。颗粒料优于干粉料，湿喂优于干喂。

(1)颗粒饲料：便于投食，损耗少，不易发霉，并能提高营养物质的消化率。目前我国规模化猪场已广泛利用颗粒饲料。颗粒饲料在增重速度和饲料转化率上都比干粉料好。

(2)干粉料：干粉料日增重和饲料利用率均比稀粥料好，特别是在自由采食、自动饮水条件下，可大大提高劳动生产率和圈栏的利用率。饲喂干粉料时，30 kg 以下的小肉猪，饲料的颗粒直径在 0.5～1.0 mm 为宜，30 kg 以上，颗粒直径以 2～3 mm 为宜，过细的粉料易黏于舌上较难咽下，影响采食量，同时细粉易飞扬而引起肺部疾病。

(3)湿拌料：分为稠料和稀料，饲喂稠料比稀料好。料水的比例以 1∶(0.5～2)或饲料含水率在 60%～70%以内为宜，用手能捏成团、撒手能散开的程度。料水比例 1∶4 适于管道输送和自动给食。

(三)饲喂方法

在商品瘦肉猪生产中要兼顾增重速度、饲粒利用率和瘦肉率3项指标。肉猪前期采用自由采食,后期限制饲喂,则全期日增重高,胴体脂肪也不会沉积太多。肥育猪的饲喂次数需根据猪的年龄、体重、饲料形态、日粮组成而定。日粮的营养物质浓度不高、容积大时可适当增加饲喂次数,相反则可适当减少饲喂次数。在小猪阶段,日喂次数可适当增加,以后逐渐减少。体重在35 kg以下的幼猪,每日至少喂3～4次,体重35 kg以上的猪,如果日粮是精料型的,每日喂2～3次,如果日粮中包含较多的青料或糟渣类饲料,每日应喂3次。

当断奶后的仔猪逐步过渡到靠采食饲料维持其生长发育时,应注意补饲一定量的青料或优质草粉,以锻炼其对各种饲料的适应能力。35 kg以上的肥育猪日粮中应添加5%～8%,60 kg以上的猪日粮中可添加10%～15%。这样不仅可以降低饲料费用,还可以增加肥育猪的食欲,提高饲料转化率。但过多地使用该类饲料,易造成肥育猪的消化不良、营养不足,影响肥育猪的生长,增长肥育期。

三、育肥猪的管理

(1)分群:肉猪最好原窝饲养,原窝猪在7头以上12头以下都应原窝饲养。如果分群,要根据猪群来源、体重大小和体质强弱合理分群。同一群猪个体间体重差异不能过大,在小猪阶段群内体重差异不宜超过2～3 kg。当猪大小不均、体格强弱不等时,应把较弱的猪组成一群,单独饲喂和看护。分群后要保持群的稳定,不应任意变动。将不同窝的仔猪合并,最常见的方法是把较弱的仔猪留在原圈不动,把体质好的仔猪并入他群。把数量少的群留在原圈不动,而把数量多的群并入他群。并群最好在夜间进行。条件允许的活,可预先在需要合并的猪身上喷洒一些药水,使小猪彼此不易分辨，减少小猪争斗的机会，并加强观察、管理和调教。

(2)密度：每头猪应占有 0.8 m^2 的猪圈面积，每群以 10 头左右为宜。

(3)温度和湿度：猪舍温度过高或过低对猪的生长都不利。4～8 周龄的适宜温度为 24～26℃，8～16 周龄为 20～24℃，17 周以后为 17～22℃。饲养商品瘦肉猪，要求猪舍清洁、干燥、空气新鲜，舍内相对湿度在 65%～75%。

(4)光照：一定的光照强度有利于提高猪的日增重，但过强的光照可使日增重降低，胴体较瘦；光照过弱能增加脂肪沉积，胴体较肥。

(5)通风换气：现代化高密度饲养的肉猪一年四季都需通风换气，但是在各季必须解决好通风换气与保温的矛盾，不能只注意保温而忽视通风换气。密闭式肉猪舍要保持舍内温度 15～20℃，相对湿度 50%～75%；冬、春、秋空气流速应为 0.2 m/s，夏季为 1.0 m/s；每头肉猪每小时换气量冬季为 45 m^3，春秋季为 55 m^3，夏季为 120 m^3。

(6)环境卫生：猪舍要每天打扫，每隔 10～15 天用药液喷洒消毒，常用的药物为 2%的火碱或过氧乙酸，后者比较安全。每次消毒要彻底，地面、栏杆、墙壁、走道等都要消毒。要防止闲杂人员在猪舍内乱串，饲养员和工作人员的衣服要经常消毒。

(7)供给充足清洁的饮水：肥育猪的饮水应在饲喂后进行，最好是自由饮水，饮水应保持清洁，寒冬季节最好能供应 30～40℃的温水。夏季要供给相当于饲料重量 5 倍的水；冬季要供给相当于饲料重量 2～3 倍的水。饮水的设备以自动饮水器最佳。在无自来水条件下可在圈内单独设一水槽，经常保持充足而清洁的饮水，让猪自由饮水。饮水槽要勤刷，水要勤换，注意保持饮水卫生。

(8)调教：让猪养成在固定地点排泄粪尿、睡觉、进食和互不争食的习惯，这不仅可简化日常管理工作，减轻劳动强度，还能保持猪舍的清洁干燥，猪体卫生等舒适的群居环境。做好调教工作，关键在于抓得早，抓得勤(勤守候、勤赶、勤调教)。

(9)去势：目前我国集约化养猪生产中多数母猪不去势，公猪采用早期去势，这是有利肉猪生产的措施。近年来提倡仔猪生后早期(7 日龄左右)去势，以利术后恢复。

(10)防疫、驱虫：预防肉猪的猪瘟、猪丹毒、猪肺疫、仔猪副伤寒、五号病和病毒性痢疾等传染病，必须制定科学的免疫程序和预防接种，并根据地方传染病流行情况，及时采血监测各种疫病的效价，防止发生意外传染病。肉猪的寄生虫主要有蛔虫、疥螨和虱子等内外寄生虫，通常在 90 日龄时进行第一次驱虫，必要时在 135 日龄左右时再进行第二次驱虫。驱除蛔虫常用驱虫净，每千克体重用量为 20 mg，丙硫苯咪唑，每千克体重用量为 100 mg，拌入饲料中一次喂服，驱虫效果较好；驱除疥螨和虱子常用敌百虫，每千克体重用量为 0.1 g，溶于温水中，再拌和少量精料空腹时喂服。

(11)防止肥育猪过度的运动和惊恐：生长猪在肥育过程中应防止过度运动，特别是激烈地争斗、撕咬或追赶，否则会影响生长。更严重的是瘦肉型猪激烈地运动和惊恐，易患一种应激反应综合征，猪突然出现痉挛，四肢僵硬，严重时会当场死亡。引进猪种尤易发生。所以，饲养中应防止肥育猪过度运动，更不能追赶和惊吓。

(12)适宜出栏活重：肉猪的最佳出栏活重的确定，要结合日增重、饲料转化率、肉价、饲养费等进行综合分析。地方猪种中较早熟体型矮小的猪出栏重为 70 kg，体型中等的出栏重为 75～80 kg；我国培育猪和某些地方猪种为母本、国外瘦肉型品种猪为父本的二元杂种猪出栏重为 85～95 kg，两个瘦肉型品种猪为父本的三元杂种猪肉猪出栏活重应为 95～105 kg，以培育品种猪为母本、两个瘦肉型品种猪为父本的三元杂种肉猪和瘦肉型品种猪间的杂种肉猪出栏活重为 105～114 kg；大型猪如长白猪、大约克夏猪等出栏重为100～105 kg，中型猪如中约克夏猪、巴克夏猪在90 kg以前屠宰为宜。

四、影响猪瘦肉率的因素

随着饮食观念和市场需求的变化，对瘦肉型猪需求日益增加，在提高增重速度和饲料转化率的基础上提高商品猪胴体瘦肉率，改善肉的品质，是当前养猪生产者急需解决的问题。

(1)品种：实践证明不同品种或品系的猪在生长性能及胴体组成方面有差别。背膘越薄、胴体越长，瘦肉率则越高。因此，在选择猪种时，可抓住体长和腿臀围进行选择。

(2)性别：不同性别猪瘦肉率的差异，是不同性别猪营养需要量差异的基础。据报道，公猪和母猪的瘦肉率比阉猪高。

(3)杂交组合：杂交是提高猪胴体瘦肉率的重要途径。我国地方品种具有乳头多、产仔多、哺乳力高、母性好、适应性强的特点，但瘦肉率低，而国外品种与此相反，若两者杂交可获得较多的瘦肉，同时又保持了本地猪的优良特点。我国用瘦肉型品种的公猪与本地猪或培育品种杂交，已经取得了巨大经济效益。

(4)日粮氨基酸水平：不同生产目的对氨基酸需要量不同，保证最大胴体瘦肉率的氨基酸需要量高于最大饲料利用率的需要量，后者又高于最大增重的需要量。只有提高氨基酸供给量并保持氨基酸平衡才能提高胴体瘦肉率。

(5)饲养方式：生长猪用于维持和增重后剩余的能量就以脂肪形式沉积，但沉积的程度取决于生长阶段。一般60 kg前，采食量的增加主要用于瘦肉生长，到60 kg时瘦肉生长达到平台，此后采食量的增长就会加速脂肪的沉积。因此，为了提高瘦肉率，应对60 kg以后的猪进行限食。限食可降低背膘厚，提高饲料利用率。

(6)环境温度：为肥育猪创造适宜的环境温度可提高胴体的瘦肉率，适于蛋白质沉积的环境温度为18～20℃。

(7)体重：饲养期越长或体重越大，脂肪沉积就越多，猪皮就越厚，胴体瘦肉率就越低。一般来说，纯本地猪适宰体重不高于85 kg，二元杂交猪为95 kg，三元杂交猪为105 kg，纯外种猪为105 kg。

五、提高猪瘦肉率的措施

(1)添加有机铬：三价铬参与胰岛素的合成。近几年发现有机铬对生长肥育猪胴体脂肪沉积及肌肉生长有改善作用。在饲料中添加有机铬可降低猪体脂肪，提高猪的瘦肉率。

(2)添加肉碱、甜菜碱：*L*-肉碱为一水溶性氨基酸，属于B族维生素，称为“维生素 B_T”。*L*-肉碱是动物体内与脂肪酸代谢有关的化合物，它可以促进动物生长，改善饲料转化率，节约蛋白质和氨基酸，防止脂肪肝的产生，减轻仔猪腹泻。甜菜碱能调整内脏器官与骨骼肌对营养物质的吸收状况，通过增加瘦肉和减少脂肪沉积的双重效应来提高胴体瘦肉率，从而提高猪生产效益。

(3)利用脂肪细胞抗体：英国学者通过对脂肪细胞进行免疫破坏处理，结果达到了减少脂肪沉积的目的。据试验，6周龄体重13 kg的猪经腹内注入抗脂肪细胞膜的单抗体后，饲养到20周龄体重达90～95 kg时，里脊部位的脂肪含量低于25%，瘦肉产量增加。

(4)添加二羟基丙酮、丙酮酸：二羟基丙酮、丙酮酸均是糖代谢的中间产物，在糖代谢过程中起着重要作用，二者具有降低猪体脂肪的作用。

(5)添加γ-亚麻酸油(GLA)：γ-亚麻酸油中的活性成分是γ-亚麻酸，它可以降低血液中的胆固醇含量。饲料中添加GLA油具有降低猪体脂肪的作用。

(6)其他相关的技术：PST(猪用生长激素)研究已开发出一系列相关技术，包括注射生长激素释放因子(GHRF)或功能相似的多肽物质、对生长激素抑制因子的免疫等。使用 PST 能够提高出栏体重和瘦肉率。

综上所述,猪胴体瘦肉率的高低受许多因素的影响,要提高猪胴体瘦肉率必须采取综合措施,互相促进,使猪的瘦肉生长水平达到最大。

思考题:

1. 如何选择后备猪?
2. 后备猪何时开始利用较好?
3. 种公猪如何利用?
4. 空怀母猪、妊娠母猪、分娩母猪、哺乳母猪的饲养管理要点有哪些?
5. 如何防治猪的繁殖障碍?
6. 哺乳仔猪饲养管理的要点如何?
7. 如何进行仔猪的网床培育?
8. 影响猪瘦肉率的因素有哪些?
9. 如何提高猪的瘦肉率?

第八章　活猪运输

导读　本章的主要内容就是活猪的运输，也就是在运输过程中应注意哪些问题，才能保证活猪在运输过程不出现问题。分别对运输前的准备工作、产地检疫、运输、运输过程中怎样避免应激综合征，以及运输途中的病死猪应怎样处理等内容进行了叙述。

第一节　运输前的准备工作

据调查，生猪长途运输后掉膘最高达 8.2%；短途运输最低的也有 1.74%，平均为 4%～5%。此外，在运输途中，忽略或不遵守兽医卫生措施，可导致疫病传播。所以运输中应以保证猪的安全为中心，选择最合理的运输路线、运输时间和运输方法，加强装卸、饲养管理和防疫卫生工作，力争少掉膘或不掉膘，尽最大努力，防止猪的疫病和伤亡的发生，保证生猪能及时、安全地运到目的地。

生猪起运前必须做好准备，最主要的是制订好运输计划，拟定运输路线，选定沿途喂食、饮水、补充饲料、处理病畜和清除粪便的适当地点；根据气候变化等待点配备防雨设备，携带饲养、清洁和照明等必需的用具，以及消毒和急救的药品、临时修补的用具等，在起运前 1 h，可给生猪饮水 1 次。

第二节　检　　疫

屠宰、出售或者运输动物以及出售或者运输动物产品前，货主应当按照国务院兽医主管部门的规定向当地动物卫生监督机构申报检疫。动物卫生监督机构接到检疫申报后，应当及时指派官方兽医对动物、动物产品实施现场检疫；检疫合格的，出具检疫证明、加施检疫标志。实施现场检疫的官方兽医应当在检疫证明、检疫标志上签字或者盖章，并对检疫结论负责。屠宰、经营、运输以及参加展览、演出和比赛的动物，应当附有检疫证明；经营和运输的动物产品，应当附有检疫证明、检疫标志。经铁路、公路、水路、航空运输动物和动物产品的，托运人托运时应当提供检疫证明；没有检疫证明的，承运人不得承运。运载工具在装载前和卸载后应当及时清洗、消毒。输入到无规定动物疫病区的动物、动物产品，货主应当按照国务院兽医主管部门的规定向无规定动物疫病区所在地动物卫生监督机构申报检疫，经检疫合格的，方可进入。跨省、自治区、直辖市引进乳用动物、种用动物及其精液、胚胎、种蛋的，应当向输入地省、自治区、直辖市动物卫生监督机构申请办理审批手续，并依照法律规定取得检疫证明。跨省、自治区、直辖市引进的乳用动物、种用动物到达输入地后，货主应当按照国务院兽医主管部门的规定对引进的乳用动物、种用动物进行隔离观察。经检疫不合格的动物、动物产品，货主应当在动物卫生监督机构监督下按照国务院兽医主管部门的规定处理，处理费用由货主承担。

第三节 运 输

一、火车运输

1. 装车

商品猪的装载量应根据车厢的实装面积计算，每头猪一般可占面积 0.4 m^2，肥大猪要少装些，瘦小猪可多装些；双层车的上层要少装些，下层可多装些。总之，不宜拥挤，让每头猪都有卧下休息的地方。尤其是长途运输要适当宽敞些。让猪有活动的余地，也便于沿途饲养管理。热天装车前要将车窗打开,安装上木栅栏,以利通风防暑;冷天则打开背风一侧的车窗,以利于空气流通。

装车时,首先检查车厢是否安全。如果是双层车,应先装上层,后装下层。若先装下层,猪在车内惊叫蹿扰,再装上层时猪就不肯上,不仅影响装车速度,而且还很容易发生跌撞或逃窜事故。肥大猪一般行动迟钝,耐寒怕热,可装在上层。瘦小猪一般行动敏捷,容易逃窜,可装在下层。装车时尽可能保持原群原圈。并圈时要大混合,便于途中管理。猪上车后迅速关好车门或栅栏,并对车架门栏及用品等再做一次检查。

2.途中饲养管理

刚上车的猪,精神比较紧张,东奔西跑,企图逃窜。特别是挂车,过桥、过洞和会车时,火车鸣笛或桥梁的震动声都可能使猪产生惊惧。这时,押运员要给猪壮胆,向猪群高声地呼唤或用竹竿敲打栅栏,转移猪的注意力,以减轻恐惧。对受惊乱挤乱窜的猪,用竹竿轻轻拨动,使它不再乱跑。对一些身体瘦小、精神紧张、常在门口或车厢边角等地方东瞧西看、企图逃窜的猪要随时注意,当它抬头时,即用竹竿轻拨,使它低头,以防突然逃窜。猪上车后不大舒适,烦躁不安,很容易挤堆咬架,押运员要及时把挤堆咬架的猪轻轻拨开,夜间行车要静听猪的叫声,辨别哪几头咬架或被挤压,及时照料。隔一些时间还要把猪慢慢赶起来活动一次,以防挤伤或压死。发现病猪,要把它安置在车厢的一角,垫些干草,让其睡卧。天冷时,要尽量保持车内干燥,并用干草、木板等把车厢迎风面的窗口、门缝等透风地方全部堵塞好,在猪上车 2 h,第一次打扫粪便后就给猪铺些干草,如果草湿了,要及时换上干的,以防寒保暖。天热时押运员可向车厢和车帮外侧洒水,以降低车内的温度。若是敞车装运,还要根据太阳照射的方向,及时调整防晒篷。天气过热时,还要向车内泼水和轻轻往猪身上喷水,以防中暑。喷水时一定要喷透。喷得太少,水分蒸发很快,不但起不到降温作用，反而会使车内更加更加闷热。

长途运输要定时喂食饮水，一般上午 8:00 一次，下午 4:00 一次，中午喂水一次，热天要多喂水和多汁的青绿饲料。精料尽可能比平时多一些，调剂得稀一些。喂食时要分批喂。先由车厢的一端开始，让附近的六七头猪上槽。少放勤添，喂七八成饱就行，以防挤压震动，造成死亡。喂完一批，即将食槽向另一端移动，再喂另一批，顺次喂食。防止猪群一拥而上。对个别胆小不敢上槽吃食的猪，最后单槽喂饮。双层车要先喂下层后喂上层，避免上层的猪吃食后排泄粪便，影响下层喂食。车到终点站前的 2 h 即应停止喂食饮水，避免卸车时拥挤跌撞，损伤肠胃。

3. 卸车

车到终点站前半小时，押运员应把猪轻声哄起，让猪活动一下，防止猪腿压迫时间太久而发生麻痹。等车到站停稳后，即开始卸车。卸车时，车上、车下都要有人照料。打开车门后，押运员在车门口呼唤，领猪下车，同时有人在车内哄赶。哄赶时，从车的一端或一侧赶起，使这一端的猪向车门口移动，不要赶动另一端的猪，防止全群乱动，一齐拥到车门口。生猪开始下车时，要有人站在车门附近指挥，防止挤撞。在整个卸车过程中要慢慢驱赶，严禁鞭打脚踢，防止挤伤、撞伤，跌伤。如有急需处理的病伤猪，应先抬下，防止死亡。

二、汽车运输

1. 装车

每辆汽车装运猪的数量，一般以每头猪占面积 0.3～0.4 m^2 比较适宜，但要根据猪的大小、肥瘦、天气冷热和路程远近分别确定。不能强求统一装车时间，冷天最好在上午暖和的时候装车，热天最好在早、晚天气凉爽的时候装车，天气太热的中午和烈日下千万不要装运。汽车一定要用装车台，让猪自动走上车，装车时，先将汽车尾部对好装卸台，打开车门后挡板平接在台上，注意挡好汽车与装卸台连接处两侧空隙，然后再赶猪上车。赶猪方法与装火车一样，如装双层车厢和分前后两部装运或带拖车时，肥大猪和弱猪应装在车的前部和上层，减少颠簸挤撞。瘦小猪装在车的后部或下层便于养护。装车时不能发动汽车，因为猪听到汽车声害怕，影响装车。猪都上车后，待猪蹄腿全部进入车厢内挡好后挡板。装车就绪，封网起运。

2. 途中饲养管理

汽车运猪，由于途中条件限制，一般很难喂食。如时间超过半天，途中尽可能喂一两次多汁青饲料。押运途中要经常检查双层车架、车网、厢板，发现不牢固的地方立即进行修补，以防猪逃跑。如有拖车，途中停车时务必检查挂钩是否扣紧，防止掉车事故。途中要加强看管，特别要防止堆挤、咬架。一见猪打堆，要立即拉开，经常保持均匀松散。对病猪、弱猪的照料，可参照火车运输途中有关事项进行。途中如遇暴雨，立即停车避雨，防止生猪受凉生病。中途停车休息时，热天应选择阴凉通风的地方，冬天要选择向阳避风的地方，以免生猪受热或受寒。

3. 卸车

汽车卸猪和火车卸猪大体相似。一定要有卸猪台。如果有些地方没有装卸台，必须搭好跳板或滑板，让猪慢慢从车上走下或滑下来，绝不能让猪从汽车上向下跳，更不能从车上向下推。在跳板或滑板的周围地面上，应铺垫草帘或其他松软的东西，防止猪跌落受伤。

三、减少生猪在运输中的损耗

生猪在运输中的损耗问题，应该引起广大贩运户和养殖户的注意。可根据运输方式、运输车辆、运途长短等情况，分别采取不同的措施，尽量减少生猪在运输中的损耗。

(1)选择驾驶员经验丰富、车况好的车辆运输。这样才能保证生猪快速安全到达目的地,缩短运输时间,减少生猪由于长途疲劳和应激反应而造成的自身损耗。

(2)装车前最好饮用一些维生素 C、葡萄糖粉,这样可以减少运输途中的应激反应,还可以减少 PSE 肉的发生频率。

(3)待运生猪应空腹,如果吃得过饱,猪在运输途中会由于颠簸而相互挤压,导致胃、肠等内脏器官损伤出血而造成死亡。

(4)装车时,将待运猪群先集中到待运圈内,打开栏门,有人在装猪台的坡道上撒料诱导,并从圈内加以驱赶,这样可以安全顺利地装车。

(5)装车时,不要装载过多,以免猪只因相互挤压、践踏而造成受伤或死亡。现在有专门运输的车辆,有双层和三层,每一层都应有隔栏,隔成几小块,每小块装 4～6 头猪,这样既能避免拥挤又便于计数,还利于养殖户合租一辆车运输。

(6)夏季运输中应注意防暑降温。由于猪皮薄、毛稀、脂肪厚,既不耐热又容易被太阳灼伤,因此最好选在傍晚装车,夜间行车,装车后立即向猪身上洒水,途中要勤停车洒水,给猪群降温,防止中暑。

(7)冬季要注意防寒保暖,可以早上装车,白天行车。装车前在车厢或笼子里垫上稻草,装完后可在车厢前罩上棚布,这样可以减少在行驶途中冷风的刺激。

(8)在运输中,押运员要勤下车检查,看是否有被压在下面的猪,如果有,则应立即把上面的猪赶开,让该猪站起来。一定要防止猪的头部被压在其他猪身下,否则会窒息而死。尤其在运输途中前 2 h 要勤下车查看。

第四节　运输应激综合征

(一)突毙综合征

突毙综合征是指生猪长途运输、迁移、合圈过程中的咬斗、厮舍拥挤、急剧驱赶追捕以及预防接种、公畜配种等情况下发生的突然死亡。有些猪在死亡前出现尾巴快速震颤，全身僵硬，张口呼吸，体温升高的症状，白色猪还可见皮肤出现红斑。一般病程仅为4～6 min。死亡猪尸僵完全，尸体腐败迅速；剖检可见内脏充血，心包液增加，肺充血、水肿甚至出血，有的还可见臀中肌、股二头肌、背最长肌色泽变淡呈苍白色。

(二)应激性肌病

猪的应激性肌病是指商品猪在屠宰之前受到外界环境中的各种应激刺激，在宰后出现以骨骼肌的水肿、变性、坏死及炎症为主要病变特征的猪病，眼观病变肌肉色泽苍白，所以俗称"白肌肉"。

(1)PSE肉：目前PSE肉的检出率较高，从10%～30%不等，有些地区高达60%～70%，应引起各方面的注意。PSE猪肉的发生与其品种、个体和遗传有着密切关系，同时认为，外界环境中的如捆抓、长途运输、剧烈运动、噪声、驱赶、热辐射、拥挤、斗架、高温、电致昏以及环境突变等应激刺激，均有可能产生PSE猪肉。PSE肉色泽苍白、质地柔软和有液体渗出，经修割后下层即为正常色泽；较严重的呈灰白色，表层比深层严重，肌囊疏松，明显水肿，肌膜常有小出血点，肌间疏松，结缔组级呈胶样浸润，腘淋巴结也常肿大、出血；最严重的肌肉呈明显的灰白色，晦暗无光泽，切面散在大量灰白色小点，偶见局部钙化灶。PSE肌肉的pH在宰后45 min低于6.0，病变愈严重，其pH也愈低。其他器官均无明显病变可见。

(2)腿肌坏死：我国发现的腿肌坏死多见于长途运输后的屠宰猪，主要发生在前、后肢的负重肌群。前肢是臂肌和臂二头肌，后肢主要是半腱肌和半膜肌，其中又以半腱肌的出现率最高。严重病例也见于肱二头肌、腰大肌等肌肉，但背最长肌较少发生。后肢肌肉的病变，往往呈两侧对称。病变肌肉的pH在7.0～8.0之间，这和PSE明显不同。

(3)背肌坏死：背肌坏死主要发生于 75～100 kg 的成年猪，长白猪和皮特兰猪等瘦肉型猪尤为多见。轻症病例生前症状不明显，仅能在宰后检验中发现。严重病猪呈现为背部单侧或两侧肿胀，有时背部呈香蕉状弯曲，所以也称为“香蕉病”，是应激综合征的一种特殊表现。病时体温常升高，主要病变为背肌肉坏死炎症，有时也见于臀中肌、半膜肌、半腱肌、肋间肌以及三头肌等肌肉。病变肌肉宰后 45 min、1 h 和 24 h 的 pH 均在 7.0 以下。有的患病猪最后可因酸中毒而死亡。

(三)运输病(猪副嗜血杆菌病)

猪运输病病原菌主要为猪副嗜血杆菌和副溶血性嗜血杆菌。该病于 1910 年由 Glasser 首次报道，故又称格塞尔氏病，同时，本病又因运输疲劳而诱发，因此通常称为运输病。本病多发生于运输后第 3～7 天，中度发热(39.5～40.0℃)，食欲不振、倦怠，经数日至一周而痊愈，或恶化而死亡。剖检特征性病变为全身浆膜炎，其中以心包炎和胸膜肺炎发病率最高。

(四)运输热

运输热是指牲畜在长途运输过程中由于饲料、饮水不足及生活环境的改变造成应激，而且由于拥挤、通风不良等恶劣条件而造成热辐射。患畜表现呼吸、脉搏加快，体温高达 42～43℃，精神沉郁，全身颤抖，有时发生呕吐，动物出现体重减轻、肉质下降。剖检见患畜有大叶性肺炎和肠炎，还可见各种不同程度和不同类型的肌肉病变。

第五节　运输途中病死猪的处理

在运输途中，发现了病、死猪和严重的外伤猪时，应及时卸交沿途有关单位处理，如沿途无接收单位，应把病伤猪尽可能与其他生猪隔离，并对车(船)内进行消毒。死猪的尸体可用干草遮盖，上面喷洒药水，以防传染。到终点后迅速卸交接收单位处理。严禁押运人员随地急宰或抛弃死猪，以防传播疫病。

如生猪发生传染病，应暂停运输并立即通知当地农牧部门，会同地方兽医检疫机构妥善处理，车、船上的一切设备和粪便就地消毒处理。病猪经兽医人员鉴定后，根据病情分别处理。严重者就地扑杀，其他同群生猪可转运至附近屠宰场整批屠宰。

途中发生死猪，应立即设法隔离，并交事先计划好的死猪处理站，不得随便乱丢。死猪处理站接受死猪后，应发给证明书，押运员持此证明，到终点站随同生猪一并交给接收单位。

任何运输工具，在生猪装卸前后均须进行清洗和消毒，装卸车辆的月台每次使用后均须消毒。常用的消毒药液有含2%～3%有效氯的漂白粉、0.5%的过氧乙酸等。

思考题：

1. 生猪运输前应做哪些准备工作？
2. 如何进行生猪检疫？
3. 如何进行生猪的运输？
4. 生猪运输应激综合征有哪些？
5. 运输途中的病死猪如何处理？

第九章　猪场的经营管理

导读　本章主要介绍了养猪场的经营管理，分别对日常规范化管理制度、档案管理制度、猪场生产的计划管理、劳动管理、成本管理、计算机在养猪场的应用、养猪场的无公害产地认定等内容进行了详细的阐述。

第一节　管理制度

一、日常管理制度

日常规范化管理制度的建设，是猪场能否正常运作的保证，没有一套规范化的制度容易使猪场陷入混乱，更谈不上实施标准化生产了。根据猪的生活习性、生产特点和工作要求，制定的制度应包括防疫制度、日常记录制度、卫生制度、巡视制度、四定制度、考勤制度等。

(1)防疫制度：一个猪场必须有严格的防疫制度，这样才能安全生产，防疫制度必须做到消灭传染源，切断传播途径，隔离易感猪群。

(2)日常记录制度：猪场各项生产记录是规模化猪场生产中的重要工作。没有一个标准化的记录，就无法对种猪的性能进行分析，无法对饲料、饮水等的安全性能进行监控，无法对肉猪生产中的成本进行控制，也不利于疾病防疫和诊断工作。一个猪场的主要记录有种公猪卡、种母猪卡、母猪产仔哺乳卡、发情、配种记录、后备生产发育记录、种猪性能测定记录、饲料消耗记录、猪群防疫记录、疾病诊断记录等。如母猪记录应包括以下内容：母猪卡、系谱图、生长发育表和生产性能表。

(3)卫生制度：一个良好的卫生环境不仅减少疾病的传播，保证猪群健康，同时也给人一个愉快的心情。卫生一般包括猪舍内卫生、猪舍外卫生和猪体的卫生。保证舍外和舍内的卫生，坚持每天打扫卫生，定期为母猪和公猪清洗身体上的脏物。在冬季舍内通风，保证空气新鲜；夏季灭蚊蝇，保证饮水的卫生；春季灭老鼠。这些都要制定一套卫生制度，使之长期地贯彻执行。

(4)巡视制度：饲养员和兽医人员每天要对猪群定时巡视，并做好记录。饲养员每天做好三查，即早晨查粪便、饲喂时查食欲、平时查精神。粪便异常(干硬或拉稀)、食欲不振或精神委靡等情况，均是染病的预兆，应及时采取措施。而兽医人员的巡视应注重疾病的控制和传播，检查猪群的膘情，定期称重，也可以根据体重的变化来分析饲养管理中存在的问题。所有这些都要有一套制度进行控制。

(5)四定制度：四定，即坚持定时、定质、定量、定温饲喂。定时饲喂有利于猪养成良好的生活习惯，促进消化腺定时活动，有利于提高饲料的利用率。定质饲喂是指保证日粮的组成和质量相对稳定，如要进行饲料的更换，必须逐步增减、逐步更换。定量饲喂是指在合理安排每天饲喂时间的前提下，尽量保证每次喂量一致，以防饱饿不均，既影响食欲，又影响生长速度。定温饲喂是指应根据不同季节气温的变化，调节饲料和饮水的温度，做到“冬暖夏凉”，使猪在不同季节保持较好的食欲和体况。

二、档案管理制度

每群生猪都应有相关的资料记录。认真做好日常生产记录，记录内容包括引种、配种、产仔、哺乳、断奶、转群、饲料消耗等。种猪要有来源、特征、主要生产性能记录。做好饲料来源、配方及各种添加剂使用情况的记录。兽医人员应做好免疫接种、用药、发病率、治疗及发病死亡原因情况、死亡率、实验室检查及其结果、无害化处理情况记录。每批出场的猪应有出场猪号、销售地记录,以备查询。资料应尽可能长期保存,所有记录应在清群后保存两年以上。

在场内生产记录提供生产参数的信息,如场内个体的出生、死亡、配种、饲料的利用及活动情况。这些记录形成猪场内部管理的基础,在管理职能中是最重要的因素。经济记录为场内现金的支出和收入提供账目,形成了管理的商业功能的基础。日志或者日记,是对猪场内部发生的所有事情的事实记录。它是由记录和对在猪场内发生的每件事的描述组成。必须保证每天填写日志并确认它是完整的、及时的。

第二节　猪场生产管理

一、投资决策与计划

养猪生产的投资决策与计划,包括决策目标与具体实施计划。决策的程序包括以下几个步骤:确定决策目标;拟定各种被选方案;对各方案进行选择;决策方案的实施与反馈。

(1)基础条件与投资目的:投资决策必须遵循的原则是充分发挥自己的优势,包括自然、经济和技术的潜力。

(2)市场调查分析:在进行决策之前要认真进行市场调查,包括对市场需求和消费特点与习惯的调查,对产品和产品价格的调查等,分析过去一段时间该地区、所在省市甚至国内外的市场波动情况,并预测未来一段时间内的市场走势。

(3)猪场性质、任务、经营方式和规模的确定:要明确猪场的性质、任务和经营方式。一般分专业化场和综合性场两类,专业化场包括原种场、繁殖场和育肥场等类型。可通过盈亏平衡点分析确定产量和成本的变化关系，并在此基础上确定猪场的经营规模。

(4)建设内容和投资经费概算及经费来源：根据原基础条件和生产实际需要决定建设项目的内容、投资经费概算，包括总投资、流动资金、固定资产折旧、产品成本和资金的时间价值计算等。经费来源一般有自筹资金、申请项目资金和贷款等形式。

(5)投资期限及工程进展：决策中要根据实际情况，对拟投入的资金进行投资期限分析，要根据资金、规模、发展方向等情况，考虑资金的分步投资与工程的分步实施。

(6)预期效益：在前面各项工作的基础上，进行预期效益核算。有静态分析法和动态分析法两种方法。常用的是静态分析法，就是用静态指标进行计算分析。主要指标公式如下：

投资利润率＝(年利润/投资总额)×100％

劳动生产率＝(年利润/投入劳动力)×100％

投资回收期＝投资总额/平均年增加收入

主产品(猪)年收入＝单位产品价格×产品数量

投资收益率＝[(收入－经营费－税金)/总投资]×100％

(7)评估：为了尽量避免投资失误，在进行上述各步骤以后，可以得出相对完善的决策方案，但还应邀请有关专家对项目进行可行性分析与评估。从市场调查和预测的情况，对项目的必要性和投资方向进行评估；从资源情况、场址选择、技术和设备选用、环境保护等方面，对项目技术上的合理性进行评估；通过经济效益的分析等，对项目的可行性进行评估，最后做出项目的评估报告。

二、猪场经营管理的原则与目标

一个规模化养猪场，无论是哪一种形式，不仅要有科学的养猪技术，还要有一套完善的管理体系，才能办好猪场。一个猪场能否以较低的成本投入实现高产、高效和优质计划，不仅取决于科学养猪技术运用的程度，也取决于管理水平，这是养猪生产的复杂性和社会性所决定的。因此养猪不再只是资金和技术的投入，同时更存在经营上的风险。作为经营者除了要重视养猪技术，还要求具有经营管理的基本知识，这样才能利用有限的资源，获得较大的经济效益，达到扩大再生产并增加收益的目的。

规模猪场的经营目标应是为消费者提供安全、放心、价廉的猪肉及其副产品，同时创造经济效益。向消费者提供安全的、放心的、廉价的产品不仅是猪场生存之本，而且提供安全肉、放心肉一直是党和政府的要求，消费者非常欢迎这些产品。

养猪业的效益是规模效益。我们提倡规模养猪，但规模养猪的发展受多种因素包括经济、技术、管理、市场等的制约，因而既不宜规模过小，也不能过大，更不是越大越好，而是要建立一种适度规模猪场，以求用合理的投入，产生较好的经济效益。所谓适度规模，就是在一定的自然、社会、经济、技术条件下，生产者所经营的猪群规模不仅与劳动力、生产工具条件等内部环境相适应，而且与社会生产力发展水平、市场供需状况等外部环境相适应。生产者能把生产诸要素合理地组织起来，最大限度地提高劳动生产率、资金利用率和猪群生产性能，以达到最佳经济效益目标。现阶段我国广大农村比较适宜的养猪规模，因各地饲料资源、饲养技术和管理水平以及饲料和生猪价格等不一样，规模养猪经济效益也有高低，因而适度规模也有差别。在经济发达地区，专业户养猪以年出栏肉猪 100 头以上较适宜，获得的经济效益较高；而在经济欠发达地区，年出栏肉猪 30～50 头的规模，也可获得较好的经济效益。养猪生产必须以市场为导向，以效益为目标，及时调整生产结构，在竞争中求发展。

三、猪群管理

猪群管理的好坏，直接关系到生产效益的高低，因此，猪群管理是猪场管理的重要环节之一。猪群管理包括组成合理的猪群结构和建立高产种猪群，无论是什么规模的猪场，都需要按照生产要求科学地确定猪群结构，这是保证有计划地迅速增殖猪群、提高生产水平的重要措施。

（一）组成合理的猪群结构

要根据各类猪群特点进行饲养管理，就必须将不同年龄、体重、性别和用途的猪只划分为不同的群。猪群是由种猪、后备猪和育肥猪三大部分组成，合理的猪群结构是指这些部分在群内比例适当，以较少的饲养头数提供尽可能多的商品猪。猪群中又以母猪、公猪和后备猪组成的繁殖群为主体，而基础母猪又是繁殖猪群的核心，其比例大小、质量和繁殖周期决定着一个猪场当年的出栏率。如基础母猪平均一年产仔 2 窝提供 16 头育成猪，那么，基础母猪的比例只要占年初存栏头数的 6%，当年出栏率可达 96%。一般说来，母猪繁殖规律是初产母猪差，第 2 胎开始提高，第 3～4 胎达到高峰，第 5 胎开始下降。据此，基础母猪的年更换率为 25%～30%。对于母猪群应做到 3～4 年一更换，母猪产仔一般不超过 6 胎。

种公猪占猪群的比例，取决于基础母猪的头数，采用本交，公、母猪比例为 1∶(20～30)；采用人工授精，公猪头数可大大减少。公猪群中以 2～4 岁青壮年公猪为主。生产实践表明，母猪采取 2～3 次配种(配种 1 次，复配 1 次)受胎率和产仔数最佳。如母猪群为 300 头规模的养猪场，母猪受胎率为 80%，每月配种 65 头，每月产仔 52 窝，仔猪 28 日龄断奶，公猪每头月平均用 15 次计算，则这个猪场应饲养公猪头数为：65×3÷15＝13(头)，这就是说有 13 头生理状态和精液品质良好的公猪就够了。

后备猪是用来补充和更新基础母猪和基础公猪的，但是，繁殖群的更新过程不仅仅是简单地以青壮年猪代替老弱猪，以满足维持原有的猪群规模和生产水平的需要，同时还是以具有优良性状的猪代替生产性能较差的猪的过程，即猪群质量不断提高的过程。一般来说，后备母猪饲养头数为每年应淘汰基础母猪头数的1～2倍，后备公猪为应淘汰基础公猪的5～10倍。

(二)建立高产种猪群

要在猪场建立高产种猪群，首先是精选良种，其次是建立高繁殖力核心母猪群。各猪场应根据实际情况，选用生长速度、饲料利用率、瘦肉率、肉质等性状优良的品种(系)及其相应的配套杂交组合的肉猪。这样的品种(系)主要有长白猪、大白猪、杜洛克、汉普夏等，以及利用国外猪种资源经长期严格选育成功的哈尔滨白猪、上海白猪、北京黑猪等猪种。利用这些品种(系)杂交，生产商品瘦肉猪，可以获得良好的生产效果。普遍采用的是以杜洛克为终端父本的杂交猪，经济效益十分显著。

在我国现有条件下，对于外向型猪场，应以长白猪、大白猪及其杂种为主，建立繁殖母猪群；对于一般猪场，有条件的情况下，应充分利用太湖猪血缘，建立高产仔杂种母猪群，或含太湖猪血统的合成系母猪群，再选用生长速度快、饲料利用率高、瘦肉多、肉质优良的种公猪(如杜洛克)作父本，这样不但可以充分利用繁殖力的杂种优势，而且后代在生长速度、瘦肉率、饲料利用率等方面都将显著提高。

四、猪场的计划管理

(一)长远计划

长远计划又称远景规划，是猪场3～5年或更长时间的发展纲要和年度计划安排的依据，对猪场的发展具有方向性的指导作用。长远计划的内容包括发展方向与任务、生产建设规模与速度、自然资源的开发与利用、产品的产量与产值、投入产出比与经济效益的估算、职工人员的培训与科技水平的提高等。长远计划不是一成不变的，而是要根据市场需要和经营情况，通过年度计划来调整落实，以适应经济形势的变化。

（二）年度生产计划

年度计划是计划管理的主要环节，是长期计划的具体化。它是猪场最基本的生产经营活动，是在总结上一年度生产活动的基础上制定的，是指导当年生产经营活动的总体方案。年度计划应符合猪场的生产能力和市场需求情况。其内容包括配种分娩计划、猪群周转计划、饲料供应情况及卫生防疫计划等。

（1）配种分娩计划：本计划应阐明计划年度内全场所有繁殖母猪每月（周）的配种、分娩，仔猪的断乳及商品猪的出售头数。它是各项生产计划的基础，是猪群周转与生产指标考核的依据。编制该计划，必须掌握年初的猪群结构、上年度末母猪妊娠情况、母猪分娩方式（长年分娩与季节分娩）、母猪预计淘汰数量与时间及母猪分娩胎数等有关资料，同时还应考虑猪场所处的地理环境条件、圈舍设备、饲料管理水平、饲料供应状况。小规模猪场与饲养条件较差的养猪个体经营者，应尽可能避开最冷与最热季节产仔，以利于母猪安全分娩、仔猪存活和生长发育。

（2）猪群周转计划：这是确定猪场各类猪群的头数、猪群增减变化以及年终保持合理猪群结构的重要技术指导性计划。该计划的编制，必须掌握各类猪群的年龄、性别、体重及其在群体中所占的比例，配种分娩计划内每月（周）仔猪出生头数与断乳成活率，猪只销售与购入的头数与时间，种猪淘汰和后备猪的补充头数、日期和办法，猪群内部周转头数等。依据猪群周转计划，可进一步制订产品生产计划、基本建设计划、物资供应计划、劳动工资计划、饲料需求计划、种猪推广和肥猪销售计划及人才培训计划等。通过猪群周转计划的实施，可以看出猪场任务完成情况、生产经营水平、饲料供应、物资使用及产品销售情况等。

(3)饲料供应计划：猪生长发育需要的营养物质主要来源于饲料，猪的各种产品实质上就是饲料的转化物，猪群质量和各种产品质量受饲料的影响很大。所以，饲料是养猪生产的物质基础，是养猪年度计划中最重要的计划之一。根据饲料消耗指标和各类猪的计划饲养量，计算饲料供应量。根据生产计划、所需的饲料品种和饲料消耗定额，编制年度、季度和每月的饲料需求计划。另外，饲料供应计划应考虑一定的库存饲料量，一般在总需要量的基础上增加10%～15%的储备量，作为库存饲料量。本场设有饲料加工车间的，要分别采购蛋白原料、能量原料、预混料和各种添加剂等。各饲养段要经常向饲料加工人员或饲料采购人员通报饲料需求变化情况。技术员要经常检查饲料配方中各种营养成分的含量，考察各种配方的饲喂效果，发现问题及时调整。饲料供应计划中安排了一定数量的库存量，可防止因饲料供应中断而影响整个生产计划的实施。另外，饲料容易霉变，故各种原料的库存时间不宜过长。

(4)卫生防疫计划：该计划是根据卫生防疫要求和生产工艺流程，由防疫员制订的。其主要内容包括防疫对象、防疫时间、防疫药品和数量等。卫生防疫计划需要在各饲养段的饲养员配合下，由防疫员组织实施。

(三)阶段计划

此计划是年度生产任务在各时期的具体安排，可按季或月来编制。编制方法同年度计划基本相同，只是内容更具体，指标更准确。计划制订后，即可按部就班地进行生产。通过定期检查，促进阶段计划的完成。

计划管理的内容很多，除上述计划外，还应制订产品成本计划等。通过计划的实施，可以看出猪场任务完成的情况、生产经营的水平、饲料供求是否平衡、产品销售状况等。

五、猪场的劳动管理

猪场的劳动管理是整个猪场管理工作的重要组成部分，其目的在于提高现有劳动力的利用率和劳动生产率，增加养猪的经济效益。劳动管理主要包括劳动组织、劳动定额、经济承包责任制和劳动管理制度等。

(1)劳动组织：猪场的劳动组织是根据猪场的各项工作性质，分成不同的专业组，再按各工种的需要，确定各项工作所需配备的人数和明确每个人员的任务及每个组的任务，使之相互协作，以达到充分合理地利用劳动力，贯彻生产责任制，达到不断提高劳动生产率的目的。

(2)劳动定额：劳动定额是合理组织劳动力、计算劳动报酬的依据。养猪场职工劳动定额是指一个中等水平的劳动力，在该场现有生产设备、组织条件下，按照规定的质量要求积极工作所能够饲养管理猪只的数量。各个猪场的生产条件和具体情况不同，所以劳动定额很难作统一的规定。

(3)经济承包责任制：养猪业实行经济承包责任制是农村规模猪场实行工厂化养猪、抓好生猪饲养管理的重要措施。建立经济承包责任制，实行人猪固定，明确规定职责范围和经济责任，从而能够加强饲养人员的责任心，促进他们改进饲养管理工作，不断提高生猪生产水平。但要注意，不能只规定经济指标，还应注意技术指标，这样可促使饲养人员注意提高生产技术，使养猪的整体水平不断提高。

(4)劳动管理制度：劳动管理制度是合理组织生产力的重要手段，也是正确处理人们在劳动过程中相互关系的准则。劳动管理制度主要包括考勤制度、劳动纪律、生产责任制度、劳动保护制度、技术培训制度等。

六、猪场的成本管理

(一)成本核算

养猪生产中的各项消耗,有的直接与产品生产有关,这种开支叫直接生产费,如饲养人员的工资和福利费,饲料费、猪舍折旧费等;另外还有一些间接费用,如场长、技术员和其他管理人员的工资、各项管理费等。有如下项目:

(1)劳务费,是指直接从事养猪生产的饲养人员的工资和福利费;

(2)饲料费,指饲养各类猪群直接消耗的各种精饲料、粗饲料、动物性饲料、矿物质饲料、多种维生素、微量元素和药物添加剂等的费用;

(3)燃料和动力费;

(4)医药费,指猪群直接消耗的药品和疫苗费用;

(5)固定资产折旧费;

(6)固定资产维修费;

(7)低值易耗品费,指当年报销的低值工具和劳保用品的价值;

(8)其他直接费,即不能直接列入以上各项的直接费用,如接待费和推销费等;

(9)管理费,为非直接生产费,即共同生产费,如领导层的工资及其他管理费。

以上各项成本费的总和,就是该猪场的总成本。

(二)成本的计算

根据成本项目核算出各类猪群的成本后,并计算出各猪群头数、活重、增重、主副产品产量等资料,便可计算出各猪群的饲养成本。在养猪生产中,一般要计算猪群的饲养日成本、活重成本和主产品成本等,计算公式如下:

(1)猪群饲养日成本＝猪群饲养费用/猪群饲养头日数；

(2)断乳仔猪活重单位成本＝断乳仔猪群饲养费用/断乳仔猪总活重；

(3)商品瘦肉猪单位增重成本＝(肉猪群饲养费用－副产品价值)/肉猪群总活重；

(4)该猪群幼猪和肉猪活重单位成本＝(本期初活重总成本＋本期增重总成本＋购入转入成本－死猪残值)/[期末存栏活重＋期内离群猪活重(不包括死猪重)]；

(5)主产品单位成本＝(各群猪的饲养费－副产品价值)/各群猪产品总产量。

(三)盈亏核算

总利润(或亏损)额＝销售收入－生产成本－销售费用－税金±营业外收支净额。

七、降低养猪生产成本的主要途径

影响规模养猪经济效益的因素很多，要实现饲料低消耗、产品优质化、经济效益好的目标，规模养猪场必须学习和运用现代科学养猪技术和经营方式，发挥生产潜力，以便最大限度地提高养猪经济效益，要提高规模效益，需从3个方面来抓，即提高饲料利用效率，降低饲料费用，提高母猪单产和经营管理水平。

(1)选择良种：发展瘦肉型猪的生产，应根据本地情况，最好选择经过对比实验筛选的瘦肉率高、生长快、适应性好的二元或三元杂交猪。在科学饲养管理条件下，其生长快、饲料利用率高，获利也高。

(2)提倡配合饲料养猪：目前，规模养猪场的生产水平不高，肉猪平均日增重只有500 g左右，仔猪断奶体重小，原因之一就是饲料的质量不好。配合饲料是采用科学配方，能全面满足猪对各种营养的需要。使用配合饲料喂肉猪，可缩短饲养期2～3个月，每头肉猪可节省饲粮 50 kg、燃料费 5～10 元。用配合饲料补饲仔猪，效果十分明显，能提高仔猪断奶窝重，降低成本。

(3)缩短育肥期：为提高饲料的经济利用率，应根据猪不同阶段的营养需要集中喂料，降低饲料成本，缩短饲养期。

(4)适时出栏，加快周转：目前，中型瘦肉型猪一般以 6 月龄体重达 90 kg 左右出售为宜；地方品种与大、中型引入品种杂交的杂交猪 6 月龄体重达 70～80 kg 出售为宜；国内培育品种与大、中型引入品种杂交的杂交猪 6 月龄体重达 85～90 kg 出售为适宜。

(5)扩大饲料来源和提高饲料报酬：饲料成本占猪场总成本的 70%～80%。饲料质量的优劣在很大程度上影响猪只生产性能的发挥，饲料的质量和价格是养猪场生产经营成败的决定因素。因此，除购买配合饲料并尽可能节约饲料、减少浪费外，要尽一切可能开辟饲料来源，如糟渣、麦麸、米糠、蚕蛹等。

(6)提高猪场经营水平：应重视养猪生产、加工、销售各环节，建立生产到销售的经营系列，以最大限度提高经济和社会效益。

第三节　计算机在猪场管理中的应用

多年来，养猪生产管理者主要依靠大量的手工记录、计算器计算的方法统计生产信息，组织管理生产，评价生产水平。进入 20 世纪 90 年代，一大批以“流水生产工艺、全进全出生产模式、集约化生产”为标志的工厂化大型猪场相继诞生，“九五”期间又有了突飞猛进的发展。随着养猪规模的扩大、管理精度的提高，这种采用手工记录、计算器计算的方式显得力不从心。从种猪选择上，国内猪场由于群体不大，所以用 BLUP 数学模型估算育种值的准确性不高，多数猪场还是通过个体选择或个体加家系的综合选择，即使如此，亦需计算出每头仔猪的选择指数，此项工作正是计算机软件之所长，即使对育种原理不非常了解的人，也能借助计算机软件亦能做一些有关选种工作；再有从种猪性能分析上：选优汰劣的指导思想能不断提高全场的生产水平，然而，在大型规模化猪场选优汰劣的工作在实施时并不容易。如果通过计算机软件，自动计算出每头种猪的性能，再根据某些指标或综合指标进行排序，场内劣质种猪就会越来越少。

近年来，国内外养猪领域的专家与计算机领域的专家密切配合，根据当前猪场育种、生产和管理的最新知识与经验，利用软件工程和人工智能的原理与方法，研制成了具有网络化、智能化特性的猪场管理计算机软件系统，来辅助养猪生产管理，为大型猪场管理者科学、高效、全面地管理生产提供了有效的帮助。目前在我国使用比较普遍、功能比较完善的计算机软件管理系统有 pigWIN、pigCHAMP、Pigtales、GPS、pigCHN 等，这些软件系统功能全面，图文并茂，操作方便，可移植性强，数据处理结合知识处理，支持远程多用户分布式计算和多目标的并行处理，其中尤其是 pigCHN，它是在吸收国际流行软件 pigWIN、pigCHAMP 的先进设计思路，紧密结合国内猪场的实际情况的基础上研制出来的，以快速、准确、权威性的分析，去帮助解决生产中的疑难问题，可提高劳动生产率，降低生产成本，增加养猪经济效益，适合规模化猪场经营管理。

一、计算机在猪场管理中的应用范围

计算机在集约化猪场中的应用范围，主要可以归纳为以下几个方面：

(1)在饲料配方设计中的应用：饲料生产是集约化养猪场生产中的重要组成部分，是决定养猪成本高低的主要因素。在配制饲料时，必须根据原料的品种、价格、各类猪群的营养需要来进行配制。不仅要计算最低成本，还要符合营养需要。计算机设计饲料配方，大多用线性规划的方法，全部计算工作由计算机完成。

(2)进行无纸化的记录,并进行生产统计分析与育种分析:集约化猪场有较大的猪群,每天有很多记录。如何及时分析这些结果,随时了解公猪或母猪的优劣,必须通过计算机进行统计分析。

(3)进行生产管理:工厂化猪场的生产管理软件一般包括种猪档案和生长猪资料等各类数据库,以及处理生产数据,记录猪生长、肥育、配种、销售、死残淘汰等变动情况;动态管理和自动更新各类数据库,根据生产需要,对已经建立的数据库和所搜集到的生产数据资料进行综合管理、有效加工、分析统计;对生产流程进行仿真、监督和控制,随时向有关人员报告实际生产情况;处理、生成、打印各类报表。另外还包括疾病情况与疾病专家系统、经济核算与经营管理专家系统和环境自动控制系统。

(4)进行人事、档案、工资、财务管理:只要根据本场生产实际的需要,安装相应的软件,计算机就会帮助管理者分别做好人事、档案、工资、财务等工作。

二、猪场计算机化管理系统的介绍

(1)猪场饲养管理系统:它可以针对猪场内所有管理工作系统地建立完整的资料库。如种猪管理,包括生产性能分析、母猪淘汰管理、猪群评价等;生长猪管理,包括生产管理、生产性能分析、猪群评价等。此外,还能进行猪群报告、猪群评估、遗传分析、猪群比较、质量控制等。

(2)猪场繁殖效率诊断系统:可利用猪场饲养管理所建立的资料库,提供各项繁殖效率的诊断功能,使猪场经营者更进一步了解猪只状况,以期早发现繁殖性能的问题,尽快改善。

(3)猪场财务管理系统:可将猪场各项投资详细记录,用以分析猪场各项经营效率,了解盈亏状况,有助于经营者建立一套良好的管理模式,另外对猪场各项成本的分析,可获得直接成本的比率,提供猪场经营者最佳的投资指标。

(4)猪病诊断专家系统:此软件是新一代智能型兽医临床诊断软件,系统采用了现代计量医学的研究成果,应用概率统计的方法,如最大似然法、逐步判别法和聚类分析法等,其主要诊断原理是通过对兽医临床诊断的大量样本、专家经验和书本知识对疾病信息和症状信息进行分值计量定义,找出症状与疾病之间的统计规律,确定出经验公式,然后根据对这些症状信息的统计处理而得出诊断结果。

第四节 养猪场的无公害产地认定

养猪生产者必须加快无公害生猪与猪肉的生产步伐,只有这样企业才能生存并获得更高的效益。可以说发展环保型畜牧业及无公害畜产品生产已成当务之急,它不仅是畜牧业可持续发展的需要,保障人民身体健康、提高生活水平的需要,畜产品参与国际、国内市场竞争的需要,生产实际的需要,而且是深入推行"无公害食品行动计划"的需要和我国国情的需要,是大势所趋。目前,生猪无公害饲养场的产地认定程序如下(摘自农业部公告 264 号):

第一条 为规范无公害农产品产地认定工作,保证产地认定结果的科学、公正,根据《无公害农产品管理办法》,制定本程序。

第二条 各省、自治区、直辖市和计划单列市人民政府农业行政主管部门(以下简称省级农业行政主管部门)负责本辖区内无公害农产品产地认定(以下简称产地认定)工作。

第三条 申请产地认定的单位和个人(以下简称申请人),应当向产地所在地县级人民政府农业行政主管部门(以下简称县级农业行政主管部门)提出申请,并提交以下材料:(一)《无公害农产品产地认定申请书》;(二)产地的区域范围、生产规模;(三)产地环境状况说明;(四)无公害农产品生产计划;(五)无公害农产品质量控制措施;(六)专业技术人员的资质证明;(七)保证执行无公害农产品标准和规范的声明;(八)要求提交的其他有关材料。申请人向所在地县级以上人民政府农业行政主管部门申领《无公害农产品产地认定申请书》和相关资料,或者从中国农业信息网站(www.agri.gov.cn)下载获取。

第四条 县级农业行政主管部门自受理之日起30日内,对申请人的申请材料进行形式审查。符合要求的,出具推荐意见,连同产地认定申请材料逐级上报省级农业行政主管部门;不符合要求的,应当书面通知申请人。

第五条 省级农业行政主管部门应当自收到推荐意见和产地认定申请材料之日起30日内,组织有资质的检查员对产地认定申请材料进行审查。材料审查不符合要求的,应当书面通知申请人。

第六条 材料审查符合要求的,省级农业行政主管部门组织有资质的检查员参加的检查组对产地进行现场检查。现场检查不符合要求的,应当书面通知申请人。

第七条 申请材料和现场检查符合要求的,省级农业行政主管部门通知申请人委托具有资质的检测机构对其产地环境进行抽样检验。

第八条 检测机构应当按照标准进行检验,出具环境检验报告和环境评价报告,分送省级农业行政主管部门和申请人。

第九条 环境检验不合格或者环境评价不符合要求的,省级农业行政主管部门应当书面通知申请人。

第十条 省级农业行政主管部门对材料审查、现场检查、环境检验和环境现状评价符合要求的,进行全面评审,并作出认定终审结论。(一)符合颁证条件的,颁发《无公害农产品产地认定证书》;(二)不符合颁证条件的,应当书面通知申请人。

第十一条 《无公害农产品产地认定证书》有效期为3年。期满后需要继续使用的，证书持有人应当在有效期满前90日内按照本程序重新办理。

第十二条 省级农业行政主管部门应当在颁发《无公害农产品产地认定证书》之日起30日内，将获得证书的产地名录报农业部和国家认证认可监督管理委员会备案。

第十三条 在本程序发布之日前，省级农业行政主管部门已经认定并颁发证书的无公害农产品产地，符合本程序规定的，可以换发《无公害农产品产地认定证书》。

第十四条 《无公害农产品产地认定申请书》、《无公害农产品产地认定证书》的格式，由农业部统一规定。

第十五条 省级农业行政主管部门根据本程序可以制定本辖区内具体的实施程序。

第十六条 本程序由农业部、国家认证认可监督管理委员会负责解释。

第十七条 本程序自发布之日起执行。

（2003年4月17日发布）

思考题：

1. 猪场的管理制度有哪些？
2. 如何进行猪场的投资决策与计划？
3. 猪场的生产管理包括哪些内容？
4. 猪场如何进行效益核算？
5. 降低养猪生产成本有哪些途径？
6. 如何进行养猪场的无公害产地认定？

参 考 文 献

[1] 中国标准出版社第一编辑室编.中国农业标准汇编(畜禽卷).北京:中国标准出版社,2002

[2] 中华人民共和国农业行业标准(无公害食品).北京:中国标准出版社,2001

[3] 王振来,路广计,谷军虎主编.养猪场生产技术与管理.北京:中国农业大学出版社,2004

[4] 钟艳玲,张铁闯,逯纪成主编.养猪场生产技术问答.北京:中国农业大学出版社,2003

[5] 白玉坤,王振来主编.肉猪高效饲养与疫病监控.北京:中国农业大学出版社,2003

[6] 黄瑞华主编.生猪无公害饲养综合技术.北京:中国农业出版社,2003

[7] 田振洪主编.家畜无公害饲料配制技术.北京:中国农业出版社,2003

[8] 郭世宁,李继昌主编.家畜无公害用药新技术.北京:中国农业出版社,2003

[9] 杨增歧主编.畜禽无公害防疫新技术.北京:中国农业出版社,2003

[10] 刘海良主译.养猪生产.北京:中国农业出版社,1998

[11] 罗安治主编.养猪全书.成都:四川科学技术出版社,1997

[12] 李德发主编.现代饲料生产.北京:中国农业大学出版社,1997

[13] 田有庆,杨远新,童晓莉编著.简明养猪手册.北京:中国农业

大学出版社,2002
[14] 刘兴友,李文刚主编. 简明猪病防治手册. 北京:中国农业大学出版社,2002
[15] 陈清明,王连纯主编. 现代养猪生产. 北京:中国农业大学出版社,1997
[16] 中国农业科学院哈尔滨兽医研究所主编. 动物传染病学. 北京:中国农业出版社,1998
[17] 谭学诗主编. 动物疾病诊疗. 太原:山西科学技术出版社,1999
[18] 赵德明,张中秋,沈建忠主译. 猪病学. 8 版. 北京:中国农业大学出版社,2000
[19] 蔡宝祥,郑明球. 猪病诊断和防治手册. 上海:上海科学技术出版社,1997
[20] 陈焕春. 规模化猪场疫病控制与净化. 北京:中国农业出版社,2000
[21] 李德发主编. 猪的营养. 北京:中国农业大学出版社,1996
[22] 全国规模化猪场疫病控制与净化第二次研讨会资料专辑. 1999
[23] 杨小燕编著. 现代猪病诊断与防治. 北京:中国农业出版社,2003
[24] 刘红林,吕艳丽主编. 现代养猪大全. 北京:中国农业出版社,2000
[25] 周玲主编. 猪病最新防治技术 150 问. 北京:科学技术文献出版社,2002
[26] 宋建兰,范伟兴编著. 高效养猪技术问答. 济南:山东科学技术出版社,1999
[27] 李同洲,张英杰主编. 猪饲料手册. 北京:中国农业大学出版

社,2001

[28] 徐百万主编.动物免疫采样与监测技术手册.北京:中国农业出版社,2007

[29] 王振来,杨秀女,钟艳玲主编.无公害农产品高效生产技术丛书:生猪.北京:中国农业大学出版社,2005

[30] 安建,张穹,尹成杰主编.中华人民共和国动物防疫法释义.北京:中国农业出版社,2007